建筑施工特种作业人员安全技术培训教材

施工升降机司机

建筑施工特种作业人员
安全技术培训教材编审委员会　组织编写
湖南省建设工程质量安全协会　主编

中国建筑工业出版社

图书在版编目（CIP）数据

施工升降机司机/建筑施工特种作业人员安全技术培
训教材编审委员会组织编写；湖南省建设工程质量安
全协会主编. —北京：中国建筑工业出版社，2019.5（2021.5重印）
建筑施工特种作业人员安全技术培训教材
ISBN 978-7-112-23547-6

Ⅰ. ①施… Ⅱ. ①建… ②湖… Ⅲ. ①升降机-
装配（机械）-安全培训-教材 Ⅳ.①TH211.08

中国版本图书馆CIP数据核字（2019）第058261号

　　本书作为针对建筑施工特种作业人员之一施工升降机司机的培训
教材，紧紧围绕《建筑施工特种作业人员管理规定》、《建筑施工特种
作业人员安全技术考核大纲（试行）》、《建筑施工特种作业人员安全
操作技能考核标准（试行）》等相关规定，对施工升降机司机必须掌
握的安全技术知识和技能进行了讲解，全书共9章，包括：基础理论
知识，施工升降机的应用发展及分类，施工升降机的组成，施工升降
机主要零部件的技术要求和报废标准，施工升降机的安全保护装置，
施工升降机的安全使用和操作，施工升降机的维护保养，施工升降机
常见故障和排除方法，施工升降机事故及案例分析。本书针对施工升
降机司机的特点，本着科学、实用、适用的原则，内容深入浅出，语
言通俗易懂，形式图文并茂，系统性、权威性、可操作性强。
　　本书既可作为施工升降机司机的培训教材，也可作为施工升降机
司机参考书和自学用书。

　　　责任编辑：范业庶　张　磊　王华月
　　　责任校对：张　颖

建筑施工特种作业人员安全技术培训教材
施工升降机司机

建筑施工特种作业人员
安全技术培训教材编审委员会　　组织编写
湖南省建设工程质量安全协会　　主编

*

中国建筑工业出版社出版、发行（北京海淀三里河路9号）
各地新华书店、建筑书店经销
霸州市顺浩图文科技发展有限公司制版
天津安泰印刷有限公司印刷

*

开本：850×1168毫米　1/32　印张：11⅛　字数：297千字
2019年4月第一版　　2021年5月第四次印刷
定价：**38.00**元
ISBN 978-7-112-23547-6
（33558）

建筑施工特种作业人员安全技术培训教材
编审委员会

主　任：胡永旭　张鲁风

副主任：邵长利　范业庶

编委会成员：（按姓氏笔画排序）

王　启	王　辉	王　强	王立东	王兰英
文　俊	甘京铁	厉天数	卢健明	田华强
白　晶	邝欣慰	吕济德	刘振春	孙　冰
李昇平	李维波	李锦生	李新峰	杨象鸿
步向义	肖鸿韬	时建民	吴　杰	邱世军
余　斌	宋　渝	张晓飞	陆　凯	陈　钊
陈幼年	陈光明	陈胜文	幸超群	林东辉
周　涛	赵　锋	赵子萱	钟花荣	闻　婧
祝汉香	秦立强	袁　明	贾春林	徐　波
殷晨波	黄红兵	梁尔军	梁永贵	韩祖民
喻惠业	滑海穗	熊　琰		

本书编委会

主　编：幸超群　钟花荣

副主编：温旭宇　吕东风

编　委：殷　雄　吴　昊　陈　艳　易胜军　李一鸣

序　言

中共中央、国务院 2016 年 12 月 9 日颁发的《关于推进安全生产领域改革发展的意见》中明确指出，"安全生产是关系人民群众生命财产安全的大事，是经济社会协调健康发展的标志，是党和政府对人民利益高度负责的要求。"

建筑业是我国国民经济的重要支柱产业。改革开放以来，我国建筑业快速发展，建造能力不断增强，产业规模不断扩大，吸纳了大量农村转移劳动力，带动了大量关联产业，对经济社会发展、城乡建设和民生改善作出了重要贡献。建筑安全生产管理工作也取得了很大成绩。从总体上看，全国建筑安全生产形势呈不断好转之势，但受施工环境和作业特点等所限，特别是超高层、大体量的建设工程逐年递增，施工现场不安全因素较多，建筑安全生产形势依然非常严峻。建筑业仍属事故多发的高危行业之一，每年发生的事故起数和死亡人数有着较大波动性。因此，建筑安全生产是建筑业和工程建设发展的永恒主题，必须以习近平新时代中国特色社会主义思想为指引，牢固树立以人为本、安全发展的理念，坚持"安全第一、预防为主、综合治理"方针，坚持速度、质量、效益与安全的有机统一，强化和落实建筑业企业主体责任，防范和遏制重特大事故，防止和减少违章指挥、违规作业、违反劳动纪律行为，促进建设工程安全生产形势持续稳定好转。

建筑施工特种作业，是指在建筑施工活动中容易发生事故，对操作者本人、他人的安全健康及设备、设施的安全可能造成重大危害的作业。直接从事建筑施工特种作业的人员，称为建筑施工特种作业人员。因此，抓好建筑施工特种作业人员的专业培训教育，实行持证上岗，对于保障建筑施工安全生产具有极为重要的意义。

本系列教材的编写依据主要是《建筑施工特种作业人员管理规定》（建质［2008］75号）、《关于建筑施工特种作业人员考核工作的实施意见》（建办质［2008］41号）。根据建筑施工特种作业人员的分类和《建筑施工特种作业人员安全技术考核大纲》（试行）所规定的考核知识点，本系列教材共编为12本。其中，《特种作业安全生产基本知识》是综合性教材，适用于所有的建筑施工特种作业人员；其余11本为专业性用书，分别适用于建筑电工、普通脚手架架子工、附着升降脚手架架子工、建筑起重司索信号工、塔式起重机司机、施工升降机司机、物料提升机司机、塔式起重机安装拆卸工、施工升降机安装拆卸工、物料提升机安装拆卸工、高处作业吊篮安装拆卸工。

本系列教材的编写工作，得到了黑龙江省建筑安全监督管理总站、河南省建筑安全监督总站、湖北省建设工程质量安全协会、浙江省建筑业行业协会施工安全与设备管理分会、山东省建筑安全与设备管理协会、湖南省建设工程质量安全协会、重庆市建设工程安全管理协会、江苏省建筑行业协会建筑安全设备管理分会、广东省建筑安全协会、安徽省建设行业质量与安全协会、江苏省高空机械吊篮协会和高空机械工程技术研究院以及有关方面专家们的大力支持，分别承担和完成了本系列教材的各书编写工作。特此一并致谢！

本系列教材主要用于建筑施工特种作业人员的业务培训和指导参加考核，也可作为专业院校和有关培训机构作为建筑施工安全教学用书。本书虽经反复推敲，仍难免有不妥之处，敬请广大读者提出宝贵意见。

《建筑施工特种作业人员安全技术培训教材》编审委员会

2018年12月

前　　言

　　施工升降机作为工程建设中不可缺少的特种设备之一,其操作人员的技术水平直接影响着施工现场的施工进度和安全生产,《施工升降机司机》作为针对建筑施工特种作业人员之一施工升降机司机的培训教材,旨在提高建筑施工特种作业人员的操作技能和施工生产安全,紧紧围绕《建筑施工特种作业人员管理规定》、《建筑施工特种作业人员安全技术考核大纲(试行)》、《建筑施工特种作业人员安全操作技能考核标准(试行)》等相关规定,对施工升降机司机必须掌握的安全技术知识和技能进行了讲解,全书共9章,包括:基础理论知识,施工升降机的应用发展及分类,施工升降机的组成,施工升降机主要零部件的技术要求和报废标准,施工升降机的安全保护装置,施工升降机的安全使用和操作,施工升降机的维护保养,施工升降机常见故障和排除方法,施工升降机事故及案例分析,并附有相应附录知识,以便读者拓宽知识面,了解培训考核要点,便于读者掌握相应操作技能和操作规范,《施工升降机司机》针对施工升降机司机的特点,本着科学、实用、适用的原则,内容深入浅出,语言通俗易懂,形式图文并茂,系统性、权威性、可操作性强。

　　《施工升降机司机》既可作为施工升降机司机的培训教材,也可作为施工现场机械设备管理者常备参考书和自学用书。

　　全书由湖南省建设工程质量安全协会组织,幸超群、钟花荣同志担任主编,温旭宇、吕东风同志为副主编,殷雄、吴昊、陈艳、易胜军、李一鸣同志为编委成员,教材的编写过程中得到了湖南建工华旺建设有限公司、北京市建设机械与材料质量监督检验站、湖南慧通检验检测有限公司的大力支持,在此表示感谢。

　　尽管如此,本书在内容和编排上还存在错误和不当之处,敬请广大专家学者和阅读者提出批评和修改意见。

2018 年 12 月

目　　录

1 基础理论知识

1.1 力学基本知识

当机械工作时，其构件将受到外力的作用，在外力作用下，构件运动状态可能发生改变并发生变形，还可能破坏。因此构件的受力分析及其平衡条件、构件在外力作用下的变形规律及破坏条件等，是机械工程中经常遇到的力学问题。

1.1.1 静力分析基础

1. 静力学的基本概念

（1）基本概念

1）刚体

即在外力的作用下，其形状、大小始终保持不变的物体。刚体是静力学中对物体进行分析所简化的力学模型。

2）力

力是物体之间相互的机械作用，力不能脱离物体而独立存在。它包括了两个物体，一个叫受力物体，另一个叫施力物体，其效果是使物体的运动状态发生变化，或使物体变形。力使物体的运动状态发生改变的效应称为外效应，而使物体发生变形的效应称为内效应，静力学只考虑外效应。

力的三要素包括力的大小、方向、作用点。如图 1-1 所示，用手拉伸弹簧，用的力越大，弹簧拉得越长，这表明力产生的效果跟力的大小有关系；用同样大小的力拉弹簧和压弹簧，拉的时候弹簧伸长、压的时候弹簧缩短，说明力的作用效果跟力的作用方向有关系。如图 1-2 所示，用扳手拧螺母，手握在扳手手柄的 A 点比 B 点省力，所以力的作用效果与力的方向和力的作用点有关。改变力的三要素中的任一要素，也就改变了力对物体的作用效应。

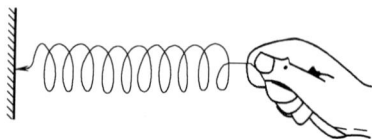

图 1-1　手拉弹簧图

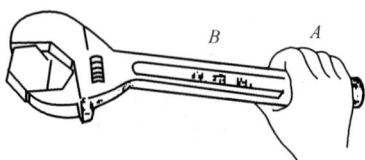

图 1-2　用扳手拧螺母

　　力是矢量，它可以用一个矢量图表示，作矢量图时，从力的作用点 A 起，沿着力的方向画一条与力的大小成比例的线段 AB，如图 1-3 所示。

　　在国际计量单位制中，力的单位为牛顿（N）或千牛顿（kN），工程上习惯采用公斤力、千克力（kgf）和吨力（tf）来表示。它们之间的换算关系为：

　　1 牛顿（N）＝0.102 公斤力（kgf）

　　1 吨力（tf）＝1000 公斤力（kgf）

　　1 千克力（kgf）＝1 公斤力（kgf）＝9.807 牛（N）≈10 牛（N）

　　力分为集中力 F 和分布力 q，如图 1-4 所示。

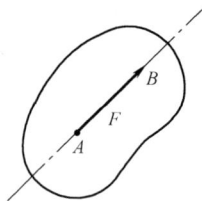

(a)

(b)

图 1-3　力的表示

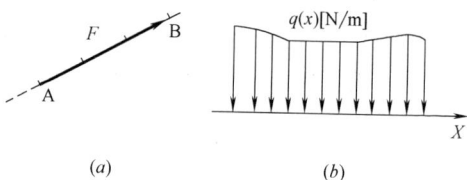

图 1-4

（a）集中力；（b）分布力

2

3）力系

同时作用于一个物体上一群力称为力系，分为平面力系和空间力系。

平面力系即各力的作用线均在同一个平面内。分为汇交力系、平行力系和一般力系。

① 汇交力系，力的作用线汇交于一点，如图1-5所示。

② 平行力系，力的作用线相互平行，如图1-6所示。

③ 一般力系，力的作用线既不完全汇交，又不完全平行。

空间力系即各力的作用线不全在同一平面内的力系，称为空间力系。

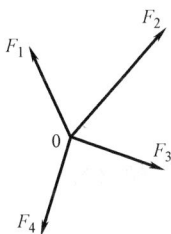

图1-5 平面汇交力系

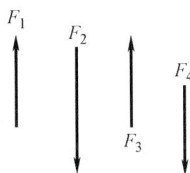

图1-6 平面平行力系

4）平衡

即物体相对于地球处于静止或匀速直线运动的状态。静力学是研究物体在力系作用下处于平衡的规律。

（2）静力学公理

1）二力平衡公理

作用于同一刚体上的两个力成平衡的必要与充分条件是：力的大小相等，方向相反，作用在同一直线上。如图1-7所示。

可以表示为：$F_1 = -F_2$，在两个力作用下处于平衡的杆件，称二力杆件。

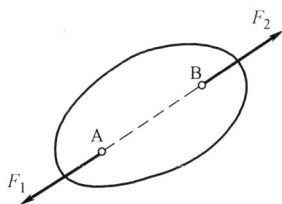

图1-7 二力平衡条件

2）加减平衡力系公理

可以在作用于刚体的任何一个力系上加上或去掉几个互成平衡的力，而不改变原力系对刚体的作用效果。

3）力的平行四边形法则

作用于物体上任一点的两个力可合成为作用于同一点的一个力，即合力，$F_R = F_1 + F_2$。合力的矢由原两力的矢为邻边而作出的力平行四边形的对角矢来表示。如图 1-8（a）所示。

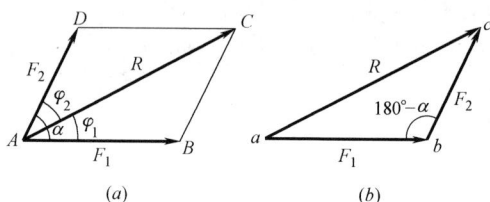

图 1-8　力的合成

（a）力的平行四边形法则；（b）力的三角形法则

在求共点两个力的合力时，我们常采用力的三角形法则，如图 1-8（b）所示。

推论：三力平衡汇交定理

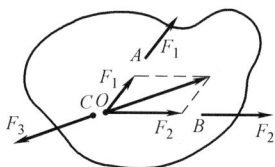

图 1-9　三力平衡汇交定理

刚体受同一平面内互不平行的三个力作用而平衡时，则此三力的作用线必汇交于一点，如图 1-9 所示。

4）作用与反作用公理

任何两个物体相互作用的力，总是大小相等，作用线相同，但方向相反，并同时分别作用于这两个物体上。如图 1-10 所示的 N 和 N' 为一对作用力与反作用力。

2. 约束与约束反力

对物体运动起限制作用的周围物体称为该物体的约束。如桌子放地板上，地板限制了桌子的向下运动，因此地板是桌子的

4

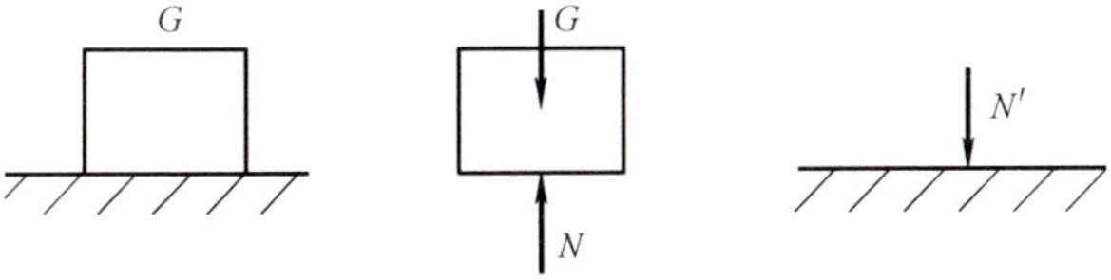

图 1-10　作用力与反作用力

约束。

约束对物体的作用力称为约束反力。约束反力的方向总是与约束所能阻碍的物体运动或运动趋势的方向相反，它的作用点就在约束与被约束的物体的接触点。

把能使物体主动产生运动或运动趋势的力称为主动力。如重力、风力、水压力等。通常主动力是已知的，约束反力是未知的，它不仅与主动力的情况有关，同时也与约束类型有关。下面介绍常见的几种约束类型及其约束反力。

（1）柔性约束

绳索、链条、皮带等属于柔索约束。柔索的约束反力作用于接触点，方向沿柔索的中心线而背离物体，其约束为拉力。如图 1-11 所示的胶带对带轮的拉力 F 为约束反力。

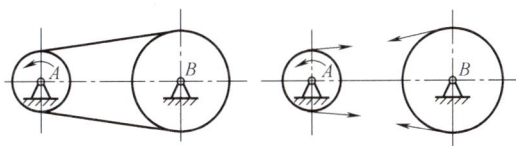

图 1-11　皮带约束

（2）光滑接触面约束

光滑接触面的约束反力作用于接触点，沿接触面的公法线且指向物体。如图 1-12 所示。

（3）铰链约束

两带孔的构件套在圆轴（销钉）上即为铰链约束。用铰链约束的物体只能绕接触点发生相对转动。

1）中间铰链约束

用中间铰链约束的两物体都能绕接触点发生相对转动。其约束反力用过铰链中心两个大小未知的正交分力来表示，如图1-13所示。

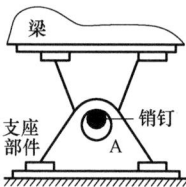

图1-12　光滑接触面约束

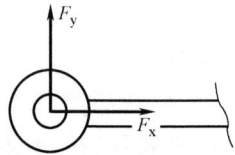

图1-13　中间铰链约束

2）固定铰支座

即用铰链约束的两物体其中一个固定不动作支座，如图1-14（a）所示，其简化记号和约束反力如图1-14（b）、（c）所示。

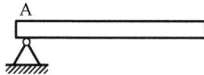

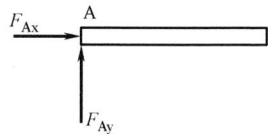

(a)　　　　　　　　　(b)　　　　　　　　　(c)

图1-14　固定铰约束

3）活动铰链支座

在固定铰支座下面安放若干滚子并与支承面接触，则构成活动铰链支座。其约束反力垂直于支承面，过销钉中心指向可假设。如图1-15所示。在桥梁、屋架等工程结构中经常采用这种约束。

4）二力杆约束

两端以铰链与其他物体连接、中间不受力且不计自重的刚性直杆称二力杆，如图1-16（a）所示。二力杆的约束反力沿着杆

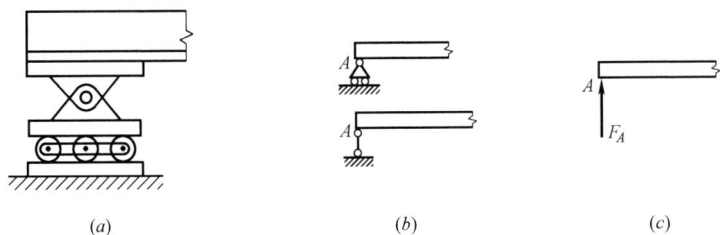

(a) (b) (c)

图 1-15 活动铰链支座

件两端中心连线方向，指向或为拉力或为压力，如图 1-16（c）
所示。

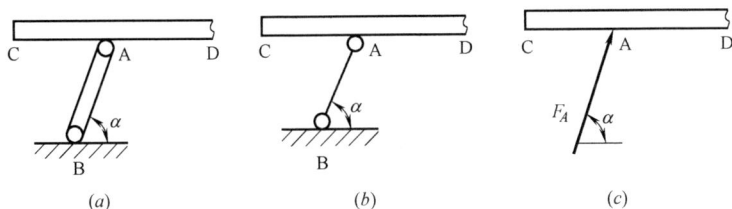

(a) (b) (c)

图 1-16 二力杆约束

5）固定端约束

即被约束的物体既不允许相对移动也不可转动，如图 1-17
（a）、（b）、（c）所示。

固定端的约束反力，一般用两个正交分力和一个约束反力偶
来代替，如图 1-17（d）所示。

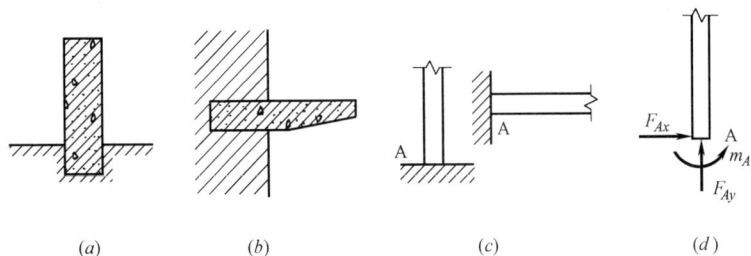

(a) (b) (c) (d)

图 1-17 固定端约束

7

3. 物体的受力分析与受力图

静力学问题大多是受一定约束的刚体的平衡问题，解决此类问题的关键是找出主动力与约束反力之间的关系。因此，必须对物体的受力情况作全面的分析，它是力学计算的前提和关键。

物体的受力分析包含两个步骤：

一是把该物体从与它相联系的周围物体中分离出来，解除全部约束，称为取分离体。

二是在分离体上画出全部主动力和约束反力，这称为画受力图。

4. 简单力系

（1）平面汇交力系

平面汇交力系是指各力的作用线位于同一平面内并且汇交于同一点的力系。如图 1-18（a）所示建筑施工现场起吊钢筋混凝土梁时，作用于梁上的力有梁的重力 W、绳索对梁的拉力 F_{TA} 和 F_{TB}，如图 1-18（b）所示，这三个力的作用线都在同一个直立平面内且汇交于 C 点，故该力系是一个平面汇交力系。

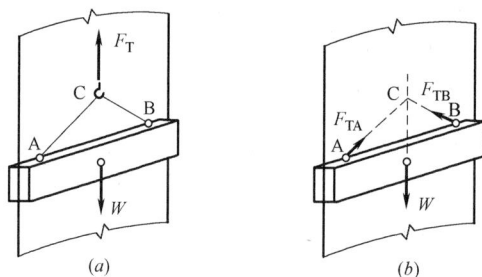

图 1-18　平面汇交力系

（2）力矩

1）力使物体绕某点转动的力学效应，称为力对该点之矩。

2）力矩计算

如图 1-19 所示，力 F 对 O 点之矩以符号 $M_O(F)$ 表示，即：

$$M_O(F) = \pm Fd \qquad (1\text{-}1)$$

点 O 称为矩心，d 称为力臂。力矩是一个代数量，其正负号规定如下：力使物体绕矩心逆时针方向转动时，力矩为正，反之为负。

在国际单位制中，力矩的单位是牛顿·米（N·m）或千牛顿·米（kN·m）。

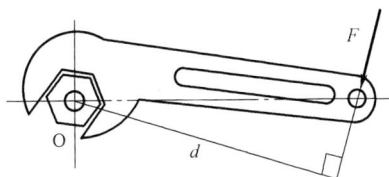

图 1-19　力矩

3）力矩的性质

力对点之矩，不仅取决于力的大小，还与矩心的位置有关；力的大小等于零或其作用线通过矩心时，力矩等于零。

4）合力矩定理

汇交力系的合力对其平面内任一点的矩等于所有各分力对同一点之矩的代数和。

如图 1-20 所示：$M_A(F) = M_A(F_x) + M_A(F_y)$

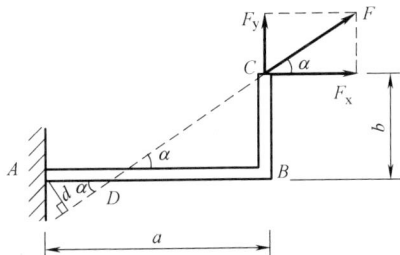

图 1-20　合力矩

（3）力偶

1）力偶的概念

一对等值、反向而不共线的平行力称为力偶，如图 1-21 所示。

两个力作用线之间的垂直距离称为力偶臂，两个力作用线所决定的平面称为力偶的作用面。

2）力偶矩

把力偶对物体转动效应的量度称为力偶矩，用 M 或 M（F，F'）表示。

$$M = \pm F \times d \qquad\qquad (1\text{-}2)$$

通常规定：力偶使物体逆时针方向转动时，力偶矩为正，反之为负。

在国际单位制中，力偶矩的单位是牛顿·米（N·m）或千牛顿·米（kN·m）。

3）力偶的性质

力偶既无合力，也不能和一个力平衡，力偶只能用力偶来平衡；

力偶对其作用面内任一点之矩恒为常数，且等于力偶矩，与矩心的位置无关；

只要保持力偶矩的大小和转向不变，可以同时改变力偶中力的大小和力偶臂的长短，而不改变其对刚体的作用效果。

力偶即用带箭头的弧线表示，箭头表示力偶的转向，m 表示力偶的大小。如图 1-22 所示。

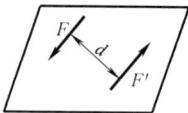

图 1-21　力偶

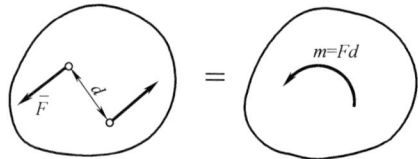

图 1-22　力偶的表示

4）平面力偶系的简化与平衡

在同一平面内由若干个力偶所组成的力偶系称为平面力偶系。平面力偶系的简化结果为一合力偶，力偶矩等于各分力偶矩的代数和。

$$M = M_1 + M_2 + \cdots + M_n = \sum M$$

平面力偶系平衡的充要条件是合力偶矩等于零。即 $\sum M = 0$

1.1.2 材料力学基本知识

为保证工程结构安全正常工作，要求各杆件在外力的作用下必须具有足够的强度（构件抵抗破坏的能力）、刚度（构件抵抗变形的能力）和稳定性（杆件保持原有平衡状态的能力）。

杆件受到的其他构件的作用，统称为杆件的外力。外力包括主动力以及约束反力（被动力）。

杆件在外力作用下的四种基本变形：轴向拉伸与压缩、剪切、扭转、平面弯曲。

1. 轴向拉伸与压缩

（1）轴向拉伸与压缩的概念与实例

受力特点：杆件受到沿杆件轴线方向的外力作用，如图 1-23（a）所示。

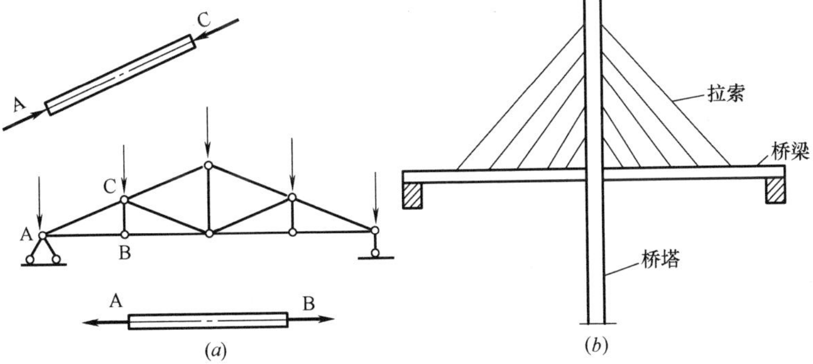

图 1-23　轴向压缩的实例

变形特点：杆沿轴线方向伸长或缩短。

产生轴向拉伸与压缩变形的杆件称为拉压杆。图 1-23（a）所示屋架中的弦杆、图 1-23（b）所示为牵引桥的拉索等均为拉压杆。

（2）轴向拉压杆的内力

为了分析拉压杆的强度和变形，首先需要了解杆的内力情况，采用截面法研究杆的内力。截面法是将杆件假想地沿某一横截面切开，去掉一部分，保留另一部分，同时在该截面上用内力表示去掉部分对保留部分的作用，建立保留部分的静力平衡方程求出内力。

如图 1-24（a）所示为一受拉杆，求 m-m 截面上的内力。

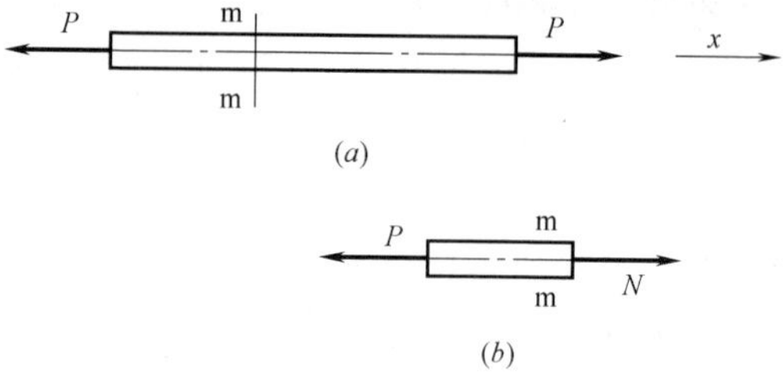

（a）

（b）

图 1-24　截面法求内力

在 m-m 处假想用截面把杆件切开，如图 1-24（b）所示，取左段为研究对象，为求截面 m-m 处的内力 F_N，建立平衡方程：

由 $\sum F_x = 0$，$F_N - P = 0$　解得 $F_N = P$

（3）横截面上的应力

1）应力的概念

如图 1-25（a）所示，P 为 O 点处的应力 $p = \lim\limits_{\Delta A \to 0} \dfrac{\Delta F_R}{\Delta A}$

应力—单位横截面上的内力。

将应力 P 分解为垂直于截面的分量 σ 和相切于截面的分量 τ，其中 σ 称为正应力，τ 称为切应力，如图 1-25（b）所示。

2）应力的单位为 Pa 或 MPa

$$1Pa = 1N/m^2$$

$$1MPa = 1N/mm^2 = 10^6 Pa$$

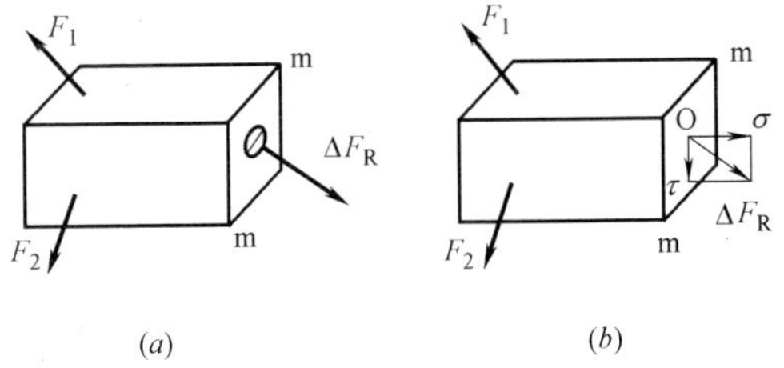

图 1-25 应力

工程上经常采用兆帕（MPa）作单位。

3）横截面上的正应力计算

轴向拉压时横截面上的应力均匀分布，即横截面上各点处的应力大小相等，其方向与内力一致，垂直于横截面，故为正应力，应力分布如图1-26所示。

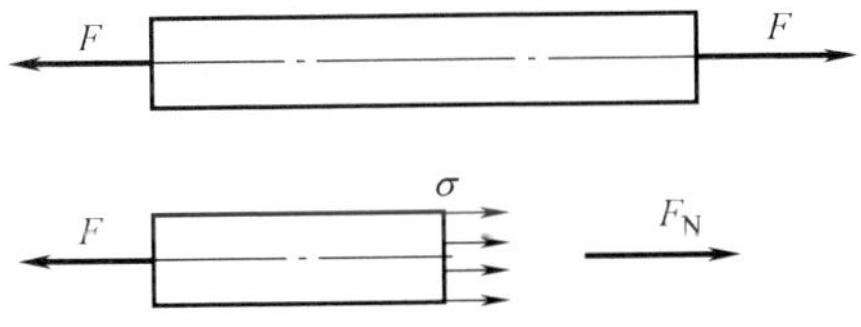

图 1-26 轴向拉伸时的应力

横截面上的正应力
$$\sigma = \frac{F_N}{A} \tag{1-3}$$

式中 F_N 为该横截面的内力；

A 为横截面面积。

正负号规定：拉应力为正，压应力为负。

（4）轴向拉压的变形分析

杆件受拉会变长变细，受压会变短变粗。长短的变化，沿轴线方向，称为纵向变形；

粗细的变化，与轴线垂直，称为横向变形。

纵向绝对变形： $\Delta l = l' - l$

13

横向绝对变形： $\Delta d = d' - d$

常用单位长度杆的变形即线应变来衡量杆件的变形程度。

纵向线应变： $\varepsilon = \dfrac{l' - l}{l} = \dfrac{\Delta l}{l}$

正应力 σ 与纵向线应变的关系为：$\sigma = E\varepsilon$

（5）轴向拉压杆的强度条件

轴向拉压杆在力的作用下不发生破坏的强度条件：

$$\sigma = \frac{F_N}{A} \leqslant [\sigma] \tag{1-4}$$

式中　σ——最大工作应力；

　　　$[\sigma]$——材料的许用应力。

2. 剪切

（1）剪切与挤压的概念

受力特点：杆件受到垂直杆件轴线方向的一组等值、反向、作用线相距极近的平行力的作用，如图 1-27 所示。

变形特点：二力之间的横截面产生相对的错动。

产生剪切变形的杆件通常为连接件，如图 1-27（a）所示。

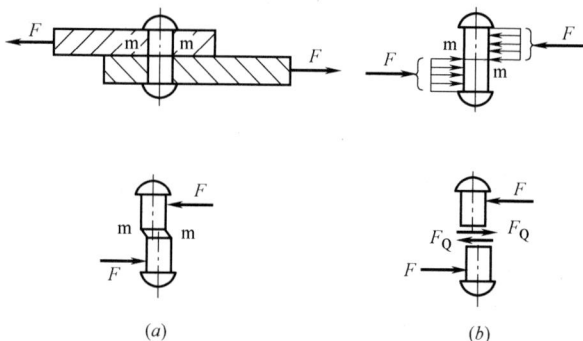

(a)　　　　　　　　　　(b)

图 1-27　剪切

（2）剪切的实用计算

构件受剪切作用时，其剪切面上将产生内力—剪力，与剪力 F_Q 对应，剪切面上有切应力 τ 存在。"实用计算法"，假设切应

14

力均匀地分布在剪切面上分布如图 1-27（b）所示，设剪切面的面积为 A，剪力为 F_Q，则切应力的计算公式为：

$$\tau = \frac{F_Q}{A} \qquad (1\text{-}5)$$

为了保证构件工作时不发生剪切破坏，必须满足剪切强度条件：

$$\tau = \frac{F_Q}{A} \leqslant [\sigma] \qquad (1\text{-}6)$$

3. 圆轴扭转

扭转的受力特点：杆件两端受到一对大小相等、转向相反、作用面与轴线垂直的力偶作用，如图 1-28 所示。

扭转的变形特点：相邻横截面绕杆轴产生相对旋转变形，如图 1-28 所示。产生扭转变形的杆件多为传动轴。

图 1-28　扭转

4. 平面弯曲

（1）平面弯曲的概念

弯曲是工程实际中最常见的一种基本变形，如火车轮轴（图 1-29）等。

平面弯曲的受力特点：在通过杆轴线的面内，受到力偶或垂直于轴线的外力（即横向力）作用。

弯曲的变形特点：杆的轴线被弯成一条曲线。

在外力作用下产生弯曲变形或以弯曲变形为主的杆件称为梁。

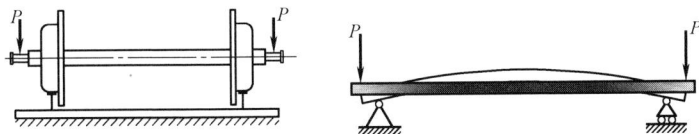

图 1-29　平面弯曲的受力特点

（2）梁的类型

根据梁的支座情况可以将梁分为三种类型：

1）简支梁

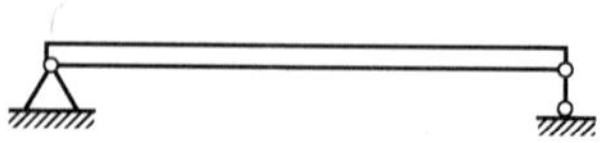

图 1-30　简支梁

其一端为固定铰支座，另一端活动铰支座。如图 1-30 所示。

2）悬臂梁

其一端为固定支座，另一端为自由端。如图 1-31 所示。

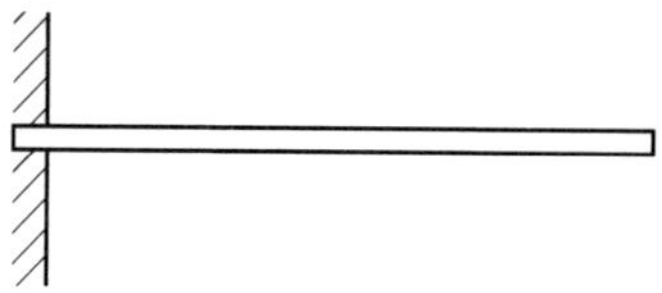

图 1-31　悬臂梁

3）外伸梁

其一端或二端伸出支座之外的简支梁。如图 1-32 所示。

5. 压杆稳定

对于细而长的轴向压杆，仅仅满足强度要求是不够的。因为细长压杆常

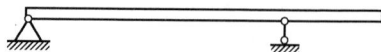

图 1-32　外伸梁

常会由于丧失保持直线状态的能力而导致破坏，即杆件在轴向压力的作用下会由直而弯以致折断。

例如，我们可以拿一根横截面尺寸为 20mm×1mm，长为 300mm 的钢直尺做一个简单的实验，材料的许用应力为 $[\sigma]$ = 160MPa。按照强度条件，该钢直尺可以承受的压力为

$$F \leqslant A[\sigma] = 20 \times 1 \times 160 = 3200\text{N} = 3.2\text{kN}$$

但实际上，当我们用手对直立的锯条顶部施加的轴向压力达到近 40N 时（即直尺横截面上的应力才 2MPa），该锯条就突然产生弯曲，若再增大压力，直尺就会被折断，显然，这时锯条的

破坏不是强度问题，而是由于不能保持原有直线状态（即弯曲）所导致的，即破坏是由失稳造成的，失稳即压杆丧失保持原有直线平衡状态的能力而破坏的现象。

解决压杆稳定问题的关键是确定临界力，确保压杆上的轴向压力小于临界力，杆件的长细比大，压杆细长，临界应力小，临界力也小，杆件容易丧失稳定。反之，长细比小，压杆粗而短，临界应力大，临界力也大，压杆就不容易丧失稳定。所以，长细比是影响压杆稳定的重要因素。

6. 物体质量的计算

（1）物体的质量

物体的质量等于该物体的材料密度与体积的乘积，其表达式为：

$$m = \rho v \tag{1-7}$$

式中，m——物体的质量；

       ρ——物体的材料密度；

       v——物体体积。

（2）物体的材料密度

计算物体质量时，必须知道物体材料的密度。所谓密度就是指某种物质的单位体积内所具有的质量，其单位是 kg/m^3（千克/立方米），各种常用物体的密度及每立方米的质量，见表1-1。

各种常用物体的密度及每立方米的质量表　　表1-1

物体 材料	密　度 （$\times 10^3 kg/m^3$）	物体 材料	密　度 （$\times 10^3 kg/m^3$）
钢、铸钢	7.85	混凝土	2.4
铸铁	7.2～7.5	碎石	1.6
铸铜、镍	8.6～8.9	水泥	0.9～1.6
铝	2.7	砖	1.4～2.0
铅	11.34	煤	0.6～0.8
铁矿	1.5～2.5	焦炭	0.35～0.53
木材	0.5～0.7	石灰石	1.2～1.5
黏土	1.9	造型砂	0.8～1.3

（3）平面图形面积的计算

物体的体积的大小与其本身的截面积的大小成正比，各种规则几何图形的面积计算公式见表1-2。

几何图形面积计算公式　　　　表1-2

名称	图形	字母意义	特　征	面积S的计算公式
正方形	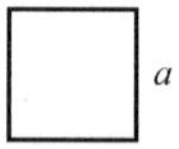	a—边长	四条边都相等，四个角都是直角	$S=a^2$
长方形	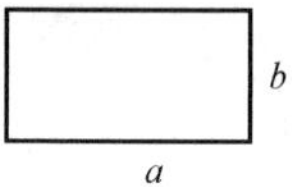	a—长；b—宽	两组对边分别相等，四个角都是直角	$S=ab$
平行四边形	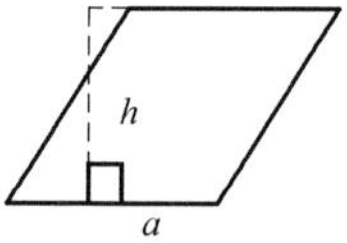	a—底；h—高	两组对边分别平行且相等	$S=ah$
三角形	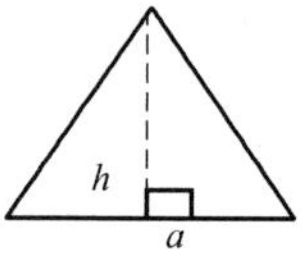	a—底；h—高	有三条边和三个角	$S=\dfrac{1}{2}ah$
梯形	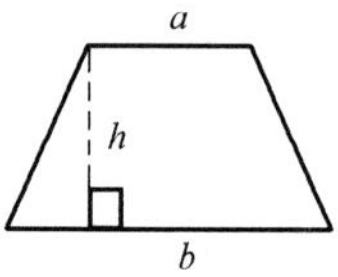	a—上底；b—下底；h—高	只有一组对边平行	$S=\dfrac{1}{2}(a+b)h$
圆	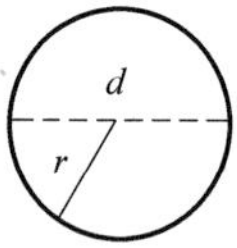	d—直径；r—半径	所有半径都相等，所有直径也都相等，直径等于半径的2倍	$S=\pi r^2$

（4）物体的体积 V

要计算物体的质量，就需要知道物体的体积。几种常见的几何形体的体积计算公式列在表 1-3 中。

常见的几何形体的体积计算公式 表 1-3

名称	图　形	公　式
立方体	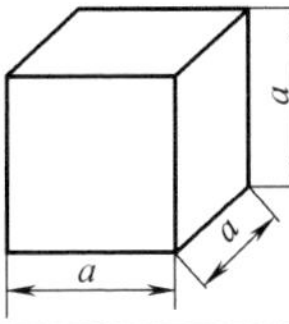	$V=a^3$
长方体	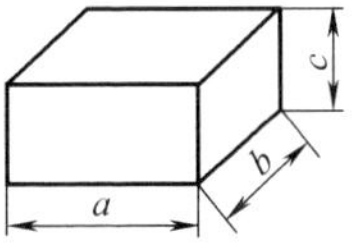	$V=abc$
圆柱体	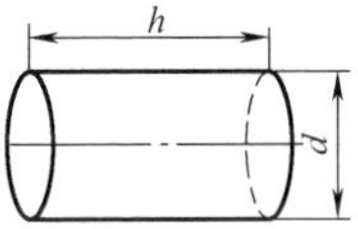	$V=\dfrac{\pi}{4}d^2h=\pi R^2h$ 式中　R—半径
空心圆柱体	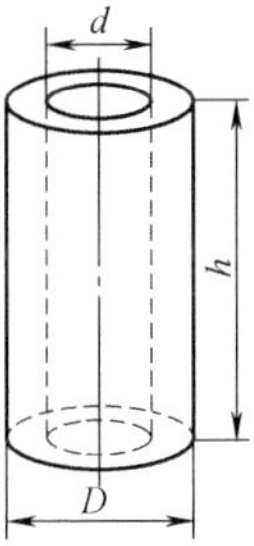	$V=\dfrac{\pi}{4}(D^2-d^2)h=\pi(R^2-r^2)h$ 式中　r、R—内、外半径
斜截正圆柱体	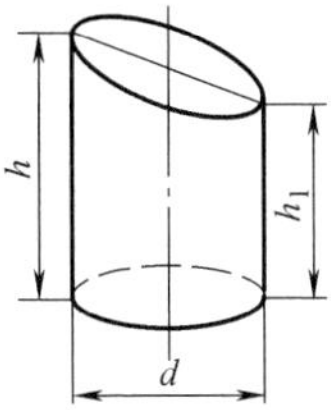	$V=\dfrac{\pi}{4}d^2\dfrac{(h_1+h)}{2}=\pi R^2\dfrac{(h_1+h)}{2}$ 式中　R—半径

19

名称	图 形	公 式
球体		$V=\dfrac{4}{3}\pi R^3=\dfrac{1}{6}\pi d^3$ 式中 R—底圆半径； 　　　d—底圆半径
圆锥体		$V=\dfrac{1}{12}\pi d^2 h=\dfrac{\pi}{3}R^2 h$ 式中 R—底圆半径； 　　　d—底圆半径
三棱体		$V=\dfrac{1}{2}bhl$ 式中 b—边长； 　　　h—高； 　　　l—三棱体长
锥台		$V=\dfrac{h}{6}\times[(2a+a_1)b+(2a_1+a)b_1]$ 式中 a、a_1—上下边长； 　　　b、b_1—上下边宽； 　　　h—高
正六角棱柱体		$V=\dfrac{3\sqrt{3}}{2}b^2 h$ $V=2.598b^2 h=2.6b^2 h$ 式中 b—底边长

1.2 金属材料及润滑材料

1.2.1 金属材料

工程材料是指用于机械制造、工程结构等各种材料的总称。

它分为金属材料和非金属材料两大类。工程材料在工业、农业以及国防建设中都占有极其重要的地位，为了能充分地挖掘工程材料的潜力，合理地选择和正确地使用工程材料，就必须了解和掌握它们的性能和应用等方面的基本知识。

1. 金属材料类型及其力学性能

金属材料通常分为黑色金属、有色金属。黑色金属又称钢铁材料，包括含碳小于 2.11% 的钢，含碳 2.11%～6.67% 的铸铁，以及各种用途的结构钢、不锈钢、耐热钢、高温合金、不锈钢等。广义的黑色金属还包括铬、锰及其合金。有色金属是指除铁、铬、锰以外的所有金属及其合金，通常分为轻金属、重金属、贵金属、半金属、稀有金属和稀土金属等。有色合金的强度和硬度一般比纯金属高，并且电阻大、电阻温度系数小。

用金属材料制成的各种机械零件在使用的过程中，往往要受到各种形式的外力作用，作用的结果使其可能受到冲击、拉力、压力、弯曲、扭转等。为了保证机械零件能正常工作，要求金属材料必须具有一定的抵抗外力的作用而不产生变形或破坏的能力。金属材料抵抗外力的作用所表现出的性能称为金属材料的力学性能，其常用的指标主要包括强度、塑性、硬度、冲击韧度、疲劳强度、徐变及松弛等。

（1）强度

强度是指金属材料在外力的作用下，抵抗塑性变形和断裂的能力。根据金属材料承受外力的形式不同，可分为抗拉强度、抗压强度、抗弯强度、抗扭强度及抗剪强度，应用最普遍的是抗拉强度。

抗拉强度是由拉伸试验测定的。金属材料通过拉伸试验绘出拉伸曲线，可求出材料的弹性极限（σ_e）、屈服点（σ_S）和抗拉强度（σ_b）。σ_e、σ_S、σ_b 是选择金属材料的重要依据。一般，机械零件所受的最大应力不允许超过 σ_b，否则会产生破坏。对于一些不允许在塑性变形情况下工作的机械零件，如锅炉、压力容器、高压缸体连接螺栓等，计算应力要控制在 σ_S 以下。

（2）塑性

塑性是指金属材料在外力作用下产生永久变形而不破坏的能力。塑性指标用伸长率（δ）和断面收缩率（ψ）来表示，δ、ψ 值越大，表示材料的塑性越好，如工业纯铁的 δ 可达 50%、ψ 可达 80%，而普通铸铁的 δ、ψ 几乎为零。塑性好的材料可以发生较大的塑性变形而不破坏，这样的材料不但能进行各种轧制加工，还能避免一旦超载而引起的突然断裂，例如，采用塑性较好的钢材（一般 $\delta > 20\%$；$\psi > 40\%$）制造板材、钢筋、型钢（角钢、槽钢等）、垫圈等。

（3）硬度

硬度是指金属材料抵抗另一种更硬的物体压入其表面的能力。硬度值是通过硬度试验测定的，用具有高硬度的压头，压入金属材料表面产生塑性变形并形成压痕，再对压痕进行测量并计算求得硬度值，因此，硬度也可以表示为，金属材料对局部塑性变形的抵抗力，压头压入金属材料表面的压痕越小，其抵抗塑性变形的抗力就越大，硬度也越高。

硬度的测定方法有很多种，常用的有布氏硬度试验法和洛氏硬度试验法。

布氏硬度的表示方法是将布氏硬度值标注在布氏硬度符号前面，如 360HBS 表示用淬火钢球做压头所测的布氏硬度值为 360。

布氏硬度的应用特点如下：

1）当要测的金属材料硬度较高时（布氏硬度值大于 450），一般采用硬质合金钢球试验压头，淬火钢球试验压头适用于测布氏硬度值在 450 以下的材料。

2）当压痕直径 d 在 $0.25D < d < 0.6D$ 范围内时，布氏硬度试验法所测的数据结果较准确，但是，布氏硬度不宜测定硬度过高、厚度太薄或表面不允许有较大压痕（成品件）的金属材料。

3）布氏硬度值与金属材料的抗拉强度有一定关系，因此在工程中应用很广。HBS 与 σ_b 之间存在如下近似关系：对于低碳

钢 $\sigma_b \approx 0.36HBS$；高碳钢 $\sigma_b \approx 0.34HBS$；调质合金钢 $\sigma_b \approx$ $0.325HBS$；铝铸件 $\sigma_b \approx 0.26HBS$；冷加工黄铜及青铜 $\sigma_b \approx$ $0.4HBS$；退火黄铜及青铜 $\sigma_b \approx 0.55HBS$。

4）布氏硬度主要用于铸铁、有色金属、退火钢等原材料及半成品的硬度测定。

根据试验时所用的压头与载荷的不同，洛氏硬度分为 HRA、HRB、HRC 三种标尺，其中以 HRC 标尺应用最广。洛氏硬度试验法与布氏硬度试验法相比，有如下应用特点：操作简单，压痕小，不能损伤工件表面，测量范围广，主要应用于硬质合金、有色金属、退火或正火钢、调质钢、淬火钢等。但是，由于压痕小，当测量组织不均匀的金属材料时，其准确性不如布氏硬度。

洛氏硬度试验法和布氏硬度试验法的试验条件不同，不能直接用数学公式换算，但在数值上也有一定的数值关系，当 HB＞220 时，HRC 与 HB 的关系大约为 1∶10。

（4）冲击韧度

冲击韧度是指金属材料抵抗冲击载荷的作用而不破坏的能力，冲击韧度是用摆锤冲击试验测定的。

冲击韧度值 ak 越大，表示金属材料的冲击韧度越好，在受到冲击载荷时不易被破坏。由此可见，在受冲击载荷作用的机械零件，如空气压缩机的连杆、曲轴等，只用强度和硬度这些静载荷指标作为设计计算的依据是不够的，还要考虑金属材料抵抗冲击载荷的能力，即冲击韧度 ak 应满足设计要求，以保证机械零件使用中的安全可靠性。

（5）疲劳强度

在机械中有许多零件是在交变载荷（载荷大小及方向随时间周期性变化）下工作，如弹簧、齿轮、轴等，它们在工作时所承受的应力，通常低于材料的屈服点。金属材料长时间在小于屈服点的交变应力作用下发生断裂的现象，称为金属的疲劳或疲劳断裂。

金属材料在发生疲劳断裂时并没有明显的塑性变形，断裂是突然发生的。因此，疲劳破坏具有很大的危险性。

金属材料在无数次交变载荷作用下，而不产生断裂的最大应力称为疲劳强度，用 $\sigma-1$ 表示。

弹簧、齿轮、轴等机械零件往往在交变应力的作用下工作，在这些零件的设计计算选择材料时，不仅要考虑强度、硬度等力学性能指标是否满足要求，还要考虑它们的疲劳强度指标 $\sigma-1$ 是否能满足要求。

（6）松弛

受到一定预紧力的金属零件，在高温工作条件下，随着时间的逐渐延长，原来的弹性变形逐渐转变成了塑性变形，而应力逐渐减小，这种现象称为松弛。如紧固螺栓及一些过盈配合相互连接的机械零件都可能出现松弛现象。

2. 钢的分类及常用钢材的牌号、性能和用途

（1）钢的分类

钢是指含碳量 ω_C 小于 2.11% 的铁碳合金。常用的钢中除含有 Fe、C 元素以外还含有 Si、Mn、S、P 等杂质元素。另外，为了改善钢的力学性能和工艺性能，有目的的向常用的钢中加入一定量的合金元素，即得到合金钢。钢的种类繁多，为了便于研究和使用，通常按下列方法分类：

1）按钢的化学成分分类

钢按化学成分分为碳素钢和合金钢两类。碳素钢按含碳量的不同又可分为低碳钢（含碳量 ω_C 小于 0.25%）、中碳钢（含碳量 ω_C 为 $0.25\%\sim0.6\%$）、高碳钢（含碳量 ω_C 大于 0.6%）；合金钢按含合金元素量的不同又可分为低合金钢（含合金元素总量 ω 小于 5%）、中合金钢（含合金元素总量 ω 为 $5\%\sim10\%$）、高合金钢（含合金元素总量 ω 大于 10%）。

2）按脱氧程度和浇注制度分类

钢分为沸腾钢、半镇静钢、镇静钢、特殊镇静钢。

3）按钢的用途分类

钢分为结构钢、工具钢和特殊性能钢。结构钢主要用于制造各种工程结构，如建筑结构、桥梁、锅炉、容器等结构件和齿轮、轴等机械零件；工具钢主要用于制造各种工具、量具、模具；特殊性能钢主要用于制造需要某些特殊物理、化学或力学性能的结构、工具或零件如不锈钢、耐热钢、耐磨钢等。

4）按钢的冶金质量分类

钢按冶金质量即按钢中的有害杂质 P、S 的含量分为普通质量钢（$\omega_P \leqslant 0.045\%$，$\omega_S \leqslant 0.050\%$）、优质钢（$\omega_P \leqslant 0.035\%$，$\omega_S \leqslant 0.035\%$）、高级优质钢（$\omega_P \leqslant 0.025\%$，$\omega_S \leqslant 0.025\%$）、特级优质钢（$\omega_P < 0.025\%$，$\omega_S < 0.015\%$）。

钢的分类除以上几种分类方法之外，还有按金相组织分、按加工工艺分等。我国现行钢材分类及命名方法，是以钢的质量和用途为基础综合分类的。

（2）常用钢材的牌号、性能和用途

1）碳素结构钢

碳素结构钢含硫、磷等杂质较多，与其他碳素钢相比力学性能较低，但由于制造方便、价格较低，一般在能满足使用要求的情况下都优先选用，通常轧制成各种型材如圆钢、方钢、工字钢及钢筋等，也可制作焊接管、螺栓及齿轮等，一般不经过热处理。

碳素结构钢的牌号是由代表屈服点的字母"Q"、屈服点数值、质量等级符号（A、B、C、D）及脱氧方法符号四个部分按顺序组成。质量等级符号反映了碳素结构钢中有害元素（S、P）含量的多少，从 A 级到 D 级，钢中的 S 和 P 含量依次减少。C级和 D 级的碳素结构钢的 S 和 P 的含量较少，质量较好，可以作为重要的焊接结构件。脱氧方法符号 F、b、Z、TZ 分别表示沸腾钢、半镇静钢、镇静钢和特殊镇静钢，在钢号中的"Z"和"TZ"可以省略，如 Q215-AF 表示屈服点为 215MPa 的 A 级沸腾钢。在生产中常用的碳素结构钢及用途：Q195 钢和 Q215 钢通常轧制成薄板、钢筋,可用于制作焊接管、屋面板、铆钉、螺钉、地脚螺栓、轻负荷的冲击零件和焊接结构件等;Q235钢和Q255钢通常用于制作各种型钢、钢筋、各种管材、螺栓、螺母、吊钩以及不太重要的渗碳件;Q275钢强度较高,有时可代替优质碳素结构钢使用。

2)优质碳素结构钢

优质碳素结构钢含硫、磷等杂质较少,有稳定的化学成分和较好的表面质量及较高的力学性能,适用于热处理工艺,因此优质碳素结构钢广泛应用于较重要的工程结构及各种机械零件。

优质碳素结构钢的牌号用其平均含碳量的万分之几的两位数字表示,如平均含碳量 ω_C 为 0.45% 的优质碳素结构钢表示为 45钢;若钢中的含锰量较高时(含锰量 ω_{Mn} 为 0.7%～1.2%),为较高含锰量钢,则数字后加"Mn"字。如含碳量 ω_C 为 0.65%,含锰量 ω_{Mn} 为 0.7%～1.0%的优质碳素结构钢表示为 65Mn。若是沸腾钢,则在牌号的末尾加"F"字。

较高含锰量钢,其用途与普通含锰量钢基本相同,但淬透性和强度稍高,可制成截面稍大或强度稍高的零件。

3)碳素工具钢

碳素工具钢是用于制造各类工具的高碳钢。其含碳量 ω_C 在 0.65%～1.35%之间,含杂质量少,属于优质或高级优质钢,硬度高、耐磨性好,红硬性较差,当温度超过 250℃时硬度急剧下降。因此,碳素工具钢只适用于制造低速刃具、手动工具及冷冲压模具等。

碳素工具钢的牌号由"T"和两位数字组成,数字表示钢的平均含碳量的千分之几。例如,T8 表示平均含碳量 ω_C 为 0.8%的碳素工具钢,如果是高级优质钢在牌号后面注上"A",如 T12A 表示平均含碳量 ω_C 为 1.2%的高级优质碳素工具钢。

4）铸造碳钢

铸造碳钢一般为中碳钢，含碳量 ω_C 为 $0.20\% \sim 0.60\%$。它的铸造性能比铸铁差，主要表现在流动性差、凝固时收缩率大、易产生偏析等。主要用来制造形状复杂，有一定力学性能要求的铸造零件，如阀体、曲轴、缸体、机座等。

铸造碳钢的牌号是"铸钢"两字的汉语拼音字首"ZG"和两组数字组成，第一组数字表示屈服点，第二组数字表示抗拉强度，如 ZG200-400 表示屈服点为 200MPa，抗拉强度为 400MPa 的工程用铸造碳钢。若是焊接用铸造碳钢，则在牌号后加"H"字。

5）低合金高强度结构钢

低合金高强度结构钢是一种低碳（含碳量 ω_C 小于 0.2%）、低合金（合金元素的总量 ω 不超过 3%）、高强度的钢。低合金高强度结构钢含主要的合金元素有 Mn、V、Al、Ti、Cr、Nb 等，它与相同含碳量的碳素结构钢比具有强度高，塑性、韧性好，焊接性和耐蚀性好，主要用于代替碳素结构钢制造重要的工程结构，如桥梁、船舶、锅炉、容器、建筑钢筋、输油输气管道等各种强度要求较高的工程构件。

低合金高强度结构钢的牌号由代表屈服点的字母（Q）、屈服点数值、质量等级符号（A、B、C、D）三部分组成，如 Q420A 表示屈服点为 420MPa，质量等级为 A 级的低合金高强度结构钢。共有 Q295、Q345、Q390、Q420、Q460 五个牌号。

6）机械制造用钢

机械制造用钢是在优质碳素结构钢的基础上加入一些合金元素而形成的钢。因加入的合金元素较少（合金元素的总量 ω 不超过 5%），所以机械制造用钢都属于中、低合金钢，其中的主加元素一般为 Mn、Si、Cr、B 等，这些元素对于提高淬透性起主导作用；辅加元素主要有 W、Cu、V、Ti、Ni、Mo 等。

机械制造用钢的牌号通常采用"数字＋元素符号＋数字"的表示方法。其中前两位数字表示钢中的含碳量的万分之几，元素符号表示钢中所含的合金元素，而后面的数字表示合金元素含量的百分数。但应注意：当合金元素的含量 ω_C 小于 1.5% 时，一般只标出元素符号，不标出合金元素含量，而当合金元素的含量 ω 等于或超过 1.5%、2.5%、3.5%……时，则在该元素符号后面注上 2、3、4……。合金结构钢都是优质钢、高级优质钢（牌号后加 "A"）或特级优质钢（牌号后加 "E"）。

7）合金工具钢

常用的合金工具钢通常可分为低合金工具钢和高速工具钢两种，合金工具钢的牌号与合金结构钢中的机械制造用钢相似，但当其含碳量 ω_C 超过 1% 时则不标出；当含碳量 ω_C 小于 1% 时则牌号前的数字表示含碳量的千分之几。由于合金工具钢都是高级优质钢，故在牌号后均不标 "A"。

8）特殊性能钢

特殊性能钢是指具有特殊物理、化学性能，可以应用在特殊工作场合的钢，如不锈钢、耐热钢和耐磨钢等。特殊性能钢的牌号与合金工具钢基本相同，但当含碳量 ω_C 小于或等于 0.08% 时则在牌号前面标出 "0"；当含碳量 ω_C 小于或等于 0.03% 时则在牌号前面标出 "00"，例如：0Cr19Ni9，00Cr30Mo2 等。

① 不锈钢

在自然环境或一定的工业介质中具有耐腐蚀性的钢称为不锈钢。常用的不锈钢有：马氏体型不锈钢、铁素体型不锈钢和奥氏体型不锈钢等。

② 耐热钢

耐热钢是指在高温下具有高的化学稳定性和热强性（热强性是指在高温下的强度）的特殊钢。耐热钢多为中、低碳合金钢，合金元素有 Cr、Ni、Mo、Mn、Si、Al、W、V 等，使得钢的表面形成完整、稳定的氧化膜，提高钢的抗氧化性并在钢中形成细小弥散的碳化物，起到提高钢的高温强度的作用。常用的耐热钢有 15CrMo、12CrMoV、4Cr9Si2 等，用来制造锅炉导管、过热器及换热器等。

③ 耐磨钢

耐磨钢是指在巨大压力和强烈冲击载荷作用下才能发生硬化现象的高锰钢。高锰钢含锰量 ω_{Mn} 为 $11\% \sim 14\%$，含碳量 ω_C 为 $0.9\% \sim 1.3\%$。其铸态组织是奥氏体和碳化物，经过水韧处理，即加热到 $1050 \sim 1100℃$，使碳化物全部溶入奥氏体，然后在水中快冷，防止碳化物析出，保证高锰钢结构中为均匀的单相奥氏体组织，从而使高锰钢具有高强度、高韧性和耐冲击的优良性能。在切削加工时，高锰钢极易产生加工硬化，使切削加工困难，所以大多数高锰钢零件采用铸造成型，如 ZGMn13-1、ZGMn13-5 等通常用来制造拖拉机履带、碎石机领板、挖掘机铲斗的斗齿等。

3. 钢的热处理工艺

在生产实际中，改善钢的性能常有两种方法：一种是调整钢的化学成分，加入合金元素，即合金化的方法；另一种是热处理的方法，使固态金属通过不同的加热、保温、冷却，来改变其内部组织，从而获得预期的性能。这两种方法是密切相关、相辅相成的。能使钢适应加工过程及使用过程中不同性能的要求，以及充分发挥材料的潜在性能，所以，热处理方法更是一项重要的、不可缺少的工艺手段。

钢的热处理的主要目的：一是消除前道工序（如铸造、焊接、锻造）过程中产生的缺陷、改善其工艺性能，确保后续加工的顺利进行；二是提高钢件的使用性能和使用寿命。

根据加热、冷却及组织变化特点不同，可将钢的热处理分为如下几类：

普通热处理包括退火、正火、淬火和回火等。

表面热处理包括表面淬火和表面化学热处理等。

其他热处理包括形变热处理、真空热处理、可控气氛热处理和激光热处理等。

无论哪一种热处理方法，基本工艺过程都是由加热、保温和冷却三个阶段所组成，如果把他们描绘在以"温度-时间"为坐标系的坐标中，所形成的曲线称为热处理工艺曲线。

（1）钢的普通热处理

通常钢的普通热处理工艺包括：退火、正火、淬火和回火等。在生产中，常使用普通热处理方法对工件进行预先热处理和最终热处理。预先热处理能消除工件在前道工序造成的某些缺陷，或为随后的最终热处理作好组织准备；最终热处理能改善钢的力学性能，更好的满足工件使用性能的要求。

1）退火

将钢加热到适当温度，经过保温，然后缓慢冷却的热处理工艺称为退火。退火的主要目的是：降低钢的硬度、提高塑性，便于工件的切削加工；消除内应力，防止工件变形及裂纹；细化晶粒、均匀组织，为后续的热处理作准备。根据钢的成分和退火的主要目的不同，常用的退火方法有完全退火、等温退火、球化退火、均匀化退火和去应力退火。

2）正火

将钢加热到 $Ac3$ 或 $Accm$ 以上 $30\sim50℃$，保温一定时间，出炉后在空气中冷却的热处理工艺称为正火。和退火相比较，正火的冷却速度更快些，得到的组织晶粒更细些，处理后材料的强度和硬度稍高些、塑性稍低些，并且操作简单、省时，能耗较少，生产率和设备的利用率较高。因此，在可能的条件下，应优先采用正火处理。

3）淬火

将钢加热到 $Ac3$ 或 $Ac1$ 以上 $30\sim50℃$，保温一定时间，使其奥氏体化后，以很快的冷却速度冷却获得马氏体或贝氏体组织的热处理工艺称为淬火。淬火是强化钢材的最重要的热处理方法，可以获得高硬度的马氏体或综合力学性能较好的贝氏体，主要应用于工具钢和耐磨零件的热处理。

4）回火

将淬火钢加热到 $Ac1$ 以下某一温度，保温一定时间，然后以一定的冷却方式（炉冷或空冷）冷却到室温的热处理工艺称为回火。回火是淬火后必须进行的一道热处理工序，其主要目的是减小或消除由淬火产生的脆性和应力，防止工件变形与开裂；稳定工件尺寸，获得工件所需的组织并保证应用中不发生变化；调整钢的强度和硬度，使其得到所需要的力学性能。根据工件性能的不同要求，按回火温度范围，可将回火分为三种：低温回火、中温回火的高温回火。

应该指出：工件回火后的硬度主要是由回火温度和回火时间决定的，与回火的冷却速度关系不大，所以在实际生产中，将工件回火出炉后通常在空气中冷却。

（2）钢的表面热处理

在生产中有些工件要求表面具有高强度、高硬度和高耐磨性而心部仍要具有足够的强度、塑性和韧性，如在冲击载荷、交变载荷及摩擦条件下工作的曲轴、凸轮轴、齿轮等。要达到上述性能要求，普通热处理方法是难以实现的。目前广泛使用表面热处理即表面淬火和化学热处理，来满足生产实际提出的要求。

1）表面淬火

表面淬火是对工件表层进行淬火的热处理工艺。其原理是将钢件表面快速加热到淬火温度，然后以大于临界冷却速度的速度迅速冷却下来。表面淬火不改变钢件表层的化学成分，仅改变表层的组织，并且心部组织不发生变化。

按照加热方法的不同，表面淬火可分为火焰加热表面淬火、感应加热表面淬火、电解液加热表面淬火、激光加热表面淬火和电子束加热表面淬火。其中火焰加热表面淬火和感应加热表面淬火在目前的生产中应用最为广泛。

2）表面化学热处理

表面化学热处理是将工件置于一定量的活性介质中加热、保温，使一种或几种活性原子渗入工件的表层，从而改善其化学成分、组织和性能的热处理工艺。化学热处理主要用于强化和改善工件表面的使用性能，如提高工件表面的硬度、耐磨性、疲劳强度、耐高温性和耐腐蚀性等。常用的表面化学热处理主要有渗碳、渗氮、碳氮共渗、渗硼、渗铅及多元共渗等。

1.2.2 焊接

焊接也称作熔接、镕接，是一种以加热、高温或者高压的方式接合金属或其他热塑性材料如塑料的制造工艺及技术。

焊接与其他联接方法（如铆接、螺栓联接）相比，其特点是结构简单，节省材料，接头强度高、气密性好，生产效率高、适用范围广、成本低。但由于焊接是不均匀的加热和冷却过程，焊后容易产生焊接应力和变形，因而会对焊接质量造成一定影响。只要采取适当的焊接方法，并在焊接过程中采取一定的措施，是可以减少或消除这些缺陷的。

由于焊接的这些特点，使其得到了广泛应用。在工业发达国家，钢产量的 50% 左右是通过焊接来达到其使用要求的，广泛应用于机械制造、建筑结构、桥梁、管道、石油化工、航空航天等各个方面。

根据焊接过程中金属所处状态的不同，焊接可分为熔焊、压焊、钎焊三大类。

熔焊是在焊接过程中，将焊接接头加热至熔化状态，并与熔化的填充金属（焊条）形成共同的熔池，冷却后便可形成牢固的接头。

压焊是在焊件接触处（加热或不加热）施加压力，使两工件结合面紧密接触在一起，并产生一定的塑性变形，使他们的原子组成新的结晶，将两工件焊接起来。

钎焊是用比母材熔点低的金属材料作钎料，将焊件和钎料加热到高于钎料的熔点而低于母材熔点的温度，利用液态钎料与固态被焊金属的相互熔解和扩散，钎料凝固后，将两工件焊接在一起。

焊条电弧焊是熔焊中最基本的焊接方法，它是利用焊条与焊件之间产生的电弧热，熔焊条及焊件，来使被焊金属连接在一起的方法。其特点是设备简单、操作方便，成本低，应用广泛。焊条电弧焊的应用范围已涉及 67％以上的可焊金属及 90％以上的常用金属材料，是目前设备安装施工现场应用最广的焊接方法。

焊条的作用是传导电流，把电能转变为热能，熔化后作为填充材料与母材熔合形成焊缝。焊条的质量直接影响着电弧的稳定性和焊缝的质量。为保证焊接质量，必须了解焊条的性能，并能正确选用。

焊条由焊芯和药皮组成，前端有 45°左右的倒角便于引弧，尾部有裸露的焊芯，便于夹持和导电。

1. 焊条的分类

根据用途的不同，按国家标准划分如下：

（1）碳素钢焊条，主要用于强度等级较低的低碳钢和低合金钢的焊接。

（2）低合金钢焊条，主要用于低合金高强度钢的焊接。

（3）不锈钢焊条，主要用于各类不锈钢的焊接。

（4）堆焊焊条，主要用于金属表面层堆焊。

（5）铸铁焊条，主要用于铸铁的焊接和补焊。

（6）镍及镍合金焊条，主要用于镍及镍合金的焊接，补焊或堆焊。

（7）铜及铜合金焊条，主要用于铜及铜合金的焊接、补焊或堆焊。

（8）铝及铝合金焊条，主要用于铝及铝合金的焊接、补焊或堆焊。

（9）特殊用途焊条 用于水下焊接、切割等。

2. 焊条型号编制

焊条型号一般由焊条类型代号，加上表征熔敷金属的力学性能或化学成分、药皮类型、焊接位置和焊接电流的分类代号组成。表 1-4 为不同类型焊条的代号，表 1-5 为碳素钢及低碳合金钢焊条划分。

焊条的分类及代号
表 1-4

类　型	代　号	类　型	代　号
碳素钢焊条	E	铸铁焊条	EZ
低合金钢焊条	E	铜及铜合金焊条	ECu
不锈钢焊条	E	铝及铝合金焊条	TAl
堆焊焊条	ED	特殊用途焊条	TS

碳钢及低合金钢焊条划分
表 1-5

焊条型号	涂层类型	焊接位置	电流种类
E××00	特殊型	平焊、立焊、横焊、仰焊	交流或直流正、反接
E××01	钛铁矿型		交流或直流正、反接
E××03	钛钙型		交流或直流正、反接
E××10	高纤维钠型		直流反接
E××11	高纤维钾型		交流或直流反接
E××12	高钛纳型		交流或直流正接
E××13	高钛钾型		交流或直流正、反接
E××14	铁粉钛型		交流或直流正、反接
E××15	低氢钠型		直流反接
E××16	低氢钾型	平焊、平角焊	交流或直流反接
E××18	铁粉低氢型		交流或直流反接
E××20	氧化铁型		交流或直流正接
E××22	氧化铁型		交流或直流正接
E××23	铁粉钛钙型		交流或直流正接
E××24	铁粉钛型		交流或直流正接
E××27	铁粉氧化铁型		交流或直流正接
E××28 E××48	铁粉低氢型	平焊、立焊、横焊、仰焊、向下立焊	交流或直流反接

　　下面以 E4315 为例说明焊条型号编制方法。根据《非合金钢及细晶粒钢焊条》(GB/T 5117—2012)规定,碳钢焊条型号

编制如下：字母"E"表示焊条，前两位数字表示熔敷金属抗拉强度的最小值，单位为×9.8MPa，第三位数字表示焊条的焊接位置，"0"及"1"表示焊条适用于全位置焊接（平焊、立焊、仰焊、横焊）；"2"表示焊条适用于平焊和平角焊；"4"表示焊条适用于向下立焊，第三和第四位数字组合时表示药皮类型和焊接电流种类，后缀为熔敷金属的化学成分分类代号。

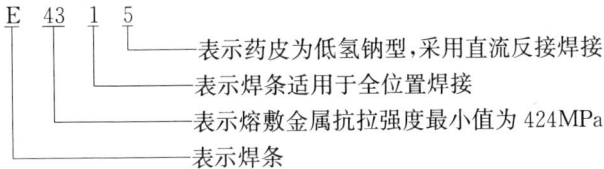

```
E  43  1  5 ┐
            └─── 表示药皮为低氢钠型,采用直流反接焊接
         └────── 表示焊条适用于全位置焊接
      └───────── 表示熔敷金属抗拉强度最小值为424MPa
   └──────────── 表示焊条
```

3. 焊条的选用原则

焊条的种类很多，选用是否得当将直接影响质量、生产率和生产成本。焊条的选用一般应考虑以下原则：

（1）焊件的力学性能和化学成分

1）低碳钢、中碳钢和低合金钢，一般选用与焊件强度相同或稍高的焊条。

2）合金结构钢，通常选用与焊件化学成分相同或相近的焊条。

3）当焊件中碳、硫、磷元素含量偏高时，易造成焊缝开裂，应选用抗裂性能好的低氢焊条。

（2）工件的使用条件和工作条件

1）对于承受动载荷及冲击载荷的工件，应选用塑、韧性指标较高的碱性低氢焊条。

2）对于在腐蚀性介质环境下工作的焊件，应根据介质的性质和腐蚀特征，选用相应的不锈钢焊条或其他耐腐蚀焊条。

3）对于在高温或低温条件下工作的焊件，应用相应的耐高温的耐热钢焊条或耐低温的低温钢焊条。

（3）焊件的结构特点和受力状态

1）焊接部位难以清理的工件，应选用抗氧化性强，对铁锈、油污不敏感的酸性焊条。

2）对于形状复杂、刚度较大及大厚度的焊件，应选用抗裂性好的低氢碱性焊条，如锅炉压力容器等。

（4）施工条件及设备

1）在没有直流电源，而焊接结构又必须采用低氢型焊条的场合，应选用交、直流两用低氢型焊条。

2）在场地狭小及通风条件差的场合，应选用酸性焊条或低尘焊条。

此外还要考虑降低生产成本，提高生产率，改善操作工艺性能等方面的要求。

4. 焊条的保管与使用

（1）焊条的保管

1）各种焊条应按类别、牌号、批次分别包括堆放，避免混乱。

2）焊条必须存放在干燥通风的仓库里，焊条距墙、地距离不小于 300mm，以利通风，防止受潮。控制室内温度为 10～25℃，相对湿度小于 65%。

3）焊条的密封包装应随用随拆，不要过早拆开。

4）对于特种焊条，保管要求应高于一般焊条，应存于专用仓库或指定区域。

（2）焊条的使用要求

1）焊条应有制造厂的质量合格证，凡无合格证或对其质量有怀疑时，应按批抽样试验，合格后方能使用。

2）如发现焊条有锈迹，须试验合格后方可使用。受潮严重或发现药皮脱落时，应予以报废。

3）焊条使用前一般要做烘干处理。碱性焊条烘干温度为 350～400℃，碱性低氢焊条烘干温度可提高到 400～450℃，烘干时间为 1～2h。酸性焊条视受潮情况，在 100～150℃烘焙 1～2h，烘干后应放在 100～150℃的保温箱内，随用随取。

4）露天操作隔夜时，必须将焊条妥善保管，不允许露天存放，以免受潮。

5. 常见的焊接缺陷及焊接质量检验

焊接接头的不完整性称为焊接缺陷，主要有：焊接裂纹、未焊透、夹渣、气孔和焊缝外观缺陷等，如图 1-33 所示。

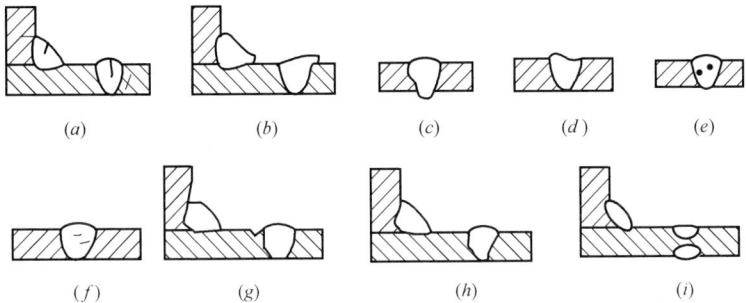

图 1-33　焊接缺陷

(*a*) 裂纹；(*b*) 焊瘤；(*c*) 烧穿；(*d*) 弧坑；(*e*) 气孔；
(*f*) 夹渣；(*g*) 咬边；(*h*) 未焊合；(*i*) 未焊透

（1）常见的焊接缺陷

1）形状缺陷

外观质量粗糙，鱼鳞波高低、宽窄发生突变；焊缝与母材非圆滑过渡。

主要原因：操作不当，返修造成。

危害：应力集中，削弱承载能力。

2）尺寸缺陷

焊缝尺寸不符合施工图样或技术要求。

主要原因：施工者操作不当。

危害：尺寸小了，承载截面小；尺寸大了，削弱了某些承受动载荷结构的疲劳强度。

3）焊瘤

熔化金属流淌到焊缝以外未熔化的母材上所形成的局部未熔合。

主要原因：焊接参数选择不当；坡口清理不干净，电弧热损失在氧化皮上，使母材未熔化。

危害：表面是焊瘤下面往往是未熔合，未焊透；焊缝几何尺寸变化，应力集中，管内焊瘤减小管中介质的流通界面计。

4）烧穿

主要原因：焊接电流过大；对焊件加热过甚；坡口对接间隙太大；焊接速度慢，电弧停留时间长等。

危害：表面质量差；烧穿的下面常有气孔、夹渣、凹坑等缺陷。

5）弧坑

由于收弧和断弧不当在焊道末端形成的低洼部分。

主要原因：焊丝或者焊条停留时间短，填充金属不够。

危害：减少焊缝的截面积；弧坑处反应不充分容易产生偏析或杂质集聚，因此在弧坑处往往有气孔、灰渣、裂纹等。

6）气孔

主要原因：电弧保护不好，弧太长；焊条或焊剂受潮，气体保护介质不纯；坡口清理不干净。

危害：从表面上看是减少了焊缝的工作截面；更危险的是和其他缺陷叠加造成贯穿性缺陷，破坏焊缝的致密性。连续气孔则是结构破坏的原因之一。

7）夹渣

焊接熔渣残留在焊缝中。易产生在坡口边缘和每层焊道之间非圆滑过渡的部位，焊道形状突变，存在深沟的部位也易产生夹渣。

主要原因：熔池温度低（电流小），液态金属黏度大，焊接速度大，凝固时熔渣来不及浮出；运条不当，熔渣和铁水分不清；坡口形状不规则，坡口太窄，不利于熔渣上浮；多层焊时熔渣清理不干净。

危害：较气孔严重，因其几何形状不规则尖角、棱角对机体有割裂作用，应力集中是裂纹的起源。

8）咬边

主要原因：焊接参数选择不对，电压或电流太大，焊速太慢，电弧拉得太长。熔化的金属不能及时填补熔化的缺口。

危害：母材金属的工作截面减小，咬边处应力集中。

9）未焊透

当焊缝的熔透深度小于板厚时形成。单面焊时，焊缝熔透达不到钢板底部；双面焊时，两道焊缝熔深之和小于钢板厚度时形成。

主要原因：坡口角度小，间隙小，钝边太大；电流小，速度快来不及熔化；焊条偏离焊道中心。

危害：工作面积减小，尖角易产生应力集中，引起裂纹。

10）未熔合

熔焊时焊道与母材之间或焊道与焊道之间未能完全熔化结合的部分。

主要原因：电流小、速度快、热量不足；坡口或焊道有氧化皮、熔渣等，一部分热量损失在熔化杂物上，剩余热量不足以熔化坡口或焊道金属；焊条或焊丝的摆动角度偏离正常位置，熔化金属流动而覆盖到电弧作用较弱的未熔化部分，容易产生未熔合。

危害：因为间隙很小，可视为片状缺陷，类似于裂纹。易造成应力集中，是危险性较大的缺陷。

11）焊接裂纹

危害最大的一种焊接缺陷在焊接应力及其他致脆因素共同作用下，材料的原子结合遭到破坏，形成新界面而产生的缝隙称为裂纹。它具有尖锐的缺口和长宽比大的特征，易引起较高的应力集中，而且有延伸和扩展的趋势，所以是最危险的缺陷。

（2）焊缝质量的检验

焊缝检验是保证焊接质量的重要手段。经检验后，如果发现焊缝存在超过允许值的缺陷，应采用适当方法将缺陷去除，再进行补焊。另外，某些重要结构不允许修补，这时则必须将存在重大缺陷的焊件作废品处理。常用的焊缝质量检验方法有外观检验、密封性试验和无损探伤。

1）外观检验

外观检验的工作内容是对焊缝外表进行检查，以确定焊缝外观尺寸和形状是否符合要求，是否存在咬边、焊瘤、弧坑、表面气孔、表面夹渣、表面裂纹，以及根部未焊透等缺陷。

2）密封性试验

密封性试验是检验焊缝致密性的试验方法，根据结构形状和部位的不同，可采用煤油试验、气压试验、灌水试验、冲水试验等方法。

3）无损探伤

无损探伤是检验和发现焊缝内部缺陷最有效的方法，对于一些重要的结构，出厂前都要求进行无损探伤。

常见的无损探伤方法有渗透探伤、磁粉探伤、超声波探伤和射线探伤。

1.2.3 润滑材料

润滑油是广泛应用于机械设备的液体润滑剂。润滑油在金属表面上不仅能够减少摩擦、降低磨损，而且还能够不断地从摩擦表面上吸取热量，降低摩擦表面的温度，起到冷却作用，从而保持机械设备正常运转，减少故障和损坏，延长其使用寿命。

1. 润滑的基本原理

把一种具有润滑性能的物质，加到设备机体摩擦副上，使摩擦副脱离直接接触，达到降低摩擦和减少磨损的手段称为润滑。

润滑的基本原理是润滑剂能够牢固地附在机件摩擦副上，形成一层油膜，这种油膜和机件的摩擦面接合力很强，两个摩擦面被润滑剂分开，使机件间的摩擦变为润滑剂本身分子间的摩擦，从而起到减少摩擦降低磨损的作用。

设备的润滑是设备维护的重要环节。设备缺油或油变质会导致设备故障甚至破坏设备的精度和功能。搞好设备润滑，对减少故障，减少机件磨损，延长设备的使用寿命起着重要作用。

2. 润滑剂的主要作用

（1）润滑作用：减少摩擦、降低磨损；

（2）冷却作用：润滑剂在循环中将摩擦热带走，降低温度防止烧伤；

（3）洗涤作用：从摩擦面上洗净污秽，金属粉粒等异物；

（4）密封作用：防止水分和其他杂物进入；

（5）防锈防蚀：使金属表面与空气隔离开，防止氧化；

（6）减震卸荷：对往复运动机件有减震、缓冲、降低噪声的作用，压力润滑系统有使设备启动时卸荷和减少起动力矩的作用。

3. 润滑油的组成

润滑油是基础油和添加剂两部分组成的。因为单靠基础油并不能满足润滑油诸多的性能要求，基础油是从石油中提炼的精选成分，具有最基本的黏度特征，而添加剂是化学物质，用以改善和提高机油的品质。

（1）润滑油基础油

润滑油基础油主要分矿物基础油及合成基础油两大类。矿物基础油应用广泛，用量很大（约95%以上），但有些应用场合则必须使用合成基础油调配的产品，因而使合成基础油得到迅速发展。

所谓矿物油，即是直接从石油精炼的用于制作润滑油的物质；而合成油是利用原油或煤炭中较轻的乙烷、丙烷等裂解成乙烯，再经复杂的化学变化将它们重组而成的物质，物理化学性能稳定，不含杂质。

（2）添加剂

添加剂是根据润滑油要求的质量和性能，可改善其物理化学性质，对润滑油赋予新的特殊性能，或加强其原来具有的某种性能，满足更高的要求。对添加剂精心选择，仔细平衡，进行合理调配，是保证润滑油质量的关键。事实上，优质润滑油表现的是一种综合性能。

一般来说，润滑油需具备和满足以下这些要求才能保证发动机的正常工作；适当的黏度；良好的低温流动性能；抗氧化性；热稳定性；清净分散性能；抗磨损性能，防腐蚀、抗锈蚀性能。

4. 润滑油的主要性能指标

（1）黏度

物质流动时的摩擦力的度量叫黏度，黏度随温度的变化而变化，大多数润滑油是根据黏度来分牌号的。

（2）运动黏度

运动黏度是液体在重力作用下流动时内摩擦力的量度，其值为相同温度下液体的动力黏度与其密度之比。

（3）黏度指数

润滑油的黏度随温度的变化而变化。温度升高，黏度减小；温度降低，黏度增大。这种随温度变化的性质，叫黏温性能，黏度指数是表示油品黏温性能的一个约定值。

（4）密度

在规定温度下单位体积所含物质的质量数，以 kg/L 表示。

（5）闪点

在规定条件下加热油所逸出的蒸汽和空气组成的混合物与火焰接触发生瞬间闪火时的最低温度称为闪点，以℃表示。

闪点的测定分为开口杯法和闭口杯法。

5. 润滑脂的主要性能指标

（1）滴点：指在规定的条件下加热，达到一定流动性时的温度。它大体上可以决定润滑脂的使用温度（滴点比使用温度高15～30℃）

（2）锥入度：指在规定的温度和负荷下试验锥体在 5s 内自由垂直刺入油脂中的深度（单位为 1/10mm），它是润滑脂稠度和软硬程度的衡量指标。

（3）胶体安定性（析油性）：指在外力作用下润滑脂能在其稠化剂的骨架中保存油的能力，用分油量来判定。当润滑脂的析油量超过5%～20%时，此润滑脂基本上不能使用。

（4）氧化安定性：指在储存和使用中抵抗氧化的能力。

（5）机械安定性：指在机械工作条件下抵抗稠度变化的能力。机械安定性差，易造成润滑脂的稠度下降。

（6）蒸发损失：指在规定条件下，其损失量所占总量的百分数。它是影响润滑脂使用寿命的一项重要因素。

（7）抗水性：指在水中不溶解、不从周围介质中吸收水分和不被水洗掉等的能力。

6. 润滑油脂的分类

按照用途可以分为汽油机油、柴油机油、车辆齿轮油、工业齿轮油、液压油、内燃机车柴油机油、全损耗系统用油、汽轮机油、空气压缩机油、冷冻机油、蒸汽气缸油、变压器油、电容器油、合成制动液、钙基润滑脂、通用锂基润滑脂、汽车通用锂基润滑脂、极压锂基润滑脂等。

7. 润滑油脂的选用

润滑油脂品种很多，两种不同品牌的润滑油脂最好不要混合使用，因不同品牌的油品采用的添加剂可能不同，混用可能会造成油品变质。

（1）根据设备工况条件选用

1）负荷大，则选黏度大、油性或极压性良好的油；负荷小，则选黏度低的油；冲击较大的场合，也应选黏度大、极压性好的油品。

2）运动速度高选低黏度油，低速部件可选黏度大一些的油，但对加有抗磨添加剂的油品，不必过分强调高黏度。

3）温度分为环境温度和工作温度。环境温度低，选黏度和凝点（或倾点）较低的润滑油，反之可以高一些；工作温度高，则选黏度较大、闪点较高、氧化安定性好的润滑油，甚至可选用固体润滑剂；温度变化范围大的，要选用黏温特性好（黏度指数高）的润滑油。

4）环境湿度大、与水接触潮湿环境及与水接触较多的工况条件下，应选抗乳化性较强、油性和防锈性能较好的润滑油。

（2）参考设备说明书的推荐选油

设备说明书推荐的油品可作为选油的主要参考，但应注意随着技术进步，劣质油品将被逐渐淘汰，合理选用高质油品在经济上是合算的。因此，即使是旧设备，也不应继续使用被淘汰的劣质油品；进口、先进设备所用应立足国产。

（3）根据应用场合选用润滑油品种及黏度等级

润滑油是按应用场合、组成和特性，用编码符号进行命名的。因此选用时可先根据应用场合确定组别，再根据工况条件确定品种和黏度等级。

在润滑管理中，选好油品后一般应尽量避免代用或混用。但有时会碰上因供应或其他原因而不得不代用或混用油品，这时应掌握下列原则：

1）只有同类油品或性能相近、添加剂类型相似的油品才可以代用或混用。

2）代用油品的黏度以不超过原用油黏度的±25％为宜，一般可采用黏度稍大的代用油品，但液压油、则宜选黏度稍低的代用油品。

3）质量上只能以高代低，不能以低代高。对工作温度变化大的机械，则只能以黏温性好的代黏温性差的；低温环境选代用油，其凝点或倾点应低于工作温度10℃；高温工作应选闪点高、氧化安定性和热安定性好的代用油品。

4）由于不同厂家生产的同名润滑油，其所加的添加剂可能不同，因此，在旧油中混入不同厂家生产的新油以前，最好先做混用试验，即以1：1混合加温搅拌、观察，如无异味、沉淀等异常现象方可混合使用。

（4）润滑工作的"五定""三过滤"

设备润滑工作"五定""三过滤"是把日常润滑技术管理工作规范化、标准化，保证搞好设备润滑工作的有效方法。其内容是：

五定：

1）定点：确定每台设备的润滑部位和润滑点。实施定点给油。

2）定质：确定设备润滑部位所需的油的品种，牌号及质量要求，所加油质必须经过化验合格。

3）定量：确定给油部位每次加油换油的数量，实行耗油定额管理和定量换油。

4）定期：确定各润滑部位加换油的周期，按规定周期加油、添油和清洗换油，对储油量大的油箱，按规定在周期抽样化验，确定下次抽验和换油时间。

5）定人：确定操作工人，维修工人，润滑工人对设备润滑部位加油、添油和清洗换油的分工，各负其责，共同完成设备的润滑。

三过滤：

1）入库过滤：油液经运输入库储存时的过滤。

2）发放过滤：油液发放注入润滑容器时过滤。

3）加油过滤：油液加入贮油部位时过滤。

（5）设备润滑良好应具备的条件

1）所有润滑装置，如油嘴、油杯、油标、油泵及系统管道齐全、清洁、好用、畅通；

2）所有润滑部位、润滑点按润滑图表中的"五定"要求加油，消除缺油干磨现象；

3）油绒、油毡齐全清洁，放置正确；

4）油与冷却液不变质、不混杂，符合要求；

5）滑动和转动等重要部位干净，有薄油膜层；

6）各部位均不漏油。

1.3 机械传动与机械零部件

1.3.1 常用机械传动

1. 机械的组成

由如图 1-34 的 Ⅱ 式卷扬机可知，机械通常由原动机、传动装置、工作装置和控制装置所组成。

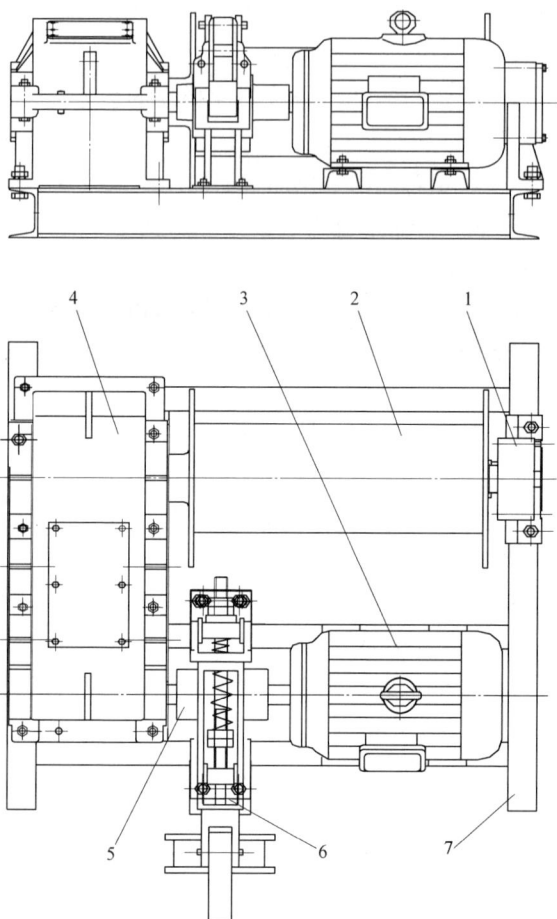

图 1-34　Ⅱ式卷扬机（曳引机）传动原理图
1—轴承座；2—卷筒；3—电动机；4—减速机
5—制动轮（联轴器）；6—制动器；7—机座

（1）原动机
原动机是机械工作的动力来源，常用的有电动机、内燃机等。
（2）传动装置

传动装置是把原动机的运动和动力传递给工作装置，如齿轮传动、带传动等。

（3）工作装置

工作装置是机械直接完成机器预定的动作，处于整个传动的终端，其结构形式取决于机器工作本身的用途。如钢筋切断机的刀片、混凝土搅拌机的滚筒、挖掘机的铲斗等。

（4）控制装置

控制装置有电操纵控制、机械操纵控制及液压操纵控制等。

2. 带传动

（1）传动原理

如图 1-35 所示，当主动轮转动时，由于传动带和带轮间的摩擦力，便拖动从动轮一起转动，并传递动力。

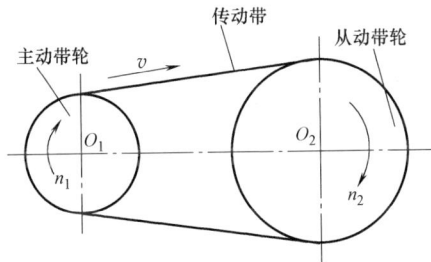

图 1-35 带传动

（2）带传动的类型

带传动按传动带的截面形状分三种：平带、V 带、多楔带。

（3）带传动的特点和应用

优点：

1）有过载保护作用（过载打滑）；

2）有缓冲吸振作用，运行平稳无噪声；

3）适于远距离传动。

缺点：

1）传动比不恒定；

2）张紧力较大，轴上压力较大；

3）带与带轮间会产生摩擦放电现象，不适宜高温、易燃、易爆的场合。

带传动的应用场合：带传动传递的功率 $P \leqslant 100\text{kW}$，带速 $v = 5 \sim 30\text{m/s}$，平均传动比 $i \leqslant 7$，传动效率为 $94\% \sim 96\%$。带传动主要用于要求传动平稳，传动比要求不严格的中小功率的场合。

如打夯机（图1-36）和卧式卷筒拔丝机（图1-37）等。

图1-36　打夯机

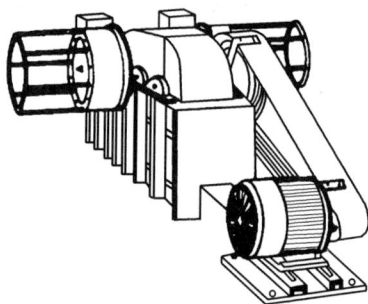

图1-37　卧式卷筒拔丝机

（4）带传动的传动比

$$i = \frac{n_1}{n_2} \approx \frac{d_2}{d_1} \qquad (1\text{-}8)$$

（5）带传动的失效形式

1）过载打滑；

2）带的疲劳破坏，使带脱层而断裂。

3. 齿轮传动

（1）齿轮传动的工作原理

齿轮传动由主动轮、从动轮和机架组成。齿轮传动是靠主动轮的轮齿与从动轮的轮齿直接啮合来传递运动和动力的装置，如图1-38所示，当一对齿轮相互啮合而工作时，主动轮 O_1 的轮齿1、2、3、4、…，通过啮合点法向力的作用逐个地推动从动轮

O_2 的 轮 齿 1′、2′、3′、4′、…，使从动轮转动，从而将主动轮的动力和运动传递给从动轮。

（2）齿轮传动的传动比

如图 1-38 所示，在一对齿轮中，设主动齿轮的转速为 n_1，齿数为 Z_1，从动齿轮的转速为 n_2，齿数为 Z_2，由于是啮合传动，在单位时间里两轮转过的齿数应相等，即 $Z_1 \cdot n_1 = Z_2 \cdot n_2$，由此可得一对齿轮的传动比，见式（1-9）。

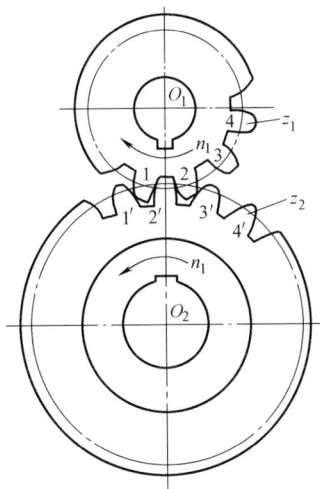

图 1-38 齿轮传动

$$i = \frac{n_1}{n_2} = \frac{d_2}{d_1} = \frac{Z_2}{Z_1} \tag{1-9}$$

式中 i——齿轮的传动比；

n_1、n_2——齿轮的转速；

d_1、d_2——齿轮的直径；

Z_1、Z_2——齿轮的齿数。

式（1-9）说明一对齿轮传动比，就是主动齿轮与从动齿轮转速（角速度）之比，与其齿数成反比。若两齿轮的旋转方向相同，规定传动比为正；若两齿轮的旋转方向相反，规定传动比为负。

（3）齿轮传动的特点

齿轮传动的优点：

1）传递动力大、效率高；

2）寿命长，工作平稳，可靠性高；

3）能保证恒定的传动比（传动比即两轮的转速之比）。

齿轮传动的缺点：

1）制造、安装精度要求较高，因而成本也较高；

2）不宜作远距离传动。

（4）齿轮传动的类型

齿轮传动的分类及特点见表1-6，部分齿轮传动外观图如图1-39所示。

齿轮传动分类及特点　　　　　　　表 1-6

传动形式	齿轮形状		主要特点
两轴平行的齿轮传动	直齿圆柱齿轮传动	外啮合	（1）两轮轴线互相平行； （2）轮齿的齿长方向与齿轮轴线互相平行； （3）两轮转动方向相反； （4）此种传动形式应用最广泛
		内啮合	（1）两轮轴线互相平行； （2）两轮转动方向相同； （3）轮齿的齿长方向与齿轮轴线互相平行
	斜齿圆柱齿轮传动	外啮合	（1）轮齿齿长方向线与齿轮轴线倾斜一个角度； （2）与直齿圆柱齿轮传动相比,同时啮合的齿数增多,传动平稳,传递的扭矩也比较大； （3）运转时存在轴向力；
		内啮合	（4）加工制造比直齿圆柱齿轮麻烦些

传动形式	齿轮形状		主要特点
两轴平行的齿轮传动	人字齿轮传动		(1)具有斜齿圆柱齿轮的优点,同时,运转时不产生轴向力; (2)适用于传递功率大,需作正反向运转的机构中; (3)加工制造比斜齿圆柱齿轮麻烦
两轴相交的锥齿轮传动两轴交叉的齿轮传动	齿轮与齿条传动	直齿形 斜齿形	(1)把齿轮直径无限放大便形成齿条,所以它是圆柱齿轮的一种特例; (2)可以用来把旋转运动变为直线运动,也可以把直线运动变成为旋转运动
	直齿锥齿轮传动		(1)两轮轴线相交于锥顶点,轴交角 Σ 有三种: $\Sigma>90°$, $\Sigma=90°$(正交), $\Sigma<90°$; (2)轮齿齿线的延长线通过锥顶点
	斜齿锥齿轮传动		(1)轮齿齿线呈斜向,或者说,齿线的延长线不通过锥顶点,而是与某一圆相切; (2)两轮螺旋角相等,螺旋方向相反
	弧齿锥齿轮传动		(1)轮齿齿线呈圆弧形; (2)两轮螺旋角相等,螺旋方向相反; (3)与直齿锥齿轮传动相比,同时参加啮合的齿数增多,传动平稳,传递扭矩较大

传动形式	齿轮形状		主要特点
两轴相交的锥齿轮传动两轴交叉的齿轮传动	交叉轴斜齿轮传动		(1)两轮轴线不在同一平面上,成任意交错,或者是垂直交错; (2)两轮的螺旋角可以相等,也可以不相等; (3)两轮螺旋方向可以相同,也可以不相同
	蜗杆传动		(1)蜗杆轴线与涡轮轴线成垂直交错; (2)可以实现大的传动比,传动平稳,噪声小,有自锁;传动效率低,蜗杆线速度受一定限制
	准双曲面齿轮传动		(1)两轮螺旋角不等,螺旋方向相反; (2)两轮轴线成垂直交错; (3)与弧齿锥齿轮传动相比,传动更平稳可靠,噪声小

（5）齿轮传动的应用

齿轮传动广泛应用于各种机械设备中，如汽车的变速箱与差速器、各种减速器（图1-40）等。

（6）轮齿的失效形式

齿轮传动是由轮齿来传递运动和动力的，在齿轮传动过程中，因轮齿发生折断、齿面损坏等现象，使齿轮失去了正常的工作能力，这种现象称为齿轮的失效。常见齿轮的失效形式有以下五种，如图1-41所示。

1）轮齿折断

疲劳折断指齿轮长时间在交变载荷作用下，齿根部出现疲劳

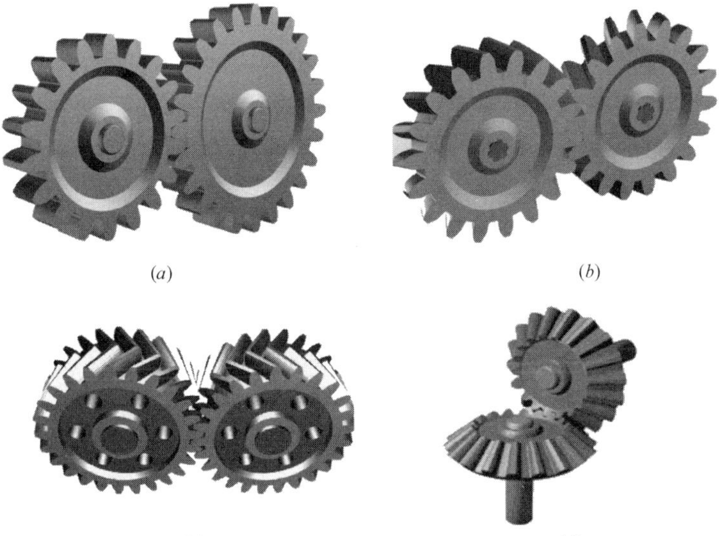

(a)　　　　　　　　　　　　　　　　(b)

(c)　　　　　　　　　　　　(d)

图 1-39　齿轮传动的类型

（a）直齿轮外啮合；（b）斜齿轮外啮合；（c）人字齿轮传动；（d）锥齿轮传动

图 1-40　齿轮减速器

裂纹，裂纹扩展使齿轮折断。

　　过载折断指当齿轮突然过载，或经严重磨损后齿厚过薄时，发生的轮齿折断。

2）齿面点蚀

闭式软齿面齿轮传动，在靠近节线的齿根表面有点状脱落，出现凹坑，称为点蚀。

3）齿面磨损

在开式齿轮传动中，因砂粒、灰尘等进入齿廓间，磨料磨损使齿形破坏导致齿根减薄（根部严重），甚至断齿。

4）齿面胶合

在高速、重载的齿轮传动中，齿面润滑失效，局部金属粘连继而有相对滑动，沿运动方向撕裂，而在齿面上沿滑动方向出现条状伤痕，称为齿面胶合。

5）齿面塑性变形

若齿轮材质较软，轮齿表面硬度不高，当工作于低速重载和频繁启动情况下，由于受较大载荷和摩擦力的作用，可能使齿面表层金属沿相对滑动方向发生局部的塑性流动，出现齿面的塑性变形。

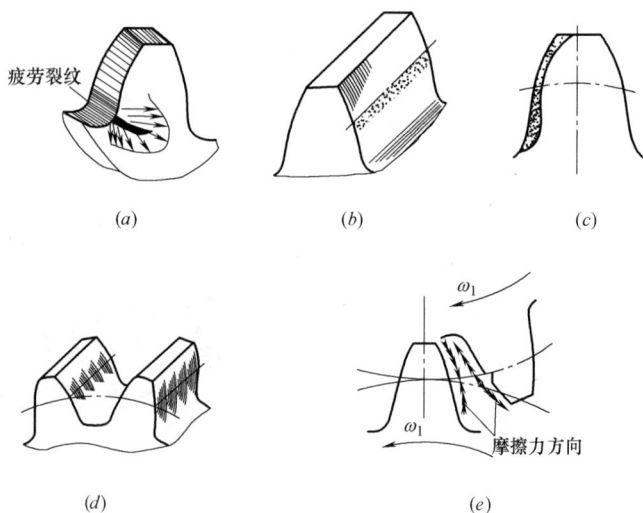

图 1-41　轮齿的失效形式

（a）轮齿疲劳折断；（b）齿面点蚀；（c）齿面磨损；（d）齿面点蚀；（e）齿面磨损

（7）齿条传动

齿条传动主要用于把齿轮的旋转运动变为齿条的直线往复运动，或把齿条的直线往复运动变为齿轮的旋转运动，施工升降机采用齿轮与齿条传动方式。

1）齿条传动的形式

如图 1-42 所示，在两标准渐开线齿轮传动中，当其中一个齿轮的齿数无限增加时，分度圆变为直线，称为基准线。此时齿顶圆、齿根圆和基圆也同时变为与基准线平行的直线，并分别叫齿顶线、齿根线。这时齿轮中

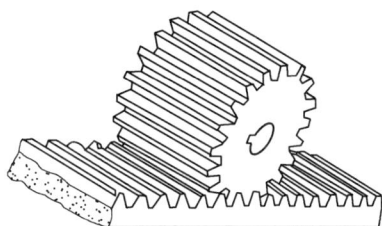

图 1-42 齿条传动

心移到无穷远处。同时，基圆半径也增加到无穷大。这种齿数趋于无穷多的齿轮的一部分就是齿条。因此齿条是具有一系列等距离分布齿的平板或直杆。

2）齿条传动的特点

由于齿条的齿廓是直线，所以齿廓上各点的法线是平行的。在传动时齿条作直线运动。齿条上各点的速度的大小和方向都一致。齿廓上各点的齿形角都相等，其大小等于齿廓的倾斜角，即齿形角 $\alpha = 20°$。

由于齿条上各齿同侧的齿廓是平行的，所以不论在基准线上（中线上）、齿顶线上。还是与基准线平行的其他直线上，齿距都相等，即 $p = \pi m$。

（8）蜗杆传动

蜗杆传动是一种在空间交错轴间传递运动的机构（交错角一般为 90°），如图 1-43 所示，由主动件蜗杆和从动件蜗轮组成，蜗杆传动主要用于减速比要求大的场合，广泛应用在机床、汽车、仪器、冶金机械及其他机器或设备中。

图 1-43　蜗杆传动

1) 蜗杆传动的特点：

① 传动比大且准确，在动力传动中，传动比 $i=7\sim80$，在分度机构或手动机构中，传动比 i 可达 300；

② 传动平稳；

③ 具有自锁作用，即满足一定条件时，无论在蜗轮上加多大力都不能使蜗杆转动；

④ 传动效率低，一般效率 $\eta=0.7\sim0.9$，在具有自锁性能的蜗杆传动中 $\eta=0.4$；

⑤ 价格昂贵，蜗轮一般需采用贵重的有色金属来制造，加工也比较复杂，这就提高了制造成本。

2) 蜗杆传动的失效形式

蜗轮、蜗杆的齿廓间相对滑动速度大，发热量大且效率低，因此蜗杆传动的失效形式为胶合、磨损和齿面点蚀。

1.3.2　通用机械零部件

1. 联接

联接分为可拆联接和不可拆联接两种，可拆联接有螺纹联接、键联接和销联接等；不可拆联接有焊接、粘接和铆接等。

（1）螺纹联接

1) 螺栓联接如图 1-44（a）所示，这种联接的特点是螺栓杆与孔之间有间隙，杆与孔的加工精度要求低，装拆方便，按照螺栓性能等级，分为高强度螺栓和普通螺栓。

普通螺栓的材料一般是 Q235 制造，性能等级一般为 4.4 级、4.8 级、5.6 级。普通螺栓抗剪性能差，可在次要结构部位使用，可重复使用。

高强度螺栓一般是指螺栓的性能等级为 8.8 级及以上的螺栓及其连接副。高强度螺栓以及与之配套的螺母、垫圈称为高强度螺栓连接副。高强度螺栓应采用双螺母防松，两个螺母宜相同，高强度螺栓的材料一般是 45 钢、35CrMoA 或其他优质材料，制成后进行热处理，提高强度。建筑结构的主构件的螺栓连接，一般均采用高强度螺栓连接，高强度螺栓应通过扭矩法或延伸法等紧固方法，使高强度螺栓达到设计要求的预紧扭矩或预紧力矩。

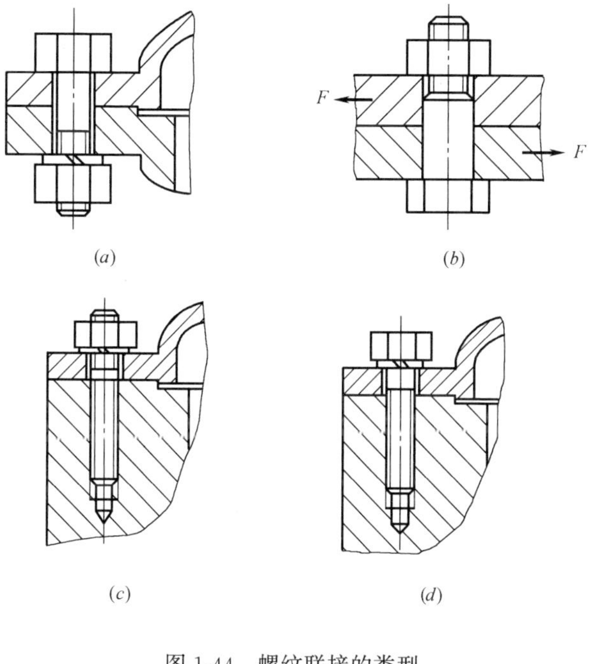

图 1-44　螺纹联接的类型

（a）螺栓联接；（b）铰制孔螺栓联接；（c）双头螺柱联接；（d）螺钉联接

2）铰制孔螺栓联接，如图 1-44（b）所示，铰制孔螺栓联接的孔与杆间无间隙，依靠螺栓光杆部分承受剪切和挤压来传递横向载荷的，这种联接对螺栓的加工精度要求高，成本高。适用于联接件需承受较大横向载荷的场合。

3）双头螺柱联接，如图 1-44（c）所示，将两头都有螺纹的螺柱一端旋紧在被联接件的螺纹孔内，另一端穿过另一被联接件的孔，放上垫圈，拧上螺母，从而将两联接件联成一体。拆卸时，只需拧下螺母，取走上面的联接件，这种联接用于被联接件之一较厚或因结构需要采用盲孔的联接。

4）螺钉联接，如图 1-44（d）所示，这种联接将螺钉直接拧入被联接件的螺纹孔中，不用螺母。常用于被联接件之一较厚，且不经常装拆的场合。

5）紧定螺钉联接，它是利用紧定螺钉旋入被联接件之一的螺纹孔中，并以其末端顶紧另一零件，以固定两零件的相互位置。这种联接可传递不大的力和转矩，多用于轴与轴上的联接。

6）联接零件的标注方法

螺纹联接件均为标准零件，下面介绍其标注方法：

螺栓 M10×60——表示公称直径为 10mm、公称长度为60mm 的六角头螺栓。

螺母 M10——表示公称直径为 10mm 的六角螺母。

7）螺纹联接的防松

螺纹联接有自锁性，但当有冲击、震动、变载作用时，联接会松动，所以要防松，防松的方法有：

摩擦防松：双螺母对顶防松、弹簧垫圈防松、自锁螺母防松。

机械防松：止动垫圈防松、串联钢丝防松、开口销与开槽螺母防松。

永久防松：焊接、胶接等。

（2）键联接

键联接主要用于轴与轴上传动零件（如联轴器、齿轮等）的周向固定，并传递运动和转矩。

键联接分平键、楔键、半圆键和花键联接等，以平键联接最为常用。

1）平键联接

普通平键联接如图 1-45 所示，工作时靠键与键槽侧面的挤压来传递转矩，因此键的两侧面为工作面。这种联接的对中性好，装拆方便，应用广泛，如减速器中的齿轮、联轴器与轴的联接均采用平键。

图 1-45　普通平键联接

导向平键联接如图 1-46 所示，适用于动联接，即传动零件需沿轴作轴向移动的联接。如变速箱中的滑移齿轮。

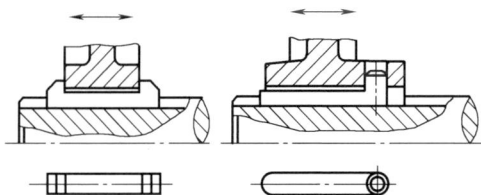

图 1-46　导向平键联接

2）楔键联接

如图 1-47 所示为楔键联接，工作时依靠键的上、下底面与键槽挤紧产生的摩擦力来传递转矩，这种联接用于某些农业机械和建筑机械中。

3）花键联接

如图 1-48 所示花键联接由花键轴和花键槽构成。键两侧是工作面，靠键齿侧面间的挤压传递转矩。其对中性、导向性好，承载力大，但成本高，用于载荷大且对中性要求高的机械中。花键的齿形有矩形、三角形及渐开线齿形等三种，矩形键加工方便，应用较广。

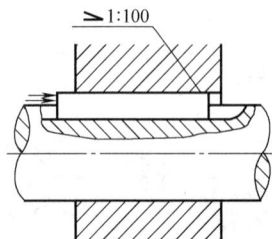

图 1-47 楔键联接

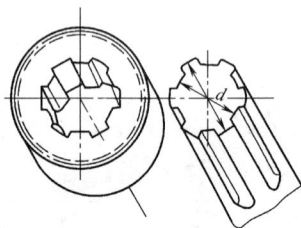

图 1-48 花键联接

4）半圆键联接

如图 1-49 所示为半圆键联接，工作时靠键与键槽侧面的挤压来传递转矩，因此键的两侧面为工作面，键在轴上键槽中能绕其圆心转动，用于锥形轴端。

（3）销联接

销联接在机械中起定位作用，并可传递不大的载荷。销的种类如图 1-50 所示 。

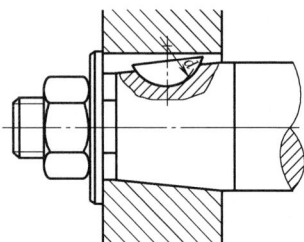

图 1-49 半圆键联接

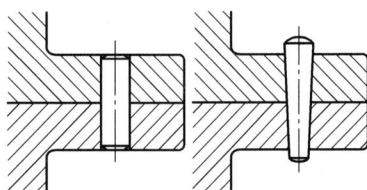

(a) (b)

图 1-50 销联接
(a) 圆柱销；(b) 圆锥销

（4）不可拆联接

1）焊接具有结构简单；节省材料；接头强度高、气密性好；

生产效率高；成本低等优点；但焊后容易产生焊接应力和变形。

焊接广泛应用于机械制造、建筑结构、桥梁、管道、石油化工、航空航天等各个领域。如建筑结构及桥梁中钢筋的连接、船体制造、汽车车身制造、锅炉和压力容器制造、机械中的箱体及机架等均采用焊接。

2）粘接是用胶粘剂直接把被联接件联接在一起且具有一定强度的联接，利用胶粘剂凝固后出现的粘附力来传递载荷。

粘接的特点是重量轻，材料的利用率高；成本低；有良好的密封性、绝缘性和防腐性等。但抗剥离、抗弯曲及抗冲击振动性能差；耐老化性能差；且胶粘剂对温度变化敏感，影响胶接强度等。

粘接广泛应用于木制结构、塑料制品等。随着新型胶粘剂的发展，胶接在金属构件的联接中也日渐增多。在机械制造中常用胶粘剂的是：环氧树脂胶粘剂、酚醛乙烯胶粘剂，聚氨酯等。

3）铆钉联接如图 1-51 所示，铆接是将铆钉穿过被联接件的预制孔中经铆合而成的联接方式。铆接的联接强度高（如武汉长江大桥的格构式箱形大梁），密封性能好；但拆卸不方便、制孔精度高。

铆接分三类。

活动铆接：结合件可以相互转动，如：剪刀、钳子。

固定铆接：结合件不能相互活动，如桥梁建筑。

密缝铆接：铆缝严密，不漏气体与液体。

2. 轴

轴是用来支承转动零件，如齿轮、带轮等，并传递运动和动力。

轴的分类：

（1）按受力特点分

1）转轴，在工作时既受弯矩作用，又受扭矩作用，如齿轮轴（图 1-52）、带轮轴等，机械中的多数轴均属于转轴。

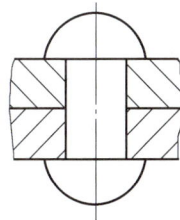

图 1-51　铆接

2）心轴，在工作时只受弯矩作用，不承受扭矩，如火车的车轮轴（图1-53）等。

3）传动轴，只承受扭矩而不承受弯矩，如汽车的传动轴（图1-54）。

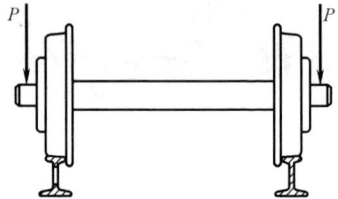

图1-52　转轴

图1-53　心轴

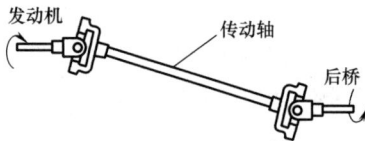

图1-54　传动轴

（2）按轴线的形状分

轴可分为曲轴 ［图1-55 (a)］ 和直轴 ［图1-55 (b)、(c)］ 及软轴（图1-56）。直轴应用最为广泛，直轴按照其外形不同，可分为光轴如图1-55 (b) 和阶梯轴如图1-55 (c) 两种。曲轴可以将旋转运动改变为往复直线运动或者作相反的运动转换。曲轴常用于内燃机中，而软轴则用于振捣器等机器中。

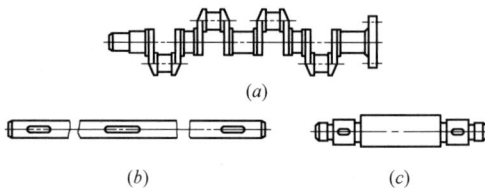

(a)

(b)　　　　　　　　(c)

图1-55　轴

(a) 曲轴；(b) 光轴；(c) 阶梯轴

3. 轴承

轴承在机器中起支承轴的作用，根据其工作表面摩擦性质的不同，分为滚动轴承和滑动轴承，滚动轴承已标准化。

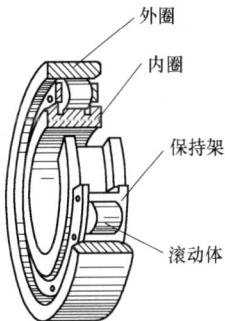

图 1-56　软轴

（a）曲轴；（b）光轴；（c）阶梯轴

（1）滚动轴承

1）滚动轴承的构造如图 1-57 所示，滚动轴承由外圈、内圈、滚动体、保持架组成。使用时，外圈装在轴承座孔内，内圈装在轴颈上，通常内圈随轴转动，而外圈静止，保持架的作用是把滚动体均匀分开。滚动体是滚动轴承的主体，它的大小、数量和形状与轴承的承载能力密切相关。如图 1-58 所示列出了各种滚动体的形状。

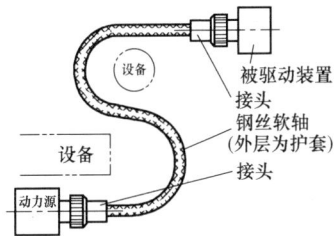

图 1-57　滚动轴承的构造

2）滚动轴承的主要类型和特点

按承受载荷的方向分三类：

向心轴承 ［图 1-59（a）］主要承受径向载荷。

推力轴承 ［图 1-59（b）］只能承受轴向载荷。

向心推力轴承 ［图 1-59（c）］能同时承受径向和轴向载荷。

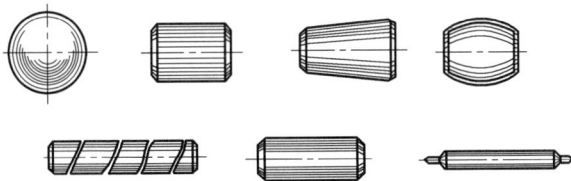

图 1-58　滚动体的形状

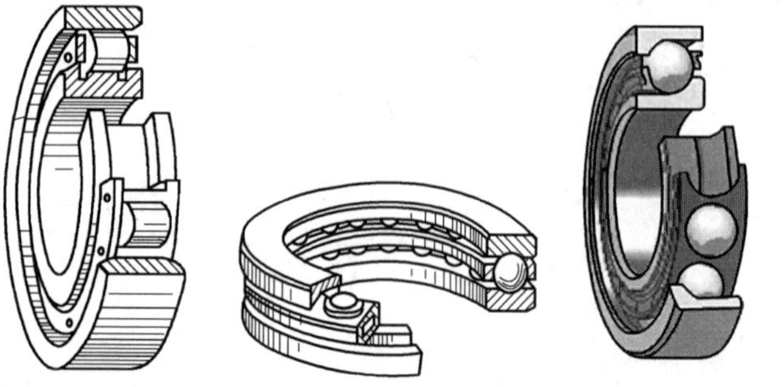

图 1-59　滚动轴承的类型

(a) 向心轴承；(b) 推力轴承；(c) 向心推力轴承

按滚动体的形状分球轴承和滚子轴承两类：

球轴承其滚动体为球形，球轴承的承载力小，但极限转速高。

滚子轴承其滚动体的形状有圆柱形、圆锥形、鼓形等，滚子轴承的承载力大，但极限转速较低。

常用滚动轴承的类型、代号、特点及适用范围见表 1-7。

常用滚动轴承的类型、特点及适用范围　　　表 1-7

轴承类型	简　图	类型代号	性能特点
调心球轴承	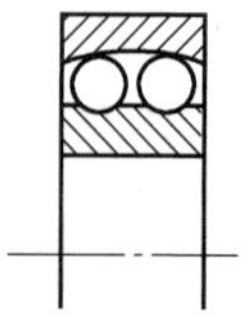	1	调心性能好，允许内、外圈轴线相对偏斜。可承受径向载荷及不大的轴向载荷，不宜承受纯轴向载荷
调心滚子轴承	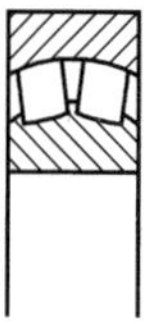	2	性能与调心球轴承相似，但具有较高承载能力。允许内外圈轴相对偏斜

轴承类型	简 图	类型代号	性能特点
圆锥滚子轴承	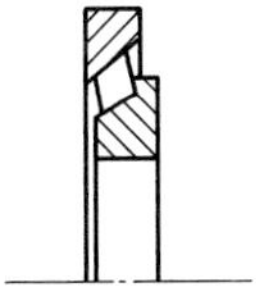	3	能同时承受径向和轴向载荷,承载能力大。这类轴承内外圈可分离,安装方便。在径向载荷作用下,将产生附加轴向力,因此一般都成对使用
推力球轴承		5	只能承受轴向载荷。安装时轴线必须与轴承座底面垂直。在工作时应保持一定的轴向载荷。双向推力轴承能承受双向轴向载荷
深沟球轴承	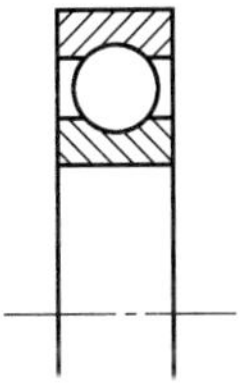	6	主要承受径向载荷,也可承受一定的轴向载荷,摩擦阻力小。在转速较高而不宜采用推力轴承时,可用来承受纯轴向载荷。价廉,应用广泛
角接触球轴承	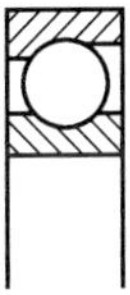	7	能同时承受径向和轴向载荷,并可以承受纯轴向载荷。在承受径向载荷时,将产生附加轴向力,一般成对使用
圆柱滚子轴承	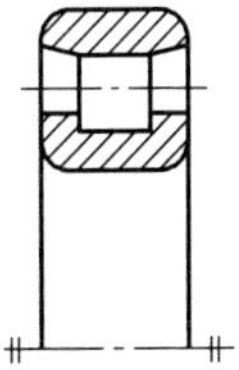	N	能承受较大径向载荷。内、外圈分离,不能承受轴向载荷

（2）滑动轴承

1）滑动轴承的组成和类型

滑动轴承一般由轴承座、轴承盖、轴瓦和润滑装置等组成，如图 1-60 所示，滑动轴承的类型按受力方向分为承受径向力的向心滑动轴承、承受轴向力的推力滑动轴承、既能承受径向力又能承受轴向力的向心推力滑动轴承，向心滑动轴承应用最广。

2）向心滑动轴承

① 整体式向心滑动轴承如图 1-61 所示，它由轴承座、轴瓦组成。其优点是结构简单，但轴颈只能从端部装拆，因此安装检修困难，且轴承工作表面磨损后无法调整轴承的间隙，必须更换新轴瓦，只用于轻载，低速或间歇工作的机械中，如卷扬机中。

② 剖分式向心滑动轴承如图 1-60 所示，剖分式向心滑动轴承由轴承座、轴承盖、剖分的上、下轴瓦及螺栓等组成。剖分面间放有调整垫片，以便在轴瓦磨损后通过减少垫片来调整轴瓦和轴颈间的间隙，这种轴承克服了整体式轴承的缺点、装拆方便，故应用广泛。

③ 调心式向心滑动轴承，当轴颈较长或轴的刚性较差时，造成轴颈与轴瓦的局部接触，使轴瓦局部磨损严重，这时可采用调心式向心滑动轴承。

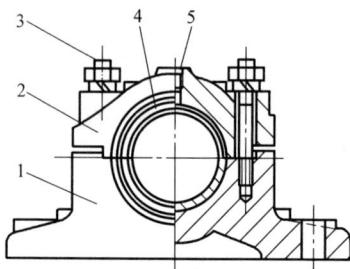

图 1-60　剖分式向心滑动轴承

1—轴承座；2—轴承盖；3—螺纹联接

4—轴瓦；5—油孔

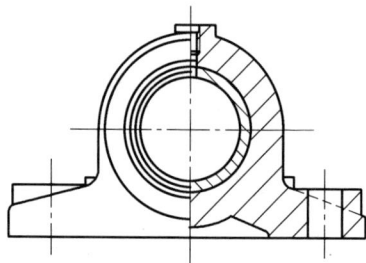

图 1-61　整体式向心滑动轴承

4. 联轴器、离合器、制动器

（1）联轴器

联轴器是用来联接不同机器（或部件）的两轴，使之共同旋转以传递扭矩的机械零件。在高速重载的动力传动中，有些联轴器还有缓冲、减振和提高轴系动态性能的作用。联轴器由两半部分组成，分别与主动轴和从动轴联接。一般动力机大都借助于联轴器与工作机相联接。按结构特点不同，联轴器可分为刚性联轴器和弹性联轴器两大类。

1）刚性联轴器，此类联轴器中全部零件都是刚性的，在传递载荷时，不能缓冲吸振。

① 固定式刚性联轴器，凸缘联轴器是固定式刚性联轴器中应用最广的一种，如图 1-62 所示，由两个分别装在两轴端部的凸缘盘、凹槽和联接它们的螺栓所组成。两凸缘盘的端部有对中止口，以保证两轴对中。凸缘联轴器结构简单，能传递较大的转矩。但要求两轴对中性好，且不能缓冲减振。

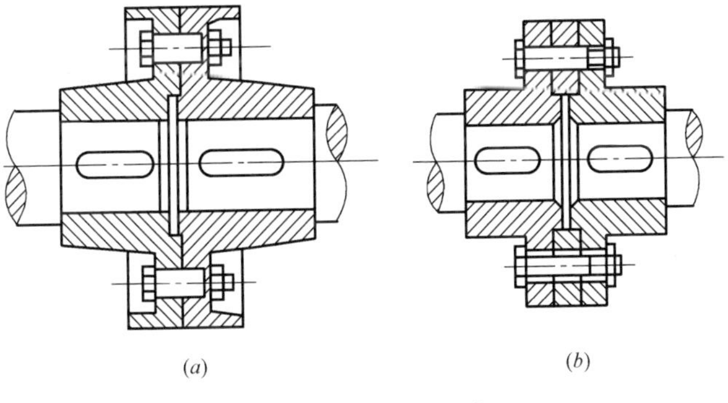

(a)　　　　　　　　　　(b)

图 1-62　凸缘联轴器

(a) 凹槽配合；(b) 部分环配合

② 可移式刚性联轴器，可移式刚性联轴器允许被联接的两轴发生一定的相对位移。

万向联轴器：单个万向联轴器的构造如图 1-63 所示，它由两个叉形零件和一个十字形联接件等组成。两轴间的交角最大可达 45°，但主动轴等速转动时，从动轴的角速度不稳定。为克服这一缺点，万向联轴器可成对使用，如图 1-64 所示。

万向联轴器结构简单，工作可靠，在汽车等设备上有广泛的应用。

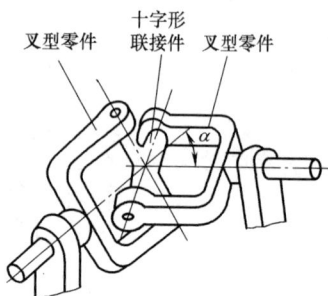

图 1-63　单个万向联轴器　　　　图 1-64　双万向联轴器

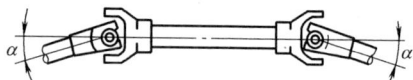

十字滑块联轴器：如图 1-65 所示，十字滑块联轴器是由两个端面开有凹槽的半联轴器和一个两端都有凸榫的中间圆盘组成。工作时，中间圆盘的凸榫可在凹槽中滑动，以补偿两轴的位移。

当转速高时，中间圆盘产生动载荷。所以只适用于低速、冲击载荷小的场合。如减速器的低速轴和卷扬机卷筒轴的联接。

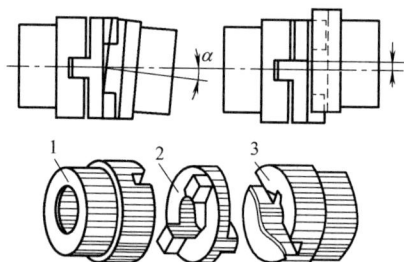

图 1-65　十字滑块联轴器
1—半联轴器；2—中间圆盘；3—半联轴器

68

2）弹性联轴器

弹性联轴器中有弹性元件，因此不仅可以补偿两轴位移，而且有较好的缓冲和吸振能力。

① 弹性套柱销联轴器

其结构如图 1-66 所示，由弹性橡胶圈、柱销和两个半联轴器组成。弹性套柱销联轴器适用于起动频繁的高速轴联接，如电动机轴和减速箱轴的联接。

② 尼龙柱销联轴器

尼龙柱销联轴器和弹性套柱销联轴器相似，只是用尼龙柱销代替了橡胶圈和钢制柱销，其性能及用途与弹性套柱销联轴器相同。现已常用尼龙柱销联轴器来代替弹性套柱销联轴器。

图 1-66　弹性套柱销联轴器

（2）离合器

用离合器联接的两轴，在机器运转时可随时接合和分离。离合器的类型很多，按接合的原理分有嵌入式离合器和摩擦式离合器。

1）嵌入式离合器

嵌入式离合器是依靠齿的嵌合来传递转矩的，分为牙嵌离合器和齿轮离合器。

牙嵌式离合器的结构如图 1-67 所示，它是由两个端面带牙的半离合器组成。主动半离合器用平键与主动轴联接，从动半离合器用导向键（或花键）与从动轴联接。主动半离合器上安装有对中环，以保证两个半离合器对中。操纵时，通过操纵杆移动滑环，使两个半离合器的牙面嵌入（接合）或分开（分离）。

牙嵌离合器结构简单，但接合时有冲击，为避免齿被打坏，只能在低速或停车状态下接合。适用于主、从动轴严格同步的高精度机床。

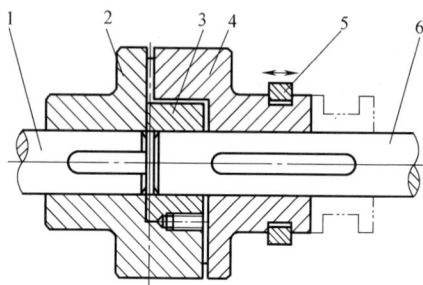

图 1-67　牙嵌离合器

1—主动轴；2，4—半离合器；3—对中环；5—滑环；6—从动轴

齿轮离合器由一个内齿套和一个外齿套所组成，齿轮离合器除具有牙嵌离合器的特点外，其传递转矩的能力更大。

2）摩擦式离合器

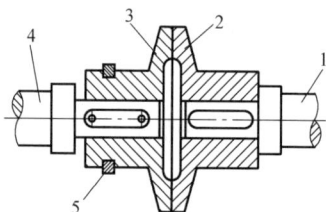

图 1-68　单片式摩擦离合器

1—主动轴；2—主动盘；3—从动盘；4—从动轴；5—滑环

摩擦式离合器是利用接触面间产生的摩擦力传递转矩的，摩擦离合器可分单片式和多片式等，多片式摩擦离合器适用的载荷范围大，所以多片式摩擦离合器广泛应用于汽车、摩托车、起重机等设备中。

单片式摩擦离合器如图 1-68所示，操纵滑环，使从动盘左移并压紧主动盘，两圆盘间产生摩擦力，离合器接合。当从动盘向右移动，离合器分离。

多片式摩擦离合器如图 1-69 所示，它有两组摩擦片：一组外摩擦片 5 以其外齿插入主动轴 1 上的外鼓轮 2 内缘的纵向槽中，片的孔壁则不与任何零件接触，故片 5 可与轴 1 一起转动，并可在轴向力推动下沿轴向移动；另一组内摩擦片 6 以其孔壁凹槽与从动轴 3 上的套筒 4 的凸齿相配合，而片的外缘不与任何零件接触，故片 6 可与轴 3 一起转动，也可在轴向力推动下作轴向移动。另外在套筒 4 上开有三个纵向槽，其中安置可绕销轴转动的曲臂压杆 8；当滑环 7 向左移动时，曲臂压杆 8 通过压板 9 将所有内、外摩擦片紧压在调节螺母 10 上，离合器即进入接合状态。螺母 10 可调节摩擦片之间的压力。内摩擦片也可作成碟形，当承压时，可被压平而与外摩擦片贴紧；松脱时，由于内摩擦片的弹力作用可以迅速与外摩擦片分离。

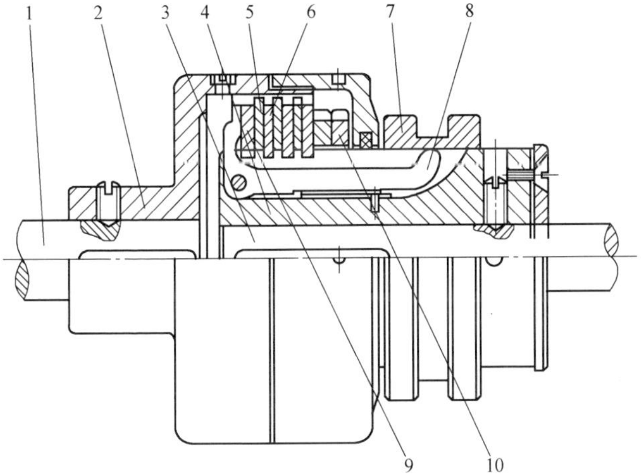

图 1-69 多片式摩擦离合器

1—轴；2—外鼓轮；3—从动轴；4—套筒；5—外摩擦片；6—内摩擦片；
7—滑环；8—压杆；9—压板；10—螺母

（3）制动器

制动器是利用摩擦力矩来消耗机器运动部件的动能，从而实现制动的，动作迅速，可靠。

按照制动零件的结构特征分：有块式制动器、带式制动器、锥形制动器、蹄式制动器等。

制动器通常装在机械中转速较高的轴上，因为高速轴的转矩较小，所需制动力矩和制动器尺寸也小，结构紧凑。

1）块式制动器

如图 1-70 所示，块式制动器是由制动轮、制动块和电磁铁操纵系统等组成。机器工作时，电源接通，电磁铁线圈通电，产生电磁铁的吸合力，通过推杆机构克服弹簧的压力作用，使制动块松开，制动器的制动轮自由回转，不产生制动力矩。当机器需要制动时，电磁线圈断电，电磁铁无吸合力，这时在弹簧的作用下，两个制动块紧紧抱住制动轮，产生摩擦制动力矩，将轮制动住。

块式制动器在建筑施工机械、电梯中有广泛的应用。

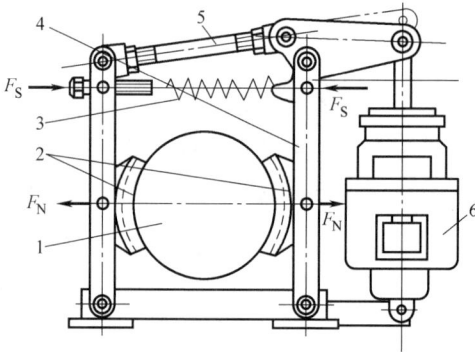

图 1-70 块式制动器

1—制动轮；2—制动块；3—弹簧；4—制动臂；5—推杆；6—松闸器

2）带式制动器

如图 1-71 所示，带式制动器由制动轮、制动带和杠杆等组成。当需制动时，施加向下的力，通过杠杆作用，制动带收紧而抱紧制动轮，利用制动带与制动轮之间的摩擦力矩，消耗机器的转动动能来实现降速或制动的目的。为了增加制动力矩，提高耐热性，闸带上一般铆接有耐热性好、摩擦因数大的石棉、橡胶等制成的衬带。

带式制动器具有结构简单的优点，但其制动时会产生对轴的附加弯矩和径向力，使制动轮轴支承易损坏。为了减小附加弯矩和径向力的影响，这种制动器一般只用于制动力矩不大的场合。

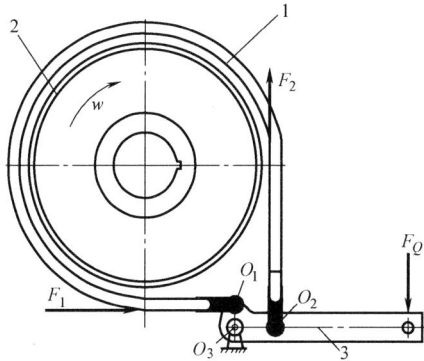

图 1-71　带式制动器

1—制动带；2—制动轮；3—杠杆

3）内张蹄式制动器

如图 1-72 所示，不需要制动时，在弹簧的作用下，制动蹄与制动鼓之间有间隙，不产生制动力矩，制动鼓自由回转。当需

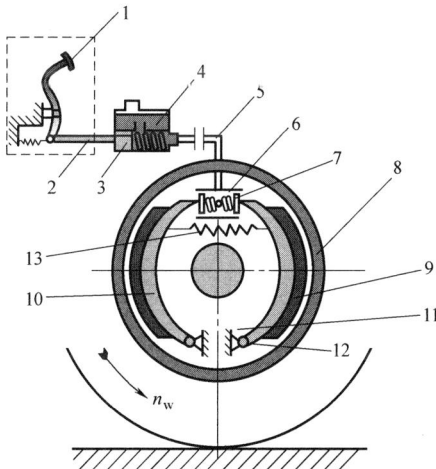

图 1-72　内张蹄式制动器

1—制动踏板；2—推杆；3—主缸活塞；4—制动主缸；5—油管；

6—制动轮缸；7—轮缸活塞；8—制动鼓；9—摩擦片；

10—制动蹄；11—制动底板；12—支承销；13—制动蹄回位弹簧

要制动时，踩下制动踏板，压力油进入制动轮缸，作用在活塞上的液压力克服弹簧的回弹力，从而使制动蹄内张紧制动鼓，产生摩擦制动力矩，将轮制动住。

内张蹄式制动器广泛应用于汽车车轮的制动。

1.4 液压传动

液压传动即以液体为工作介质，利用流动着液体的压力来实现运动及动力传递的传动方式，在机械设备（如挖掘机、推土机、铲运机、起重机械等）中得到了广泛应用。

1.4.1 液压传动的组成和特点

1. 液压传动的工作原理

以图1-73液压千斤顶为例，说明其工作原理图。

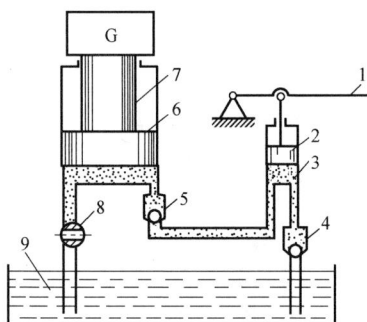

图1-73 液压千斤顶原理图

1—手柄；2—小活塞；3—小油缸；
4、5—单向阀；6—大油缸；
7—大活塞；8—放油阀；9—油箱

（1）泵吸油过程

提起手柄，小液压缸活塞向上移动，其工作容积增加，形成真空，油箱里面的油液在大气压力的作用下，顶开单向阀进入小液压缸。

（2）泵压油和重物举升过程

压下手柄，小液压缸的活塞向下移动，挤压下面的液体，单向阀自行关闭，油液压力升高，顶开单向阀，油液进入大液压缸，推动大活塞，从而顶起物。

（3）重物落下过程

旋开阀门，大液压缸腔内的油液流回油箱，重物作用于大活塞，使其下移，千斤顶处于复位状态。

2. 液压系统的组成及作用

（1）动力元件

动力元件为液压泵，它将原动机输入的机械能转换为液体的压力能，为执行元件提供压力油。

（2）执行元件

执行元件有液压缸（或液压马达），其作用是将油液的压力能转换为机械能，而对负载作功。

（3）控制元件

控制元件为各种控制阀，用以控制流体的方向、压力和流量，以保证执行元件完成预期的工作任务。

（4）辅助元件

辅助元件包含油箱、油管、滤油器、压力表、冷却器、管件、管接头和各种信号转换器等，是保证液压系统正常工作的必要条件。

（5）工作介质

液压油，就是利用液体压力能的液压系统使用的液压介质，在液压系统中起着能量传递、抗磨、系统润滑、防腐、防锈、冷却等作用。

3. 液压传动的优缺点

（1）优点：

1）在同等输出功率下，液压传动装置的体积小，重量轻，结构紧凑；

2）液压装置工作比较平稳，液压装置由于重量轻，惯性小，反应快，易于实现快速启动、制动和频繁换向；

3）液压装置能在大范围内实现无级调速，且调速性能好；

4）液压传动容易实现自动化；

5）液压装置易于实现过载保护，液压元件能自行润滑，寿命较长；

6）液压元件已实现标准化、系列化和通用化，宜推广使用。

（2）缺点：

1）液压传动不能保证严格的传动比；

2）液压传动中，能量经过二次变换，能量损失较多，系统效率较低；

3）液压传动对油温的变化比较敏感（主要是黏性），系统的性能随温度的变化而改变；

4）液压元件要求有较高的加工精度，以减少泄漏，从而成本较高；

5）液压传动出现故障时不易找出。

1.4.2 液压动力元件

液压动力元件是液压泵，它将电机的机械能转换成液体的压力能，供液压系统使用，它是液压系统的能源。

按运动部件的形状和运动方式分为齿轮泵，叶片泵（单作用、双作用），柱塞泵（径向、轴向）等。

1. 齿轮泵

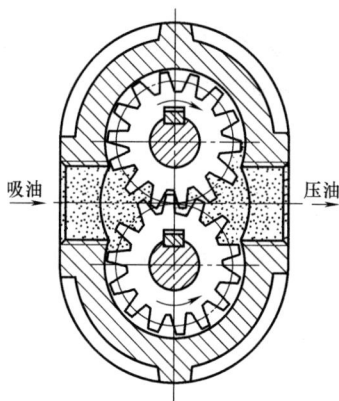

图 1-74　齿轮泵原理图

如图 1-74 所示为外齿轮泵，泵体内有一对外啮合齿轮，齿轮两侧靠端盖封闭。泵体、端盖和齿轮的各个齿间槽组成了若干个密封工作容积。

当齿轮按图示方向旋转时，泵体左侧轮齿脱开啮合，密封容积由小变大，形成部分真空，油箱里的油液在大气压力的作用下，通过吸油口被吸入；随着齿轮的旋转，吸入的油液被带入右侧压油腔，其密封容积由大变小，油液受到挤压，从压油口压到系统中。

齿轮泵结构简单，尺寸小，重量轻，制造方便，自吸能力强，对油液污染不敏感，工作可靠，价格低，维护容易；但其流量脉动大，噪声高，多用于低压系统。

2. 单作用叶片泵

按工作原理叶片泵可分为双作
用和单作用。若转子每转一转，泵
吸、压各两次，则为双作用；反之
若转子每转一转，泵吸、压各一
次，则为单作用。

单作用叶片泵结构如图 1-75 所
示，由定子内环、转子外圆和左右
配流盘组成的密闭工作容积被叶片
分割为二部分，传动轴带动转子旋
转，叶片在离心力作用下紧贴定子
内表面，密闭容积将随转子旋转而
变化。

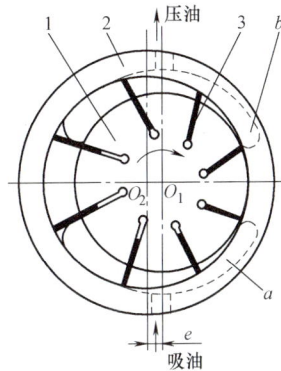

图 1-75　单作用叶片泵原理图
1—转子；2—定子；3—叶片；
a—吸油腔；*b*—压油腔

当转子顺时针旋转时，下侧密
封容积逐渐增大，产生真空，通过配油盘上的吸油口吸油；上侧
密封容积逐渐减小，通过压油口压油。

叶片泵流量均匀，运转平稳、噪声低、排量大；但对油液污
染敏感，多用于中低压系统。

3. 柱塞泵

柱塞泵是靠柱塞在液压缸中往复运动造成容积变化来完成吸
油与压油的。柱塞泵是液压系统中最常见的泵，应用范围较广，
轴向柱塞泵是柱塞中心线互相平行于缸体轴线的一种泵，有斜盘
式和斜轴式两类。

柱塞泵如图 1-76 所示，当传动轴按图示方向旋转时，柱塞
在其自下而上回转的半周内，逐渐向外伸出，密封容积不断增
大，产生局部真空，油液经配流盘上的吸油窗口吸入，柱塞在其
自上而下回转的半周内，又逐渐向里推入，密封容积不断减小，
将油液从配流盘上的压油窗口向外压出。

柱塞泵具有结构紧凑，径向尺寸小，工作压力高，流量范围

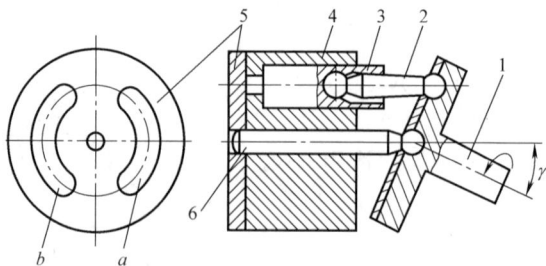

图 1-76　斜盘式柱塞泵

1—传动轴；2—连杆；3—活塞；4—缸体；5—配流盘；6—中心轴

大；但对油液污染敏感。用于高压、高转速的场合。

1.4.3　液压执行元件

执行元件的作用是把液体的压力能转换成机械能。执行元件有液压缸和液压马达，液压缸输出的是往复直线运动或摆动，而液压马达输出的是回转运动，因液压缸在工程机械中广泛使用，下面介绍其分类和工作原理。

1. 液压缸的类型

按照结构分：活塞式（单活塞杆、双活塞杆）、柱塞式、伸缩式等。

按照作用方式分：单作用和双作用。

2. 双作用单活塞杆液压缸

如图 1-77 所示，双作用液压缸即两个方向的运动都依靠液压作用力来实现，在工程机械中最为常用。

3. 伸缩套筒缸

伸缩套筒缸由两个或多个活塞式缸套装而成，如图 1-78 所示，前一级活塞缸的活塞杆是后一级活塞缸的缸筒。

各级活塞依次伸出可获得很长的行程，当依次缩回时缸的轴向尺寸很小。

当左侧通入压力油时，活塞由大到小依次伸出；当右侧通入

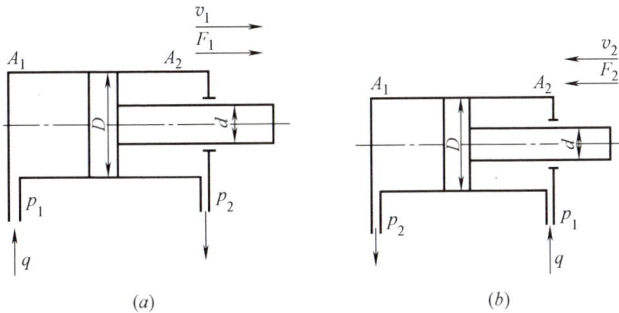

图 1-77 双作用单活塞杆液压缸原理图

压力油时，活塞则由小到大依次收回。且活塞面积从大到小，速度逐渐增大，推力逐渐减小。

工作时可伸很长，不工作时缩短，占地面积小，且推力随行程增加而减小。

伸缩套筒缸广泛应用于起重机伸缩臂、自动倾卸卡车等。

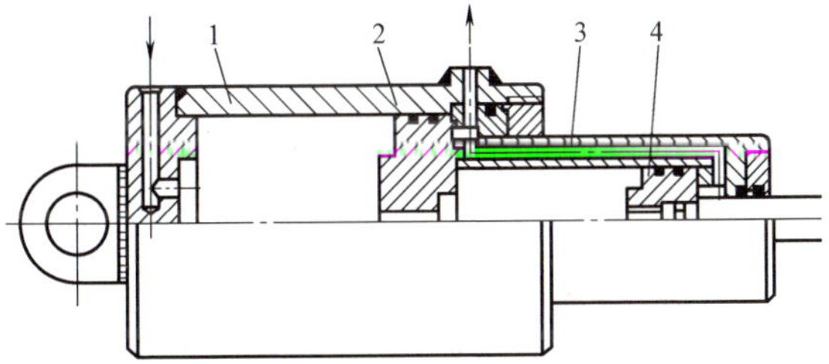

图 1-78 伸缩套筒缸

1——级缸体；2——级活塞；3—二级缸体；4—二级活塞

1.4.4 液压控制元件

液压控制元件在系统中起控制液流的方向、压力、流量的作用，以满足执行元件所提出的要求。

液压控制阀按用途分为方向控制阀、压力控制阀、流量控制阀等。

1. 压力控制阀

即控制液压系统的压力或利用压力作为信号来控制其他元件

动作，压力控制阀分为溢流阀、减压阀、顺序阀等。

（1）溢流阀

其基本作用是限制液压系统的最高压力，对液压系统起过载保护作用。

分为直动式溢流阀和先导式溢流阀如图 1-79、图 1-80 所示。

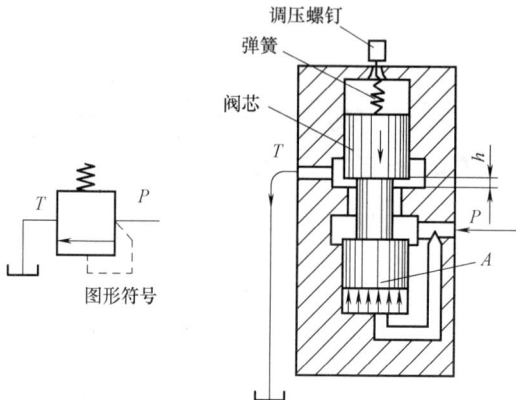

图 1-79　直动式溢流阀原理图和符号

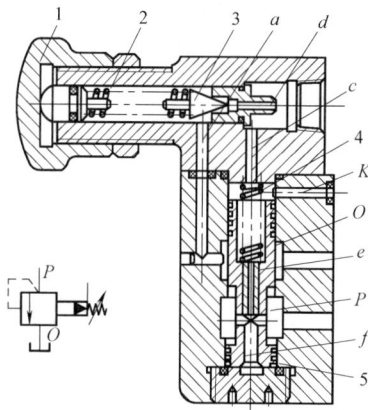

图 1-80　先导式溢流阀的原理图

1—调压手轮；2—弹簧；3—先导阀芯；
4—主阀弹簧；5—主阀芯

（2）减压阀

如图 1-81 所示，减压阀是利用油液流过缝隙时产生压降的原理，使系统某一支路获得比系统压力低而平稳的压力油的液压阀。

（3）顺序阀

如图 1-82 所示，利用液压系统压力变化来控制油路的通断，从而实现多个液压油缸（或马达）按一定的顺序动作。

2. 流量控制阀

流量控制阀即通过调节输出流量，从而控制执行元件的运动速度。

（1）节流阀

即通过调节输出流量来控制液压油缸（或马达）的工作速度。如图 1-83 所示。

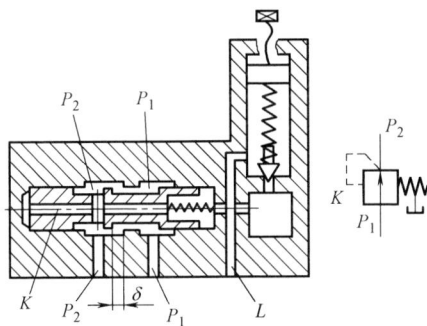

图 1-81　减压阀的结构原理和符号

图 1-82　顺序阀的工作原理和符号　　图 1-83　节流阀的结构原理和符号

（2）调速阀

如图 1-84 所示，调速阀是由定差减压阀和节流阀串联而成的组合阀。节流阀用来调节通过的流量,定差减压阀则自动补偿负载变化的影响,使节流阀前后的压差为定值,消除了负载变化对流量的影响。从而保证液压油缸(或马达)的稳定工作速度,并且不受外界负载变化的影响。常用于对速度稳定性要求高的液压系统中。

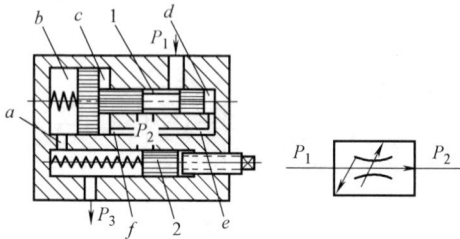

图 1-84 调速阀的工作原理和符号
1—减压阀芯;2—节流阀

3. 方向控制阀

其作用是控制油液流动方向,主要有单向阀、换向阀等。

(1) 单向阀

其功用是油液正向流通,反向截止。有普通单向阀(逆止阀或止回阀)、液控单向阀等。

普通单向阀其作用是控制油液只能按一个方向流动而反向截止,故又称止回阀,简称单向阀。单向阀又分为直通式单向阀[图 1-85 (a)、图 1-85 (b)]和直角式单向阀[图 1-85 (c)]两种。

液控单向阀除了具有普通单向阀的作用外,还可以通过接通控制压力油,使阀反向导通,如图 1-86 所示。

(2) 换向阀

换向阀的功用是改变阀芯在阀体内的位置,使阀体各油口的通断关系改变,从而改变油液的流向,实现执行元件的换向或启停。

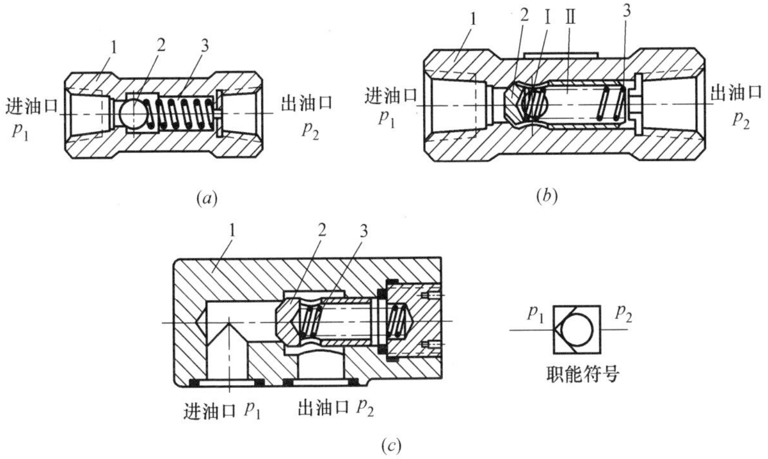

图 1-85 单向阀

(a)、(b) 直通式单向阀;(c) 直角式单向阀

1—阀体;2—阀芯;3—弹簧

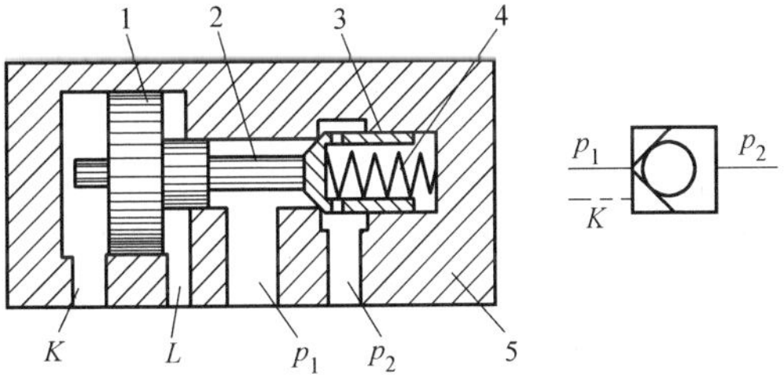

图 1-86 液控单向阀的结构原理图和符号

1—控制活塞;2—顶杆;3—阀芯;4—弹簧;5—阀体

如图 1-87 所示为几种滑阀的结构原理和图形符号。在换向阀的图形符号中,方块数代表位数,在一个方块内的连接管数代表通数,方块中的箭头表示油流方向,方块中的"⊥"符号表示该油口被截断。

为了便于连接管道,将各油口标以不同字母,P 表示供油口,T 表示回油口,A 和 B 表示与执行元件相接通的油口。

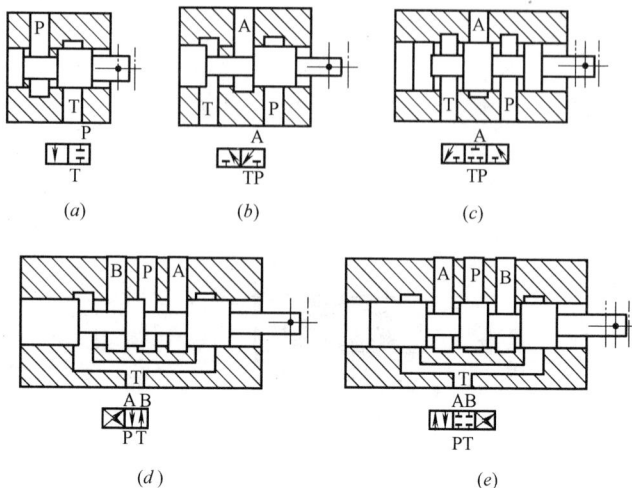

图 1-87　滑阀式换向阀的结构原理和图形符号

(*a*) 二位二通阀；(*b*) 二位三通阀；

(*c*) 三位三通阀；(*d*) 二位四通阀；(*e*) 三位四通阀

1.5　建筑电气知识

1.5.1　电工学基础知识

1. 电路的组成和三种状态

（1）电路的组成

所谓的电路，就是把电源、用电器、开关用导线连接起来组成的电流路径。如图 1-88 所示，其中电源是向电路提供持续电流的装置；用电器是利用电流工作的设备；导线是用来连接电源和用电器的，其作用是传输电流；开关的作用是用来控制用电器和电源的通断。可见，对于电路的组成，这四大元件缺一不可。

电路的主要功能是进行能量的转换、传输和分配；实现信号的传递、存储和处理。

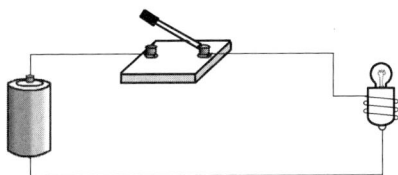

图 1-88　电路组成

（2）电路的三种状态

1）通路：接通的电路叫通路。这时，电路是闭合的，且处处有持续的电流；

2）断路：断开的电路叫断路，这时电路某处断开了，电路中就没有了电流；

3）短路：直接用导线把电源的两极（或用电器的两端）连接起来的电路叫短路。

短路有两种形式，一是整体短路，也称电源短路，它是指用导线直接连接在电源的正负极上，此时电流不通过任何用电器而直接构成回路，电流会很大，可能把电源烧坏。二是局部短路，它是指用导线直接连接在用电器的两端，此时电流不通过电器而直接通过这根导线。发生局部短路时会有很大的电流，因此，短路状态是绝对不允许出现的。

（3）电路的连接

串联电路：电阻串联将电阻首尾依次相连，但电流只有一条通路的连接方法。串联电路电流与总电流相等；总电压等于各电阻上电压之和；总电阻等于负载电阻之和。

并联电路：电路中若干个电阻并列连接起来的接法，称为电阻并联。并联电路各电阻两端的电压均相等；电路的总电流等于电路中各支路电流之总和；电路总电阻的倒数等于各支路电阻倒数之和；并联负载越多，总电阻越小，供应电流越大，负荷越重。

2. 电路的基本物理量

（1）电流

电路中的带电粒子（电子和离子）受到电源电场力的作用，形成有规则的定向运动，称为电流。电流的大小是用单位时间内通过导体某一横截面积的电荷量来度量的，称为电流强度，简称电流。电流的正方向规定为正电荷的移动方向。

$$I = Q/t \qquad\qquad (1\text{-}10)$$

其中 I 为电流强度，Q 为电荷量（库仑），t 为时间（秒/s）。在国际单位制中，电流强度的单位为安培，简称安（A）。

（2）电位

电位表示电场中某一点所具有的电位能。一般指定电路中一点为参考点（在电力系统中指定大地为参考点），且规定该参考点的电位为零。电场力将单位正电荷从 A 点沿任意路径移到参考点所做的功称为 A 点的电位或电势，用 V_A 表示，单位为伏特，简称伏（V）。

（3）电压

电场力把单位正电荷从电场的 A 点移到 B 点所做的功，称为 AB 两点间的电压，用 U_{AB} 表示，即 $U_{AB} = W_{AB}/Q$。显然，电路中某两点间的电位差等于该两点间的电压，即 $V_A - V_B = U_{AB}$。

（4）电动势

在电源内部，非电场力将单位正电荷从电源的低电位端（负极）移到高电位端（正极）所做的功，称为电源的电动势，用符号 E 表示，电动势的单位也是伏特。

（5）电阻

导体阻碍电流通过的能力，称为电阻，用 R 表示，单位为欧姆，简称欧（Ω）。

（6）电功率

单位时间内电流所做的功称为电功率，简称功率，用符号 P 表示，单位为瓦特，简称瓦（W）。

根据电流、电压、功率的定义，

$$P=W/t=UI \qquad (1-11)$$

3. 交流电

大小和方向均随时间作周期性变化且平均值为零的电动势、电压和电流统称为交流电。由于交流电具有生产容易、成本低廉、便于输送和控制、易于转换和测量的优点，从而得到广泛的应用，而且通过整流设备能方便地把交流电变换成直流电。交流电的波形可以为正弦、三角形或矩形等。其中随时间作正弦规律变化的电动势、电压和电流，称为正弦交流电。

三相电路在生产上应用最为广泛。发电、输配电和主要电力负载，一般都采用三相制。

三相交流电是由三个大小相等、频率相同、相位彼此相差120°的三个电动势所组成的供电系统。由 3 个频率相同、振幅相同、相位互差 120°的正弦电压源所构成的电源称为三相电源，由三相电源供电的电路称为三相电路。

三相交流电源是由三相交流发电机产生的，图 1-89 所示是三相交流发电机的原理图。

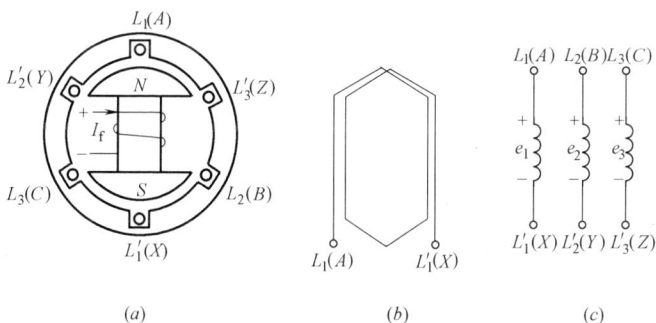

图 1-89 三相交流发电机的原理

在生产生活中，三相电路应用广泛，发电机和输配电一般都采用三相电源。通常用到的发电机三相绕组的接法如图 1-90（a）所示，即将三个末端联在一起，这一连接点称为中点或零点，用 N 表示。从中点引出的导线称为中线，从始端 A、

B、C引出的三根导线 L_1、L_2、L_3 称为相线或端线，俗称火线。这样就将三个互不相关的单相电源联合在一起了，称这种连接方式为发电机的星形（Y）连接。

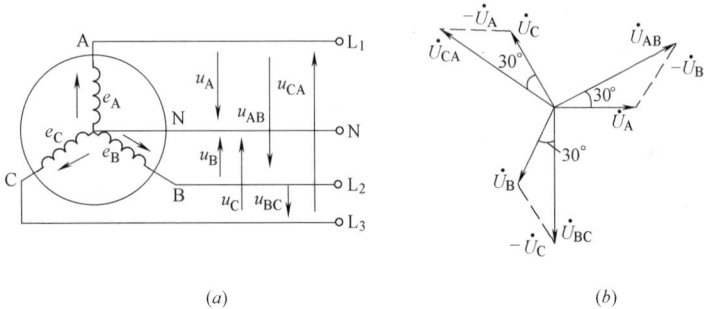

图 1-90　发电机的星形连接及其电压向量图

（a）发电机三相绕组的接法；（b）发电机三相绕组电压向量图

相序：对称三相电压到达正（负）最大值的先后次序 A→B→C→A 顺序 A→C→B→A 逆序。无特殊说明，三相电源的相序均是顺序。在电力系统中一般用黄、绿、红三种颜色区别 A、B、C 三相。

在星形连接方式中，任何两根端线之间的电压称为线电压；任何一根端线和中线之间的电压称为相电压。通常在低压配电系统中线电压为 380V，相电压为 220V。

4. 电动机

实现电能与机械能相互转换的电工设备总称为电动机。电动机是利用电磁感应原理实现电能与机械能的相互转换。把机械能转换成电能的设备称为发电机，而把电能转换成机械能的设备叫作电动机，电动机分为交流电动机和直流电动机两大类，交流电动机又分为异步电动机和同步电动机。

（1）交流电动机分类

交流电动机分为异步电动机和同步电动机。同步电动机还可分为永磁同步电动机、磁阻同步电动机和磁滞同步电动机。异步电动机可分为三相异步电动机、单相异步电动机，在生产上主要用的是交流电动机，特别三相异步电动机，因为它具有结构简单、坚固耐用、运行可靠、价格低廉、维护方便等优点。它被广泛地用来驱动各种金属切削机床、起重机、锻压机、传送带、铸造机械、功率不大的通风机及水泵等。

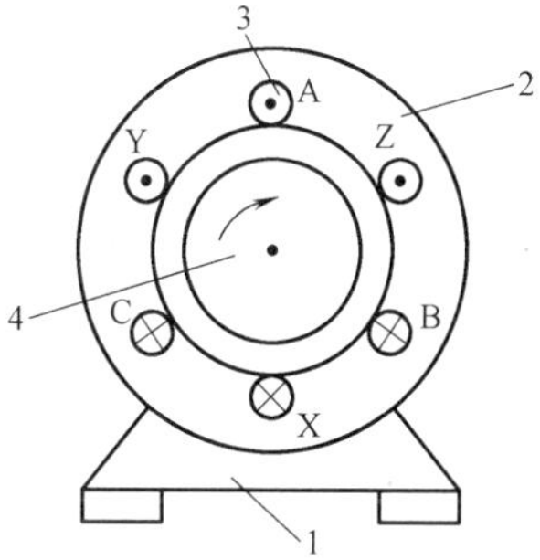

图 1-91　三相电动机的
结构示意图

1—机座；2—定子；3—定子
绕组；4—转子

（2）三相异步电动机的构造

三相异步电动机的两个基本组成部分为定子（固定部分）和转子（旋转部分），转子又可分为鼠笼式和绕线式两种。此外还有端盖、风扇等附属部分，如图 1-91所示。

1）定子

三相异步电动机的定子由三部分组成见表 1-8。

三相异步电动机的定子组成　　　　表 1-8

定子	定子铁心	定子铁芯是电机磁路的一部分，由厚度为 0.5mm 的，相互绝缘的硅钢片叠成，硅钢片内圆上有均匀分布的槽，其作用是嵌放定子三相绕组 AX、BY、CZ
	定子绕组	定子绕组是电动机的定子电路部分，三组用漆包线绕制好的，对称地嵌入定子铁心槽内的相同的线圈。这三相绕组可接成星形或三角形
	机座	机座用铸铁或铸钢制成，其作用是固定铁心和绕组

2）转子

三相异步电动机的转子由三部分组成见表 1-9。

为了保证转子能够自由旋转，在定子与转子之间必须留有一定的空气隙，中小型电动机的空气隙约在 0.2～1.0mm 之间。

三相异步电动机的转子组成　　　　　表 1-9

转子	转子铁心	转子铁芯固定在转子轴上,是电机磁路的一部分,由厚度为 0.5mm 的,相互绝缘的硅钢片叠成,硅钢片外圆上有均匀分布的槽,其作用是嵌放转子三相绕组
	转子绕组	转子绕组构成转子的电路部分,转子绕组有两种形式: 鼠笼式——鼠笼式异步电动机; 绕线式——绕线式异步电动机
	转轴	转轴上加机械负载

（3）技术参数含义

1）电动机铭牌数据及额定值

电动机出厂时，在机座上都有一块铭牌，上面标有该电机的型号、规格和有关数据，如图 1-92 所示。

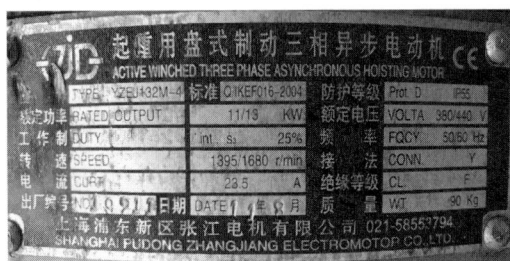

图 1-92　电动机铭牌

型号：表示电动机的系列品种、性能、防护结构形式、转子类型等产品代号。

功率：表示额定运行时电动机轴上输出的额定机械功率，单位 kW 或 HP，1HP＝0.736kW。

电压：直接到定子绕组上的线电压（V），电机有丫形和△形两种接法，其接法应与电机铭牌规定的接法相符，以保证与额定电压相适应。

电流：电动机在额定电压和额定频率下，输出额定功率时定子绕组的三相线电流。

频率：指电动机所接交流电源的频率，我国规定为

50Hz±1。

转速：电动机在额定电压、额定频率、额定负载下，电动机每分钟的转速（r/min）。

接线方法：表示电动机在额定电压下运行时，三相定子绕组的接线方式。目前电动机铭牌上给出的接法有两种，一种是额定电压为380V/220V，接法为Y/△；另一种是额定电压380V，接法为△。

工作定额：指电动机运行的持续时间。

绝缘等级：电动机绝缘材料的等级，决定电机的允许温升。

标准编号：表示设计电机的技术文件依据。

励磁电压：指同步电机在额定工作时的励磁电压（V）。

励磁电流：指同步电机在额定工作时的励磁电流（A）。

2）电动机型号

电动机型号是便于使用、设计、制造等部门进行业务联系和简化技术文件中产品名称、规格、型式等叙述而引用的一种代号。

产品代号是由电动机类型代号、特点代号和设计序号等三个小节顺序组成。

电动机类型代号用：Y—表示异步电动机；T—表示同步电动机；

电动机特点代号表征电动机的性能、结构或用途而采用的汉语拼音字母。如防爆类型的字母 EXE（增安型）、EXB（隔爆型）、EXP（正压型）等。

设计序号是用中心高、铁心外径、机座号、凸缘代号、机座长度、铁心长度、功率、转速或级数等表示。

如：Y2-160 M1-8

Y：机型，表示异步电动机；

2：设计序号，"2"表示第一次基础上改进设计的产品；

160：中心高，是轴中心到机座平面高度；

M1：机座长度规格，M 是中型，其中脚注"2"是 M 型铁心的第二种规格，而"2"型比"1"型铁心长。

8：极数，"8"是指 8 极电动机。

5. 常用的低压电器

凡对电能的产生、输送、分配和使用起控制、调节、检测、转换及保护作用的电气设备，统称为电器。工作电压在交流 1000V 以下、直流 1200V 以下的电器称为低压电器。

（1）刀开关

铁壳开关又叫负荷开关。铁壳开关结构如图 1-93 所示，主要由动闸刀、速断弹簧、刀座、操作手柄、熔断器等组成。将这些元件装在一个铁壳内，所以称为铁壳开关。速断弹簧能迅速将动闸刀从刀座拉开，使电弧迅速拉长而熄灭。在操作手柄一侧的铁壳边上有一凸肋，它的作用是当开关接通时，铁壳盖不能打开；而铁壳盖打开时，开关不能合闸，以保证安全。安装时，铁壳应可靠接地对以防意外漏电引起操作者触电。长期使用的铁壳开关应注意触头的使用状况，触头状况不佳，可能导致被控电动机缺相运行，烧坏电动机。

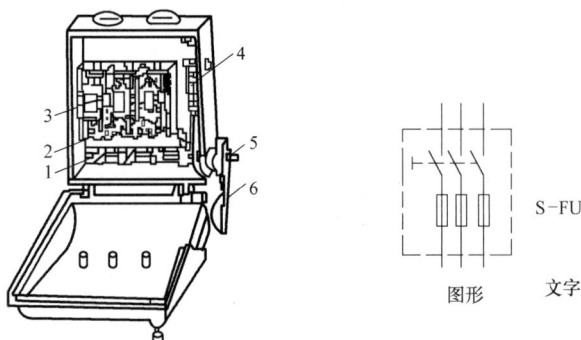

图 1-93　闸刀开关

1—动闸刀；2—刀座；3—磁插式熔断器；4—速断弹簧；

5—转轴；6—操作手柄

刀开关带有动触头，并通过它与底座上的静触头（刀夹座）相楔合或分离，以接通或分断电路的一种开关。

其作用是隔离电源，以确保电路和设备维修的安全，或作为不频繁地接通和分断容量不大的低压电路或直接启动小容量电机。

（2）漏电保护器

漏电保护器（图1-94），又称剩余电流动作保护器，主要用于保护人身因漏电发生电击伤亡、防止因电气设备或线路漏电引起电气火灾事故。

安装在负荷端电器电路的漏电保护器，是考虑到漏电电流通过人体的影响，用于防止人为触电的漏电保护器，其动作电流不得大于30mA，动作时间不得大于0.1s。应用于潮湿场所的电器设备，应选用动作电流不大于15mA的漏电保护器。

漏电保护器按结构和功能分为漏电开关、漏电断路器、漏电继电器、漏电保护插头、插座。漏电保护器按极数还可分为单极、二极、三极、四极等多种。

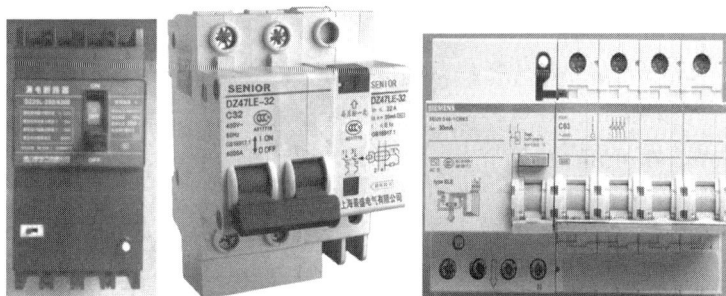

图1-94 漏电保护器

（3）交流接触器

接触器是一种用来自动接通或断开大电流电路的电器。它可以频繁地接通或分断交直流电路，并可实现远距离控制。其主要控制对象是电动机，也可用于电热设备、电焊机、电容器组等其他负载。它还具有低电压释放保护功能。接触器具有控制容量大、过载能力强、寿命长、设备简单经济等特点，是电力拖动中使用最广泛的电器元件。接触器除前述功能外，还具有失压或欠压保护作用，如图 1-95 所示为交流接触器，接触器主要由电磁系统、触头系统，灭弧装置等几部分组成。交流接触器的交流线圈的额定电压有 380V、220V 等。

接触器技术指标：额定工作电压、电流、触点数目等。交流接触器又可分为电磁式，永磁式和真空式三种。

图 1-95　交流接触器

（4）继电器

继电器是一种传递信号的电器。它能反映各种电的或非电的信号，并将这种信号传递出去，去控制某种对象。继电器主要由感测部分和执行部分组成，感测部分通常是电磁机构，执行部分一般为常开常闭触点。继电器是按照"通断"的循环而工作的，它的动作具有跳跃的特性。继电器的种类很多，按动作原理可分：电磁式继电器、感应式继电器、热继电器、晶体管继电器、磁继电器等。

热继电器如图 1-96 所示，当负载电流超过允许值时，热继电器便会动作、切断电路，从而对电气设备起过负荷保护作用。

此外，它也可以对其他电气设备的发热状态进行控制。

电动机如长期过载、频繁起动、欠压运行或缺相运行，都可能会使其电流超过额定值。若超过的量不大，熔断器不会熔断。长时间过电流将会引起电动机过热，加速绕组的绝缘老化，缩短电动机使用寿命，严重时甚至烧坏电动机。因此，交流电动机通

图 1-96 热继电器

常都设置由热继电器构成的过负荷保护。

（5）低压空气断路器（自动开关）

低压空气断路器也称为自动空气开关，可用来接通和分断负载电路，也可用来控制不频繁起动的电动机。它既有闸刀开关的功能、又有多种保护功能（过载、短路、欠电压保护等）、动作值可调、操作方便、安全等优点，所以目前被广泛应用如图1-97所示。

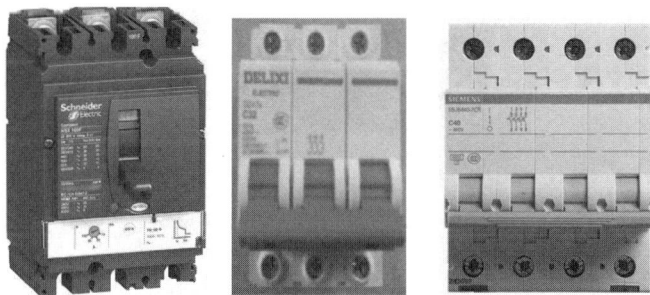

图 1-97 常见的断路器

低压断路器的类型有：

1）框架式 DW10 和 DW15 系列，用作配电线路和变压器的保护开关；

2）塑料外壳式 DZ10 和 DZ15 系列，用于配电线路的保护开关或电动机、照明电路的控制开关，是电动机和小型室内配电盘的总开关。

（6）主令电器

主令电器是用作切换控制电路，以发出指令或作程序控制的操纵电器。常用的主令电器有按钮开关、位置开关、万能转换开关和主令控制器等。

1）按钮

按钮是一种结构简单、应用广泛的低压手动电器。在低压控制系统中，手动发出控制信号，可远距离操纵各种电磁开关，如继电器、接触器等，实现主电路的通断，转换各种信号电路和电气联锁电路，如图1-98所示。

图1-98　按钮实物图

2）位置开关

位置开关又称行程开关或限位开关，它的作用是将机械位移转变为电信号，使电动机运行状态发生改变，即按一定行程自动停车、反转、变速或自动循环，从而控制机械运动或实现安全保护，图1-99、图1-100为行程开关结构图。

3）主令控制器

主令控制器主要用于电气传动装置中，按一定顺序分合触头，如图1-101所示，达到发布命令或其他控制线路联锁、转换

图 1-99　行程开关实物图

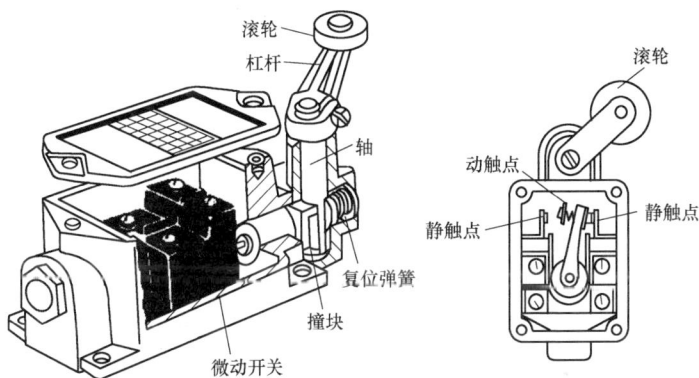

图 1-100　行程开关结构图

图 1-101　主令控制器

的目的。适用于频繁对电路进行接通和切断，常配合磁力起动器对绕线式异步电动机的起动、制动、调速及换向实行远距离控制，广泛用于各类起重机械的拖动电动机的控制系统中。

1.5.2 施工现场临时用电要求

1. 配电方式（采用 TN-S 系统）

按照《施工现场临时用电安全技术规范》（JGJ 46—2005）的相关要求，我国目前建筑施工现场用电工程专用的电源中性点直接接地的 220/380V 三相四线制低压电力系统，必须符合以下规定：采用 TN-S 接零保护系统；

采用三级配电系统；

采用二级漏电保护系统。

（1）TN-S 系统

TN-S 系统是工作零线与保护零线分开设置的接零保护系统。

其中：T—电源中性点直接接地。

N—电气设备外露可导电部分通过零线接地。

S—工作零线（N 线）与保护零线（PE 线）分开的系统。

在施工现场专用变压器的供电的 TN-S 接零保护系统中，电气设备的金属外壳必须与保护零线连接。保护零线应由工作接地线、配电室（总配电箱）电源侧零线或总漏电保护器电源侧零线处引出，如图 1-102 所示。

当施工现场与外电线路共用同一供电系统时，电气设备的接地、接零保护应与原系统保持一致。不得一部分设备做保护接零，另一部分设备做保护接地。

采用 TN 系统做保护接零时，工作零线（N 线）必须通过总漏电保护器，保护零线（PE 线）必须由电源进线零线重复接地处或总漏电保护器电源侧零线时处，引出形式局部 TN-S 接零保护系统，如图 1-103 所示。

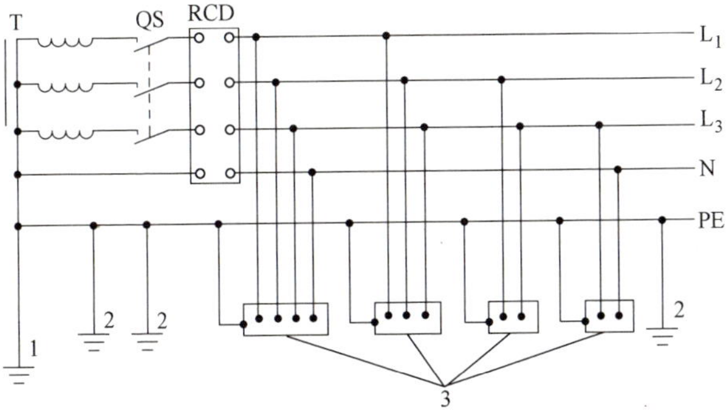

图 1-102 专用变压器供电时 TN-S 接零保护系统示意图

1—工作接地；2—PE 线重复接地；3—电气设备金属外壳（正常不带电的外露可导电部分）；L_1、L_2、L_3—相线；N—工作零线；PE—保护零线；DK—总电源隔离开关；RCD—总漏电保护器（兼有短路、过载、漏电保护功能的漏电断路器）；T—变压器

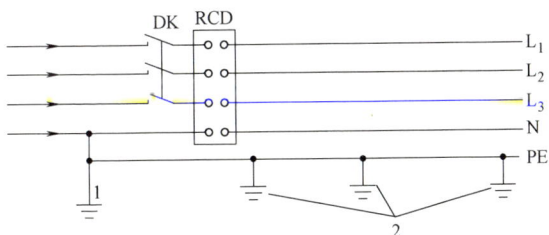

图 1-103 三相四线制供电时局部 TN-S 接零保护系统示意图

1—NPE 线重复接地；2—PE 线重复接地；L_1、L_2、L_3—相线；N—工作零线；PE—保护零线；DK—总电源隔离开关；RCD—总漏电保护器

（2）保护零线绝对不允许断开。PE 线上严禁装设开关或熔断器，且严禁断线。否则在接零设备发生带电部分碰壳或是漏电时，就构不成单相回路，电源就不会自动切断，就会产生两个后果：一是使接零设备失去安全保护；二是使后面的其他完好的接零设备外壳带电，引起大范围的电气设备外壳带电。

（3）同一用电系统中的电器设备绝对不允许部分接地、部分

99

接零。否则当保护接地的设备发生漏电时，会使中性点接地线电位升高，造成所有采用保护接零的设备外壳带电。

（4）电力变压器低压侧共引出 5 条线，相线、N 线、PE 线的颜色标记必须符合以下规定：相线 L_1（A）、L_2（B）、L_3（C）相序的绝缘颜色依次为黄、绿、红色；N 线的绝缘颜色为淡蓝色；PE 线的绝缘颜色为绿/黄双色。任何情况下上述颜色标记严禁混用和互相代用。

保护接零 PE 线的材料及连接要求：保护零线的截面应不小于工作零线的截面，配电装置和电动机械相连接的 PE 线应为截面不小于 $2.5mm^2$ 的绝缘多股铜线；保护零线与电气设备连接应采用铜鼻子等可靠连接；保护零线在配电箱中应通过端子板连接，在其他地方不得有接头出现。

（5）采用三级配电两级保护，如图 1-104 所示，配电箱应分级设置，即在总配电箱下，设分配电箱，分配电箱以下设开关箱，开关箱以下就是用电设备，形成三级配电。这样配电层次清楚，既便于管理又便于查找故障。同时要求，照明配电与动力配电最好分别设置，自成独立系统，不致因动力停电影响照明。

"两级保护"主要指采用漏电保护措施，除在末级开关箱内加装漏电保护器外，还要在上一级分配电箱或总配电箱中再加装一级漏电保护器，总体上形成两级保护。

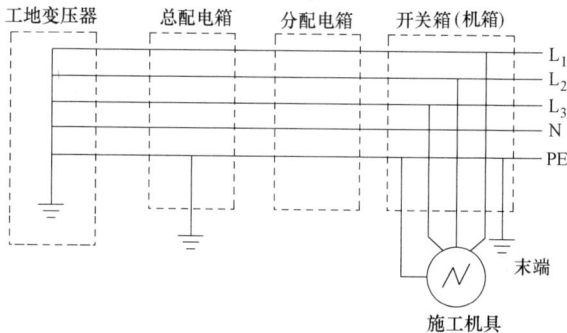

图 1-104 三级配电两级保护

（6）采用"一机一闸一漏一箱"方式。"一机一闸一漏一箱"即每台用电设备应有各自专用的开关箱，严禁用同一个开关箱直接控制 2 台及 2 台以上用电设备。必须实行"一机一闸"制，严禁同一个开关电器直接控制二台及二台以上用电设备，防止误操作事故的发生。

2. 保护接零与保护接地

以保护人身安全为目的，把电气设备不带电的金属外壳接地或接零，叫作保护接地及保护接零。

（1）保护接地

保护接地就是把电气设备的金属外壳用足够粗的金属导线与大地可靠地连接起来。电气设备采用保护接地措施后，设备外壳已通过导线与大地有良好的接触，则当人体触及带电的外壳时，人体相当于接地电阻的一条并联支路，由于人体电阻远远大于接地电阻，所以通过人体的电流很小，避免了触电事故。

保护接地应用于中性点不接地的配电系统中。

（2）保护接零

所谓保护接零（又称接零保护）就是在中性点接地的系统中，将电气设备在正常情况下不带电的金属部分与零线作良好的金属连接。当某一相绝缘损坏使相线碰壳，外壳带电时，由于外壳采用了保护接零措施，因此该相线和零线构成回路，单相短路电流很大，足以使线路上的保护装置（如熔断器）迅速熔断，从而将漏电设备与电源断开，从而避免人身触电的可能性。

保护接零用于 380/220V、三相四线制、电源的中性点直接接地的配电系统。

在采用保护接零的系统中，还要在电源中性点进行工作接地和在零线的一定间隔距离及终端进行重复接地。

在三相四线制的配电系统中，将配电变压器副边中性点通过接地装置与大地直接连接叫工作接地。将电源中性点接地，可以降低每相电源的对地电压，当人触及一相电源时，人体受到的是相电压。工作接地的接地电阻不得大于 4Ω。

在中性点接地的系统中，除将配电变压器中性点做工作接地外，沿零线走向的一处或多处还要再次将零线重复接地。

重复接地的作用是当电气设备外壳漏电时可以降低零线的对地电压；当零线断线时，也可减轻触电的危险。

（3）保护接零和保护接地的适用范围

对于以下电气设备的金属部分均应采取保护接零或保护接地措施：

1）电机、变压器、电器、照明器具、手持式电动工具的金属外壳；

2）电气设备的传动装置的金属部件；

3）配电柜与控制柜的金属框架；

4）配电装置的金属箱体、框架及靠近带电部分的金属围栏和金属门；

5）电力线路的金属保护管、敷线的钢索、起重机的底座和轨道、滑升模板金属操作平台等；

6）安装在电力线路杆（塔）上的开关、电容器等电气装置的金属外壳及支架。

3. 配电箱及开关箱的设置

配电系统应设置配电柜或总配电箱、分配电箱、开关箱，实行三级配电。

配电系统宜使三相负荷平衡。220V 或 380V 单相用电设备宜接入 220/380V 三相五线系统；当单相照明线路电流大于 30A 时，宜采用 220/380V 三相四线制供电。

总配电箱应设在靠近电源的区域，分配电箱应设在用电设备或负荷相对集中的区域，分配电箱与开关箱的距离不得超过30m，开关箱与其控制的固定式用电设备的水平距离不宜超过 3m。

每台用电设备必须有各自专用的开关箱，严禁用同一个开关箱直接控制 2 台及 2 台以上用电设备（含插座）。

动力配电箱与照明配电箱宜分别设置。当合并设置为同一配电箱时，动力和照明应分路配电；动力开关箱与照明开关箱必须分设。

开关箱必须装设隔离开关、断路器或熔断器，以及漏电保护器。

配电箱的电器安装板上必须分设 N 线端子板和 PE 线端子板。N 线端子板必须与金属电安装板绝缘；PE 线端子板必须与金属电器安装板做电气连接。进出线中的 N 线必须通过 N 线端子板连接；PE 线必须通过 PE 线端子板连接。

配电箱、开关箱应采取防雨、防尘措施，用后应将门加锁，防止他人误操作。

配电箱、开关箱必须按照下列顺序操作：

送电操作顺序为：总配电箱→分配电箱→开关箱；

停电操作顺序为：开关箱→分配电箱→总配电箱。

4. 漏电保护器的使用要求

漏电保护器（漏电保护开关）是一种电气安全装置。将漏电保护器安装在低压电路中，当发生漏电和触电时，且达到保护器所限定的动作电流值时，就立即在限定的时间内动作自动断开电源进行保护。

开关箱内的漏电保护器其额定漏电动作电流应不大于 30mA，额定漏电动作时间应小于 0.1s。开关箱使用于潮湿和有腐蚀介质场所的漏电保护器应采用防溅型产品，其额定漏电动作电流应不大于 15mA，额定漏电动作时间应小于 0.1s。

总配电箱中漏电保护器的额定漏电动作电流应大于 30mA，额定漏电动作时间应大于 0.1s，但其额定漏电动作电流与额定漏电动作时间的乘积不应大于 30mA·s。

2 施工升降机的应用发展及分类

2.1 施工升降机的应用与发展

施工升降机是用吊笼载人、载物沿导轨上下运输的施工机械，它主要应用于高层和超高层建筑施工，也用于仓库、码头、高塔等固定设施的垂直运输，如图 2-1 所示。

图 2-1 施工升降机应用

（a）应用于超高层建筑施工；（b）应用于超高设施施工；（c）应用于桥梁施工

施工升降机是在 20 世纪 70 年代开始应用于建筑施工中。在 20 世纪 70 年代中期研制了 76 型施工升降机，该机采用单驱动机构、五挡涡流调速、圆柱蜗轮减速器、柱销式联轴器和楔块捕捉式限速器，额定提升速度为 36.4m/min，最大额定载荷 1000kg，最大提升高度为 100m，基本上满足了当时高层建筑施工的需要。20世纪80年代,随着我国建筑业的迅速发展,高层建筑的不断增加,对施工升降机的性能提出了更高的要求,在引进消化进口施工升降机的基础上,研制了SCD200/200型的施工升降机。该机采用了双驱动型式,专用电机、平面二次包络蜗轮减速器和锥形摩擦式双向限速器,最大额定载荷2000kg,最大提升高度为150m。该机具有较高的传动效率和先进的防坠安全器,同时也增大了额定载荷重量和提升高度,达到了国外同类产品的技术性能,基本满足了施工需要,成为当时国内使用最多的施工升降机基本机型。进入20世纪90年代,由于超高层建筑的不断出现,施工升降机的运行速度已满足不了施工要求,更高速度的施工升降机也就应运而生,于是液压施工升降机和变频调速施工升降机先后诞生了。其最大提升速度达到了90m/min以上、最大提升高度均达到了400m。但液压施工升降机综合性能低于变频调速施工升降机,所以应用甚少。同期,为了适应特殊建筑物的施工要求,还出现了倾斜式和曲线式施工升降机。

进入21世纪以后,由于SCD型施工升降机事故多发,而新型的SC型施工升降机通过改进传动电机等方式,以及本身具有的顶升安拆方便、制造成本低、安全隐患少、运行平稳等优点,使其逐步取代SCD型施工升降机,成为目前建筑市场上普遍使用的机型。

2.2 施工升降机的型号和分类

2.2.1 施工升降机的型号

每一台施工升降机的吊笼内,都有一块记录该机性能参数的铭牌,从中可获知该机的许多性能参数,如施工升降机的额定载重量、出厂编号、吊笼尺寸、升降机的型号等,其中,施工升降机的型号由组、型、特性、主参数和变型更新等代号组成。型号编制方法如下:

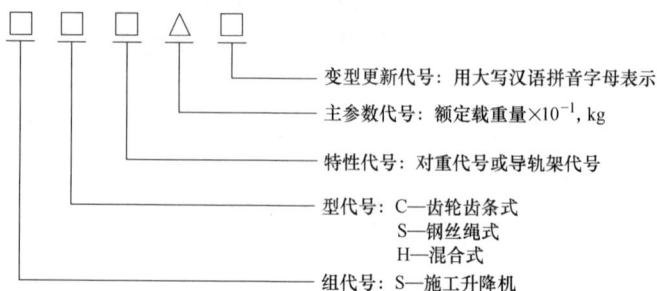

变型更新代号：用大写汉语拼音字母表示

主参数代号：额定载重量×10^{-1}，kg

特性代号：对重代号或导轨架代号

型代号：C—齿轮齿条式
S—钢丝绳式
H—混合式

组代号：S—施工升降机

（1）主参数代号

单吊笼施工升降机标注一个数值。双吊笼施工升降机标注两个数值，用符号"/"分开，每个数值均为一个吊笼的额定载重量代号。对于 SH 型施工升降机，前者为齿轮齿条传动吊笼的额定载重量代号，后者为钢丝绳提升吊笼的额定载重量代号。

（2）特性代号

特性代号是表示施工升降机两个主要特性的符号。

1）对重代号：有对重时标注 D，无对重时省略。

2）导轨架代号

对于 SC 型施工升降机：三角形截面标注 T；矩形或片式截面省略；倾斜式或曲线式导轨架则不论何种截面均标注 Q。

对于 SS 型施工升降机：导轨架为两柱时标注 E，单柱导轨架内包容时标注 B，不包容时省略。

施工升降机各个型号代号举例说明如下：

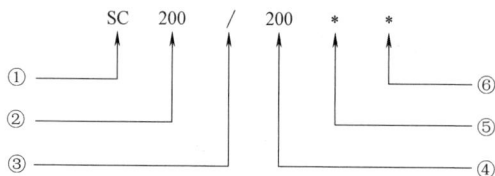

① "S"，组代号，表示施工升降机；"C"，型代号，表示齿轮齿条式（钢丝绳式用 "S" 表示，混合式用 "H" 表示）。

②"200"表示该施工升降机的额定载重量为2000kg。

③"/"和④"200"表示双吊笼升降机，另一吊笼的额定载重量为2000kg。

⑤、⑥是升降机其他性能的说明，国内各企业都有自己的标注方式，通常用以标识升降机的提升速度或者具体运行方式。

另外，如果是有带对重的升降机，在①和②之间加"D"字标识。当导轨架是倾斜式或曲线式时，则在①和②之间加"Q"字标识。

（3）标记示例

SCD200/200J：双吊笼、有驾驶室、有对重，每个吊笼额定载荷为2000kg的齿轮齿条式升降机。

SC100：单吊笼、无驾驶室、无对重，吊笼额定载荷为1000kg的齿轮齿条式升降机。

SCT100：单吊笼、无驾驶室、无对重，标准节截面为三角形，吊笼额定载荷为1000kg的齿轮齿条式升降机。

SCQ150/150：双吊笼、无驾驶室、无对重，每个吊笼额定载荷为1500kg的倾斜式、齿轮齿条式升降机。

SS120：单吊笼、额定载荷为1200kg的钢丝绳式升降机。

SH100/80：一个吊笼额定载荷为1000kg、采用齿轮齿条驱动；另一个吊笼额定载荷为800kg，采用钢丝绳提升的混合式升降机。

2.2.2 施工升降机的分类

施工升降机按其传动形式可分为：齿轮齿条式、钢丝绳式和混合式三种。

1. 齿轮齿条式施工升降机

该施工升降机的传动方式为齿轮齿条式，动力驱动装置均通过平面包络环面蜗杆减速器带动小齿轮转动，再由传动小齿轮和导轨架上的齿条啮合，通过小齿轮的转动带动吊笼升降，每个吊笼上均装有渐进式防坠安全器，如图2-2所示。

齿轮齿条式施工升降机按导轨架结构形式的不同有直立式、倾斜式、曲线式和单塔多笼循环运行式。

（1）直立式施工升降机

目前最常见的直立式施工升降机是采用专用双驱动或三驱动电机作动力，采用双驱动的施工升降机通常带有对重，其导轨架由标准节通过高强度螺栓连接组装而成的直立结构形式，在建筑施工中广泛使用。

（2）倾斜式施工升降机

倾斜式施工升降机是根据特殊形状的建筑物的施工需要而产生的，其吊笼在运行过程中应始终保持垂直状态，导轨架按建筑物需要倾斜安装，吊笼两受力立柱与吊笼框制作成倾斜形式，其倾斜度与导轨架一致。由于吊笼的两立柱、导轨架、齿条与吊笼都有一个倾斜度，故三台驱动装置布置形式呈阶梯状。导轨架轴线与垂直线夹角一般不大于11°。如图2-3所示。

图2-2　齿轮齿条式施工升降机

图2-3　倾斜式施工升降机

倾斜式施工升降机与直立式施工升降机在设计与制造上主要区别是导轨架的倾斜度由底座的形式和附墙架的长短来决定。附墙架设有长度调节装置，以便在安装中调节附墙架的长短，保证导轨架的倾斜度和直线度。

（3）曲线式施工升降机

曲线式施工升降机无对重，导轨架采用矩形截面或片状方式，通过附墙架或直接与建筑物内外壁面进行直线、斜线和曲线架设。该机型主要应用于以电厂冷却塔为代表的曲线外形的建筑物施工中，如图 2-4 所示。

曲线式施工升降机在设计与制作上有以下特点：

1）吊笼采用下固定铰点或中固定铰点，设置有强制式自动调平与手动调平两种制式调平机构，可使吊笼在作多种曲线运行时始终保持垂直。

2）吊笼与驱动装置采用拖式铰接连接，驱动装置采用全浮动机构，使曲线式施工升降机能适应更大的倾角和曲率。

图 2-4　曲线式施工升降机

3）齿轮齿条传动实现小折线近似多种曲线的特殊结构设计，保证传动机构能够平稳可靠地运行。

（4）单塔多笼循环运行式施工升降机

为了既满足日益增长的摩天大厦建设垂直运输的需要，又克服布置多台电梯带来的弊端，同时现有施工电梯轨道利用率很低，参考循环运行的地铁轨道交通，又设计了单塔多笼循环运行施工升降机，如图 2-5 所示。

单塔多笼循环运行施工升降机采用了以下新技术：

1）旋转控制技术

吊笼运行到旋转换轨装置处时，通过旋转电控系统的控制和驱动装置的运行，并依托机械结构即可实现电梯 180° 旋转变换轨道功能。

图 2-5 单塔多笼循环运行施工升降机

2）无电缆分段供电技术

采用滑触线形式替代电缆进行供电，由集电器和母线槽组成，集电器通过可调支架固定在吊笼上，母线槽则固定在导轨架上，当吊笼运行时，通过集成器在母线槽中滑动进行取电。采用分段供电技术，应对运行多台吊笼的需要及线路过长带来电压降的问题。此外，在旋转节这一特殊部位，采用电气滑环装置，可保证施工升降机旋转换轨中的不间断供电。

3）群控调度技术

群控调度系统主要包含地面主监控调度站、每个吊笼上的监控子站和无线网络。吊笼可主动通过无线网络向地面调度站发送其位置、载重、目的楼层等状态信息，地面调度站结合智能楼层呼叫系统发送的楼层呼叫，进行智能运算后，对所有吊笼进行合理调度，实现高效运行。

4）安全运行控制技术

第一道防线：通过群控调度系统实时接收各吊笼的位置等信息，地面控制主站能自动判断各吊笼之间的距离，当距离达到限值时，主动采取减速、制动等措施。

110

第二道防线：设置识别及自动紧急制动装置，当第一道防线失效时，吊笼通过测距仪测距，当距离达到限值后自动报警、切断电源，并自动紧急制动。

第三道防线：在第一、第二道防线均失效的极端情况下，通过在吊笼的顶部和底部均设置智能防碰撞缓冲系统，保证即使相撞，也不会导致脱轨。

吊笼位置作为最重要的数据，采用三编码器实时校对高度信息，利用旋转节处设置标定点，校核及消除累积误差，确保无误。为进一步保证旋转节旋转安全，一方面，当吊笼在进行旋转作业时，通过吊笼上的竖向锁紧装置与旋转节连接为一体，且对吊笼供电进行断电处理，避免吊笼在旋转过程，发生升降误动作。另一方面，当有吊笼在某个旋转节进行旋转动作时，该旋转节上下一定范围进行断电处理。在每个吊笼上设置监视摄像头，让操作司机能观察其上下运行情况，以便提前做出判断和准备。

2. 钢丝绳式施工升降机

钢丝绳式施工升降机是采用钢丝绳提升的施工升降机，可分为人货两用和货用施工升降机两种类型。

（1）人货两用施工升降机

人货两用施工升降机是用于运载人员和货物的施工升降机，它是由提升钢丝绳通过导轨架顶上的导向滑轮，用设置在地面上的曳引机（卷扬机）使吊笼沿导轨架作上下运动的一种施工升降机，如图2-6所示。

该机型每个吊笼设有防坠、限速双重功能的防坠安全装置，当吊笼超速下行或其悬挂装置断裂时，该装置能将吊笼制停并保持静止状态。

（2）货用施工升降机

货用施工升降机是只用于运载货物，禁止运载人员的施工升降机，如图2-7所示。提升钢丝绳通过导轨架顶上的导向滑轮，用设置在地面上的卷扬机（曳引机）使吊笼沿导轨架作上下运动的一种施工升降机。该机设有断绳保护装置，当吊笼提升钢丝绳

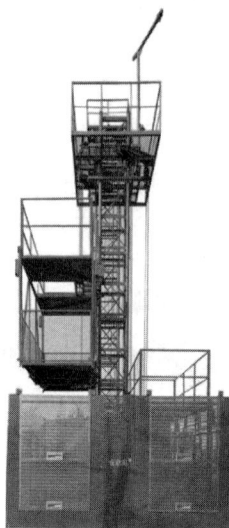

图 2-6　钢丝绳式人货两用施工升降机　　　图 2-7　货用施工升降机

松绳或断裂时，该装置能制停带有额定载重量的吊笼，且不造成结构严重损害。对于额定提升速度大于 0.85m/s 的升降机安装有非瞬时式防坠安全装置。

3. 混合式施工升降机

该机型为一个吊笼采用齿轮齿条传动，另一个吊笼采用钢丝绳提升的施工升降机。目前建筑施工中很少使用。

2.2.3　施工升降机的基本技术参数

（1）施工升降机的主要技术参数

1）额定载重量：工作工况下吊笼允许的最大荷载。常见施工升降机额定载重量为 1000kg、2000kg、2500kg。

2）额定安装载重量：安装工况下吊笼允许的最大载荷。

3）额定提升速度：吊笼装载额定载重量，在额定功率下稳定上升的设计速度。常见施工升降机额定提升速度为 36m/min、48m/min、96m/min。

4）吊笼净空尺寸：吊笼内空间大小（长×宽×高）。

5）最大提升高度：吊笼运行至最高上限位位置时，吊笼底板与基础底架平面间的垂直距离。

6）标准节尺寸：组成导轨架的可以互换的构件的尺寸大小（长×宽×高）。常见施工升降机标准节尺寸为 0.8m×0.8m×1.508m。

7）对重重量：有对重的施工升降机的对重重量。常见施工升降机对重重量为 1000kg。

8）附墙架最大间距：附墙架之间允许的最大距离。常见施工升降机附墙架最大间距为 9m。

9）电机功率：通常为 3×11kW、3×17.5kW。

（2）施工升降机主要技术参数示例

SC 系列施工升降机性能参数表　　表 2-1

型号		SCD200/200	SC100/100	SC200/200V	SC280/280VA
单个吊笼	额定载重量(kg)	2000	1000	2000	2800
	额定安装载重量(kg)	1000	1000	1000	1000
安装吊杆额定起重量(kg)		200		220	
吊笼净空尺寸(m)(长×宽×高)		3.0×1.3×2.55		3.2×1.5×2.5	
最大提升高度(m)		150(非标产品可达 250)		350	250
额定起升速度(m/min)		40		80	60
每个吊笼配电动机	数量(台)	2		3	3
	额定功率(kW)	7.5×2(S_1)或 9.5×2(S_3,Fc-25%)		24×3	
	制动力矩(N·m)	120×2		250×3	
单个吊笼	启动电流(A)(380V、50Hz)	240	240	195	
	额定电流(A)(380V、50Hz)	34	34	156	
	功率(kW)	20	20	105	

型号			SCD200/ 200	SC100/ 100	SC200/ 200V	SC280/ 280VA
防坠 安全器	型号		SAJ4.0-1.2		SAJ50-2.0	SAJ60-2.0
	动作速度(m/s)		0.95		1.73	1.4
标准节规格(m)长×宽×高			0.65×0.65×1.508		0.8×0.8×1.508	
每块对重重量(kg)			1118			
普通型标准节每节重量(双笼带 对重包括对重导轨重量)(kg)			169	151	187	201
每个吊笼重量 (包括传动机构)(kg)			1260	1260	2470	3080

3 施工升降机的组成

施工升降机（图 3-1）是由金属结构（导轨架、附墙架、吊笼、底架、防护围栏和层门等）、传动机构（电动机、涡轮减速

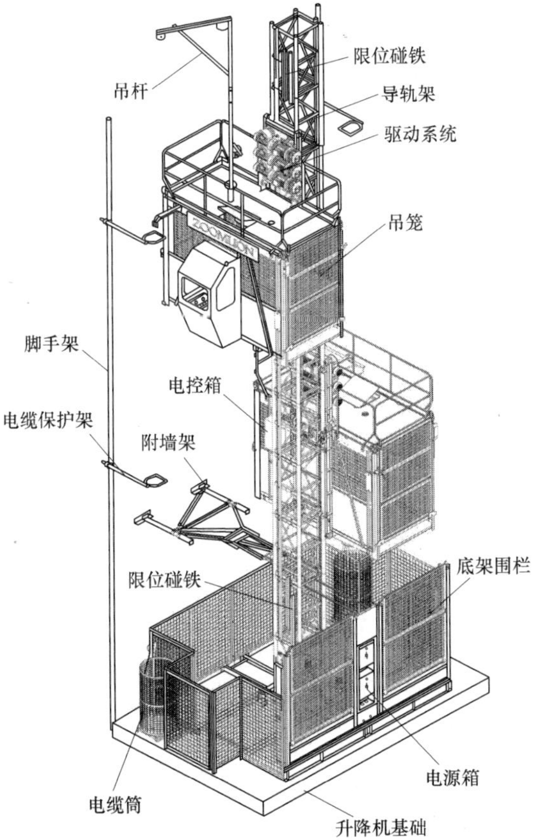

图 3-1 施工升降机的组成

箱、齿轮、齿条、钢丝绳及配重等）、安全装置（防坠安全器、制动器、起重量限制器、限位器、行程开关及缓冲器等）和控制系统（操纵装置、电缆等）四部分组成。

3.1 施工升降机的金属结构

施工升降机的金属结构主要有导轨架、附墙架、吊笼、底架、防护围栏和层门等，如图 3-2 所示。

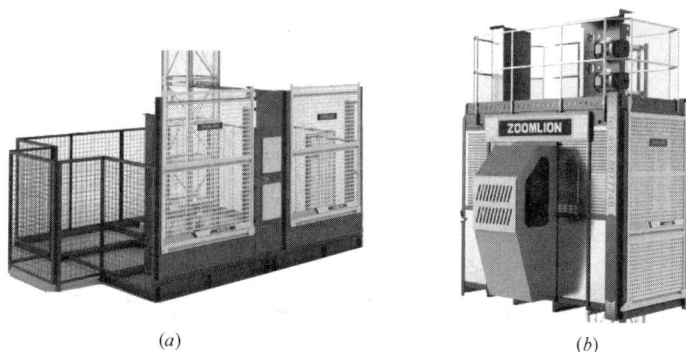

图 3-2　施工升降机金属结构
（a）导轨架，防护围栏；（b）吊笼

3.1.1 导轨架

（1）导轨架的作用

施工升降机的导轨架是用以支承和引导吊笼、对重等装置运行的金属构架，它是施工升降机的主体结构之一，主要作用是支承吊笼、荷载以及平衡重，并对吊笼运行进行垂直导向，因此，导轨架必须垂直并有足够的强度和刚度。

施工升降机的导轨架是由标准节通过高强度螺栓连接组装而成。标准节是组成导轨架的可以互换的构件，因此标准节及其连接均需可靠。

（2）标准节的结构与种类

标准节的截面一般有方形、三角形等，常用的是方形，如图 3-3 所示。

齿轮齿条式施工升降机标准节由立柱管、框架和对重轨道组焊而成，装有一根或两根齿条，标准节高度一般为 1508mm 的方形格构柱架（注：1. 不带对重时，无对重轨道；2. 基础节和顶节不含齿条），并用内六角螺栓把两根符合要求的齿条垂直安装在立柱的左右两侧，作为施工升降机传递力矩用，有对重的施工升降机在立柱前后焊接或组装有对重的导轨，每节标准节上下两端四角立管内侧配有 4 个孔，用来连接上下两节标准节或顶部天轮架。吊笼是通过齿轮齿条啮合传递力矩实现上下运行的，齿轮齿条的啮合精度直接影响到吊笼运行的平稳性及可靠性。为了确保其安装精度，

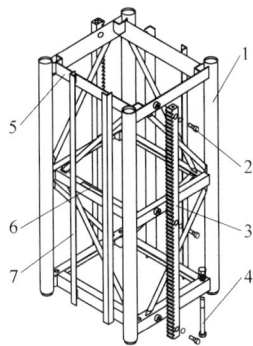

图 3-3 标准节结构示意图
1—标准节立柱管；2—齿条
安装螺栓；3—齿条；
4—标准节连接螺栓；
5—标准节框架；
6 标准节出厂编号；
7—对重轨道

齿条的安装除用高强度螺栓固定外，还在齿条两端配有定位销孔，标准节立管的两端设有定位孔，以确保导轨的平直度。

（3）导轨架与标准节的安装质量要求

1）SC 型施工升降机的导轨架在安装和使用时其轴心线对底座水平基准面的垂直度偏差应符合表 3-1 的规定。

安装垂直度偏差 表 3-1

导轨架架设高度 h (m)	$h \leqslant 70$	$70 < h$ $\leqslant 100$	$100 < h$ $\leqslant 150$	$150 < h$ $\leqslant 200$	$h > 200$
垂直度偏差（mm）	不大于导轨架架设高度的 1/1000	$\leqslant 70$	$\leqslant 90$	$\leqslant 110$	$\leqslant 130$

2）标准节拼接时，相邻标准节的立柱结合面对接应平直，

相互错位形成的阶差应限制在：

① 吊笼导轨不大于 0.8mm；

② 对重导轨不大于 0.5mm。

3）标准节上的齿条连接应牢固，相邻两齿条的对接处，沿齿高方向的阶差不应大于 0.3mm，沿长度方向的齿距偏差不应大于 0.6mm。

4）当立管壁厚减少到出厂厚度的 25％时，标准节应予报废。

5）当一台施工升降机使用的标准节有不同的立管壁厚时，标准节应有标识，因此在安装使用前，把相同类型的标准节堆放归类，并严格按使用说明书或安装手册规定依次加节安装。

6）SS 型施工升降机导轨架轴心线对底座水平基准面的安装垂直度偏差不应大于导轨架高度的 1.5‰。

7）SS 型施工升降机导轨接点截面相互错位形成的阶差不大于 1.5mm。

8）导轨架与标准节及其附件应保持完整完好。

（4）限位挡板

1）限位挡板是触发安全开关的金属构件，一般安装在导轨架上，升降机在运行或安全装置运作而触发安全开关时，应能使升降机停止运行，避免发生安全事故。

2）限位挡板的安装位置要求：

① 限位挡板应完好、安装牢固。

② 当额定提升速度小于 0.8m/s 时，上限位开关挡板安装位置应距导轨架顶部安全距离不小于 1.8m。

③ 当额定提升速度大于或等于 0.8m/s 时，上限位开关挡板安装位置距导轨架顶部安全距离应满足式（3-1）的计算值。

$$L = 1.8 + 0.1v^2 \qquad (3-1)$$

式中　L——上部安全距离（m）；

　　　v——提升速度（m/s）。

④ 下限位开关挡板的安装位置应保证吊笼以额定载重量下

降时，触板触发该开关使吊笼制停，此时触板离下极限开关还应有一定行程。

⑤ 在正常工作状态下，上极限开关挡板的安装位置应保证上极限与上限位之间的越程距离为：

SS 型施工升降机：0.5m；

SC 型施工升降机：0.15m。

⑥ 在正常工作状态下，下极限开关挡板的安装位置，应保证吊笼碰到缓冲器之前，下极限开关应首先动作。

3.1.2 附墙架

（1）附墙架的作用

附墙架是按一定间距连接导轨架与建筑物或其他固定结构，用以支撑导轨架的构件。当导轨架高度超过最大独立高度时施工升降机应架设附着装置。

（2）附墙架的种类

附墙架一般可分为直接附墙架和间接附墙架。直接附墙时，附墙架的一端用 U 形螺栓和标准节的框架连接，另一端和建筑物连接以保持其稳定性，如图 3-4 所示。间接附墙时，附墙架的一端用 U 形螺栓和标准节的框架连接，另一端两个扣环扣在两

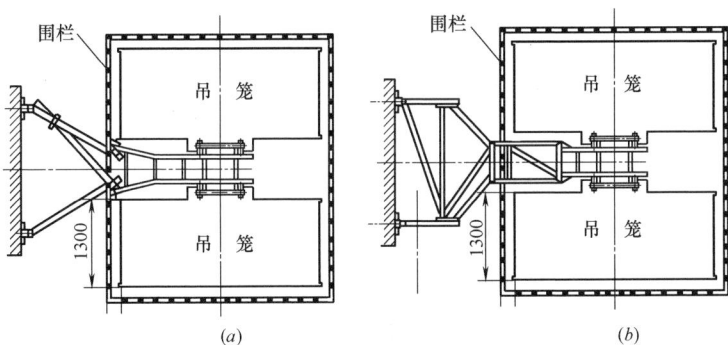

图 3-4　直接附墙架示意图

根导柱管上，同时用过桥连杆把四根过道竖杆（立管）连接起来，在过桥连杆和建筑物之间用斜支撑等连接成一体。通过调节附墙架可以调整导轨架的垂直度，如图 3-5 所示。

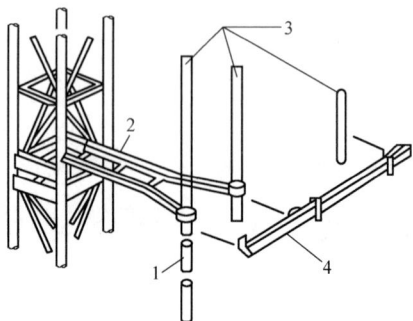

图 3-5 间接附墙架示意图

1—立杆接头；2—短前支撑；3—过道竖杆（立管）；4—过桥连杆

（3）附墙架与建筑物的连接方法

根据建筑物条件、相对位置，决定附墙架与建筑物的连接方法，连接件与墙的连接方式，如图 3-6 所示。附墙架连接不得使用膨胀螺栓。

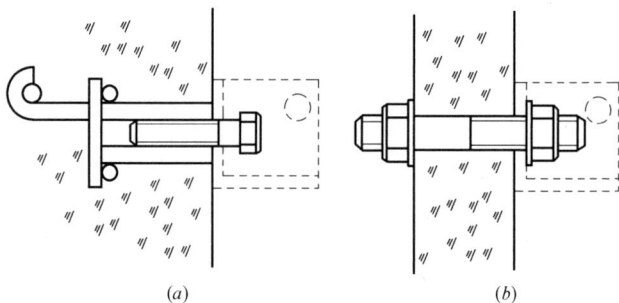

图 3-6 附墙架与建筑物的连接方法

（a）预埋式；（b）穿墙式

（4）附墙架的安装质量要求

1）导轨架的高度超过最大独立高度时，应设置附墙装置。

附墙架的附着间隔应符合使用说明书要求。施工升降机运动部件与除登机平台以外的建筑物和固定施工设备之间的距离不应小于 0.2m。

2）附墙架的结构与零部件应完整和完好。

3）调节附墙架的丝杆或调节孔，使导轨架的垂直度符合标准。

4）附墙架应保持水平位置，由于建筑物条件影响，其最大水平倾角应控制在不大于 8°以内。

5）连接螺栓为不低于 8.8 级的高强度螺栓，其紧固件的表面不得有锈斑、碰撞凹坑和裂纹等缺陷。

3.1.3 吊笼

吊笼是施工升降机用来运载人员或货物的笼形部件，以及用来运载物料的带有侧护栏的平台或斗状容器的总称。一般是用型钢、钢板和钢板网等焊接而成。前后有进出口和门，一侧装有驾驶室，主要操作开关均设置在驾驶室内。吊笼上安装了导向滚轮沿导轨架运行。

（1）吊笼的构造

施工升降机的吊笼一般由型钢组成矩形框架，四周封有钢丝网片或金属板，底部铺设木板或钢板，如图 3-7 所示。吊笼外形一般为长 3m、宽 1.5m、高 2.6m，一端是一扇配有平衡重块的单行门，并能自己平衡定位；而另一端是一扇卸料用的双行门，载人吊笼门框的净高度至少为 2.0m，净宽度至少为 0.6m。门应能完全遮蔽开口。

吊笼门装有机械锁钩，保证在运行时不会自动打开，同时还设有电气安全开关，当门未完全关闭时能有效切断控制回路电源，使吊笼停止或无法启动。

在吊笼的顶部设有紧急逃离出口，出口的面积不小于 0.4m×0.6m，紧急逃离出口上装有向外开启的天窗盖，抵达天窗的梯子应始终置于吊笼内。紧急逃离门上还装有电气安全开关联锁，当门未锁紧时吊笼应停止或无法启动。

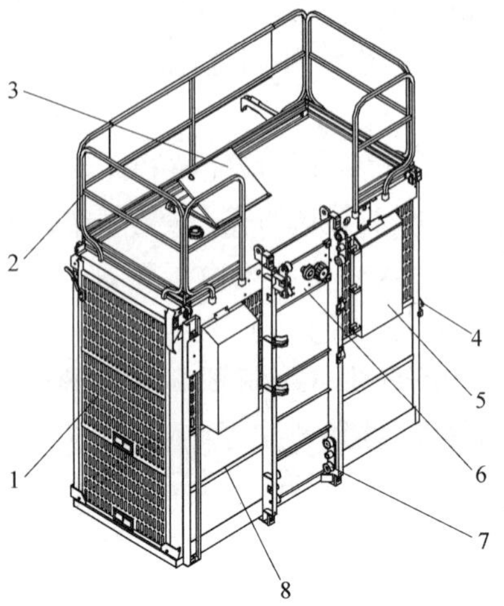

图 3-7　吊笼示意图

1—单开门；2—笼顶栏杆；3—笼顶翻板门；4—双开门；

5—电控箱；6—安全板；7—导向滚轮；8—笼体

载人的吊笼应封顶，笼内净高度不应小于 2m。吊笼顶部设有天窗和作为安装、拆卸、维修的平台及防护围栏，护栏的上扶手应不低于 1.1m，中间增设横杆，踢脚板高度不小于 150mm，护栏与顶板边缘的距离不应大于 200mm。

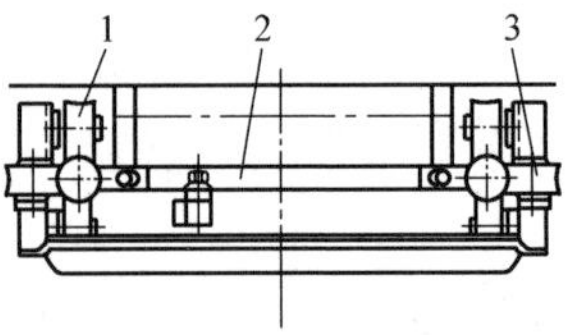

图 3-8　滚轮装置

1—正压轮；2—导轨架；3—侧滚轮

为保证吊笼在导轨架上顺畅上下运行，吊笼上装有两组滚轮装置，并通过滚轮装置套合在导轨架上，如图 3-8 所示。在吊笼的两根主立柱上还安装了两对防止吊笼倾翻的安全钩。

（2）吊笼的安全技术要求

1）吊笼应有足够刚性的导向装置，以防止脱落和卡住。

2）吊笼上最高一对安全钩应处于最低驱动齿轮之下。

3）吊笼上的安全装置和各类保护措施，不仅在正常工作时起作用，在安装、拆卸、维护时也应起作用。

4）吊笼的司机室应有良好的视野和足够的空间。

5）吊笼底板应能防滑、排水，在 0.1m×0.1m 区域内能承受静载 1.5kN 或额定载重量的 25%（取两者中的较大值，但不大于 3kN）而无永久变形。

6）吊笼门应装机械锁钩，以保证运行时不会自动打开。

7）应有防止吊笼驶出导轨的措施。

8）吊笼门应设有电气安全开关。当门未完全关闭时，该开关应有效切断控制回路电源，使吊笼停止或无法启动。

3.1.4　底架、防护围栏与层门

（1）底架

底架是安装施工升降机导轨架及围栏等构件的机架，如图 3-9所示。底架应能承受施工升降机作用在其上的所有荷载，并能有效地将荷载传递到其支承件基础表面。

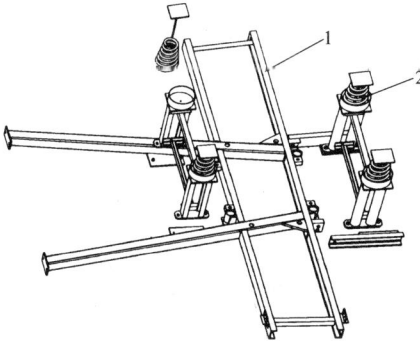

图 3-9　底架
1—底盘；2—缓冲装置

（2）地面防护围栏

1）地面防护围栏的作用

施工升降机的地面防护围栏是地面上包围吊笼的防护围栏，其主要是防止吊笼离开基础平台后，人或物进入基础平台。

2）地面防护围栏构造

防护围栏主要有围栏门框、接长墙板、侧墙板、后墙板和围栏门等组成，墙板的底部固定在基础埋件或连接在基础底架上，前后墙板由可调螺杆与导轨架连接，可调整门框和墙板垂直度。围栏门框上还装有围栏门的对重和对重装置，以及围栏门的机电联锁装置。

3）地面防护围栏的要求

① 施工升降机的地面防护围栏设置高度应不低于 2m，并应围成一周，围栏登机门的开启高度不应低于 2m。

② 对重应置于地面防护围栏之内。

③ SS 型货用施工升降机地面防护围栏的设置高度应不小于 1.5m，围栏登机门的开启高度也不应低于 1.8m。

④ 围栏登机门应具有电气安全开关和机械锁，只有在围栏登机门关好后施工升降机才能启动；吊笼位于底部规定位置时，围栏登机门才能开启。

⑤ 防护围栏的结构和零部件应保持完整和完好。

（3）层门

1）层门的作用与种类

在楼层的卸料平台上应设置层门，如图 3-10 所示，对卸料通道起安全保护作用。层门应用型钢做框架，封上钢丝网，并设有牢固可靠的锁紧装置，层门的开、关过程应由吊笼内乘员操

图 3-10　层门

作，不得受吊笼运动的直接控制。

2）层门的安装要求

① 层门的净宽度与吊笼进出口宽度之差不得大于 120mm，层门的底部与卸料平台的距离不应大于 50mm，层门不能凸出到吊笼的升降通道上。

② 正常工况下，关闭的吊笼门与层门间的水平距离不应大于 150mm。

③ 装载或卸载时，吊笼门与卸料平台边缘的水平距离不应大于 50mm。

④ 全高度层门打开后的净高度不应小于 2.0m。在特殊情况下，净高度不应小于 1.8m。

⑤ 高度降低的层门的高度不应小于 1.1m。层门与正常工作的吊笼运动部件的安全距离不应小于 0.85m，如果额定提升速度不大于 0.7m/s 时，安全距离可为 0.50m。

⑥ 高度降低的层门两侧应设置高度不小于 1.1m 的护栏，护栏的中间应设横杆，踢脚板高度不少于 150mm。吊笼与侧面护栏的间距不应小于 150mm。

3）层门的安全技术要求

① 施工升降机的每一个登机处应设置层门。

② 层门不得向吊笼通道开启，封闭式层门上应设有视窗。

③ 水平或垂直滑动的层门应有导向装置，其运动应有挡块限位。

④ 人货两用施工升降机机械传动层门的开、关过程应由笼内乘员操作，不得受吊笼运动的直接控制。

⑤ 层门应与吊笼的电气或机械联锁，当吊笼底板离某一卸料平台的垂直距离在 ±0.25m 以内时，该平台的层门方可打开。

⑥ 层门锁止装置应安装牢固，紧固件应有防松装置，所有锁止元件的嵌入深度不应少于 7mm。

⑦ 层门的结构和所有零部件都应完整完好，安装牢固可靠，活动部件灵活。层门的强度应符合相关标准。

3.1.5 对重系统

（1）天轮架

带对重的施工升降机因连接吊笼与对重的钢丝绳需要经过一个定滑轮而工作，故需要设置天轮架。天轮架一般有固定式和开启式两种。图3-11所示为SCD型施工升降机天轮架。

| (a) | (b) |

图3-11 天轮架
（a）固定式；（b）开启式

1）固定式天轮架

固定式天轮架是用型钢加工的滑轮架，两个滑轮固定在滑轮架上部，滑轮上有防脱绳装置。使用时架设在导轨架的顶部，施工升降机在安装或升节时要整体吊装或取下。其特点是套架结构加工简单，缺点是操作复杂。

2）开启式天轮架

开启式天轮架是把滑轮架的一端铰接在导轨架顶部的连系梁上，另一端为可开启的形式。当导轨架需要升降节时，天轮架在两个吊笼的支撑下打开连系梁，把标准节直接吊入天轮架内或吊下来，不需要把天轮架取下。其特点是套架结构加工比较复杂，但操作方便。

（2）对重

对重是对吊笼起平衡作用的重物。施工升降机的对重一般为长方形铸件或钢材制作成箱形结构，在两端安装有导向滚轮和防脱轨装置，上端有绳耳与钢丝绳连接。通过钢丝绳的牵引，在导轨架的对重导轨内上下运行。

（3）对重钢丝绳

SC 型人货两用施工升降机悬挂对重的钢丝绳不得少于两根，且相互独立。每绳的安全系数不应小于 6，直径不应小于 9mm。SC 型货用施工升降机悬挂对重的钢丝绳为单绳时，安全系数不应小于 8。

（4）对重系统安全技术要求

1）当吊笼底部碰到缓冲弹簧时，对重上端离开天轮架的下端应有 500mm 的安全距离。

2）当吊笼上升到施工升降机上部碰到上限位后，吊笼停止运行时，吊笼的顶部与天轮架的下端应有 1.8m 的安全距离。

3）天轮架滑轮的名义直径与钢丝绳直径之比不应小于 30。

4）滑轮应有防止钢丝绳脱槽装置，该装置与滑轮外缘的间隙不应大于钢丝绳直径的 20％，且不大于 3mm。

5）钢丝绳绳头应采用可靠的连接方式，绳接头的强度不低于钢丝绳强度的 80％。

6）天轮架的结构和零部件应保持完整和完好。

7）吊笼不能作为对重。

8）对重两端的滑靴、导向滚轮和防脱轨保护装置应保持完整和完好。

9）若对重使用填充物，应采取措施防止其窜动。

10）对重应根据有关规定的要求涂成警告色。

11）对重和钢丝绳的连接应符合规定。

12）当悬挂使用两根或两根以上相互独立的钢丝绳时，应设置自动平衡钢丝绳张力装置。当单根钢丝绳过分拉长或破坏时，电气安全装置应停止吊笼的运行。

13）为防止钢丝绳被腐蚀，应采用镀锌或涂抹适当的保护化合物。

14）钢丝绳应尽量避免反向弯曲的结构布置。需要储存预留钢丝绳时，所用接头或附件不应对以后投入使用的钢丝绳截面产生损伤。

15）多余钢丝绳应卷绕在卷筒上，其弯曲直径不应小于钢丝绳直径的 15 倍。

16）当过多的剩余钢丝绳储存在吊笼顶上时，应有限制吊笼超载的措施。

3.1.6 电缆导向装置

电缆导向装置是施工升降机的可选配件，使用单位会根据现场环境（如导轨架安装高度）来选择合适的电缆导向装置。由于电缆是柔性体，电缆导向装置在设计时已尽量使电缆在多种极端情况下避免与施工升降机上其他部件发生碰撞、挂扯，但在日常工作中，仍要经常留意和检查它的运行情况。

电缆导向装置目前常见的有四种形式：电缆导向架与储桶式、电缆小车式、电缆滑车式、滑触线式。

1. 电缆导向架与储桶式

电缆筒是圆筒状（电缆筒的大小和高度由安装高度和使用的电缆规格决定），电缆下端一头直接由外线接入，上端一头固定在托架上，整体卷放在筒内，当升降机向上运行时，吊笼带动电缆从电缆储筒内释放出来；当施工升降机向下运行时，电缆在自身圈绕惯性及重力的作用下自动卷入筒内，防止电缆与附近的设施或设备缠绕而发生危险。电缆筒固定在外笼底盘上。电缆筒的形式如图 3-12 所示，它的结构简单，成本低廉，易受到导轨架安装高度和升降机运行速度的限制，且环境风力对它的影响因素较大。电缆导向架是用以防止随行电缆缠挂并引导其准确进入电缆储筒的装置，在吊笼上下运行时，保护随行电缆不偏离电缆通道，电缆导向架的设置一般原则为：在电缆储筒口上方 1.5m 处安装第一道导向架，第二道导向架安装在第一道上方 3m 处，第三道导向架安装在第二道上方 4.5m 处，第四道导向架安装在第三道上方 6m 处，以后每道安装间隔为 6m。
电缆导向架的安全技术要求：

1）防止电缆导向装置与吊笼、对重碰擦。

2）应按规定安装电缆导向架，不准增大靠近电缆储筒口的安装距离，或减少甚至取消电缆导向架。

3）及时更换绝缘层老化、腐朽或破损的电缆。

使用电缆筒的不足之处：

（1）当整机安装高度过高时，电缆本身重量太大，容易拉断，一般要求安装高度不超过 100m。

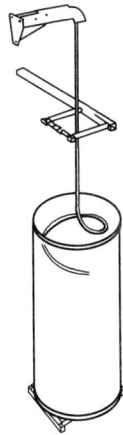

图 3-12 电缆导向架与储桶式

（2）当吊笼运行速度太快时，电缆无法顺畅回收到筒内。

（3）当环境风力较大时，电缆晃动幅度也较大，可能会使电缆无法回收到筒内。

2. 电缆小车

当施工升降机架设超过一定高度时（一般在 100～150m 时），受电缆的机械强度限制，采用电缆小车系统，电缆小车是目前使用最广泛的一种电缆导向装置。电缆小车可以安装在导轨架吊笼下方，也可以安装在导轨架吊笼对面，工作形式属于动滑轮机制，小车也是通过若干个滚轮锁定在导轨架内上下运行。如图 3-13 所示，电缆小车主要由滚轮、框架和大滑轮组成。当升降机向上运行时，电缆带着电缆小车向上运行；升降机向下运行时，电缆小车带着电缆跟着向下运行。不管是向上还是向下，电缆都处于一种拉紧状态。电缆的走线方向是从外笼电源箱接入，先经导轨架内侧中心向上延伸，经导轨架高度中部左右的位置，再通过挑线架向外侧伸出，然后垂直向下绕过电缆小车的大滑轮再向上，最后通过托线架引入吊笼内电控箱。

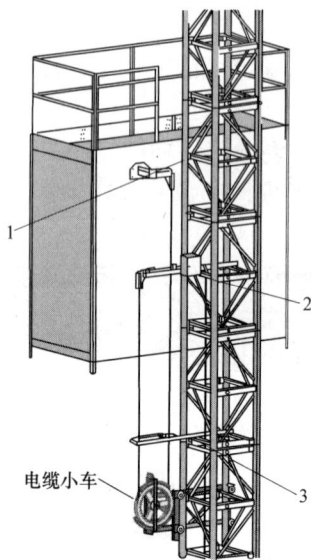

图 3-13　电缆小车
1—托线架；2—挑线架；3—电缆保护架

电缆小车自身没有动力，需要依靠电缆作为牵引拉动。当吊笼处于地面层时，小车紧跟着吊笼之下；当吊笼上升至中间高度时，小车大约处于四分之一高度；当吊笼升至最高时，小车则上升到中间高度。电缆小车的运动速度正好是吊笼速度的一半。

电缆小车有两个主要缺点：

（1）牵引时受力点与小车重心不一致，运动时受力总是偏重于大滑轮侧。如果太多沙尘和油泥沾在导轨架上或小车滚轮与导轨架间隙又太小的话，则小车在运行时可能会发生卡阻，造成电缆被拉断。

（2）要求对应的外笼门槛高度相对较高，一般在 0.45～1.5m 之间。导致安装前做基础时，需要挖出深坑或搭建一个很陡的斜坡平台。

3. 电缆滑车

电缆滑车的结构更复杂，成本也较高，电缆滑车装置包括电缆固定架、电缆撑杆、电缆导向架、电缆滑车导轨、电缆滑车等，升降机动力电缆由滑车拉直，靠 U 形电缆导向器导向，电缆从地面到导轨架中部牢固地固定在导轨架上，电缆滑车在导轨上滑行。

如图 3-14 所示。因为电缆滑车的滑车架是在自己的专用导轨上运行，比起电缆小车借用导轨架造成不平衡的工作方式而言，不容易发生卡阻问题。适用于环境比较恶劣等特殊要求的场合。

电缆滑车

图 3-14　电缆滑车

4. 电缆滑触线

滑触线供电系统主要用于中高速梯及超高层建筑，具有安装检修方便、使用寿命长、可供多台设备同时使用、可增加供电点等优点。滑触线槽采用优质绝缘材料，不受风雨等恶劣天气影响，安全可靠，经济实用。可随施工升降机标准节的高度随意加节，解决了原电缆使用寿命短、易被偷盗等问题。同时该产品附加值高，可以实现哪里坏了换哪里，彻底改变了施工电缆线因局部破损而更换整条电缆线的弊端，节约成本。电缆滑触线的结构最复杂，如图 3-15 所示，主要由带电绝缘导轨，导电接触头和

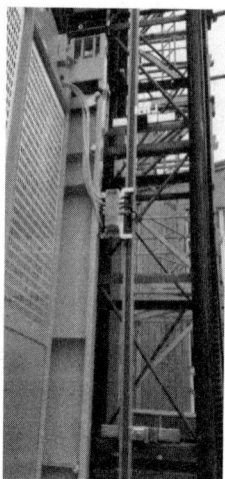

图 3-15　电缆滑触线

导轨支撑组成。带电绝缘导轨固定支撑在导轨架侧面，安装至导轨架相同高度，带电绝缘导轨下端与接入电缆接连。导电接触头固定在吊笼上，在吊笼上下运行过程中始终与带电绝缘导轨接触。其安装的直线度和对接方面的要求较高，成本也比较高。但是它不受电缆长度重量的影响，并且导电接触头与带电绝缘导轨之间的导电面积可以做得比较大，压降比较小，所以安装高度可以相对较高。因为不需要负担电缆重量，因此吊笼负载能力比前三种电缆形式都好。

滑触线的维修保养注意事项：

（1）每三个月检查滑触线集电器的电刷磨损情况，当电刷伸出碳刷盒的距离小于 11mm 时严禁使用该集电器，必须立即更换集电器。

（2）检查滑触线及铝排接头，有无锈蚀与松动；各固定件、集电器导向器螺母是否松动。

（3）检查滑触线是否弯曲变形，顶盖是否盖严，防水条扣件是否掉落。

（4）每月清理滑触线内腔灰尘及底部进线滑触线线槽内的垃圾，环境比较恶劣的地方，如井道内必须用塑料刷和空压机吹气等方法进行定期清理，清理时不可用力过大，以防损坏滑触线。

（5）检查集电器导向轮磨损情况，导向轮能确保电刷在滑触线上下左右的正确位置，导向轮磨损过度，也会造成电刷磨损甚至滑触线损坏。

除了电缆滑触线形式外，其他三种形式的电缆导向装置均要在导轨架的垂直方向上每隔 6m 左右安装一个电缆保护架，这是为了保护电缆而设置的，如图 3-12 所示。电缆保护架的作用是在风力影响下及吊笼上下运行时保护电缆，防止电缆与附近的设施或设备缠绕而发生危险。

电缆导向装置的安全技术要求：

（1）防止电缆导向装置与吊笼、对重碰擦。

（2）应按规定安装电缆导向架，不准增大靠近电缆储筒口的安装距离，或减少甚至取消电缆导向架。

（3）及时更换绝缘层老化、腐朽或破损的电缆。

3.1.7　吊杆

并不是每一个施工现场都有其他起重设备可以用来帮助安装或拆卸施工升降机标准节等部件。特别是当施工升降机安装在电梯井这类封闭空间时，要求施工升降机本身必须具有自行安装功能，所以每台施工升降机都会自带一套小型的起重设备即吊杆。

吊杆是一个可拆卸的配件。在安装或拆卸施工升降机时把吊杆安装在吊笼顶上，专门用来起吊标准节或附墙架等部件，起重能力一般不大于250kg。吊杆不允许作其他用途。常用吊杆分为手动吊杆和电动吊杆。

对于手动吊杆，物件的起吊和放下都需要操作人员通过摇杆人力完成。凡是人力吊杆都有制动功能，即起吊重物时往一个方向摇杆，反方向是制动的；但当下放重物时，可以转换方向摇杆且有限速制动。

3.2　施工升降机的基础

施工升降机在工作或非工作状态均应具有承受各种规定载荷而不倾翻的稳定性，而施工升降机设置在基础上，因此基础应能承受最不利工作或非工作条件下的全部载荷。

3.2.1　基础的形式和构筑

（1）基础形式

基础一般分为三种形式，如图 3-16 所示。

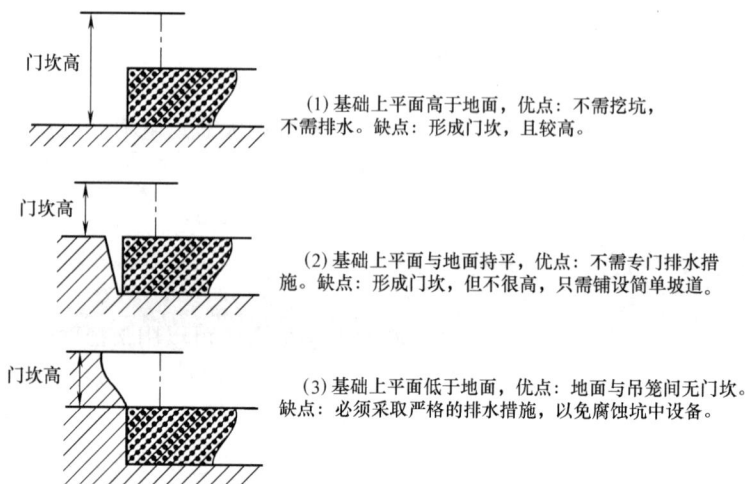

(1) 基础上平面高于地面，优点：不需挖坑，不需排水。缺点：形成门坎，且较高。

(2) 基础上平面与地面持平，优点：不需专门排水措施。缺点：形成门坎，但不很高，只需铺设简单坡道。

(3) 基础上平面低于地面，优点：地面与吊笼间无门坎。缺点：必须采取严格的排水措施，以免腐蚀坑中设备。

图 3-16　施工升降机基础形式示意图

① 基础上平面高于地面，优点：不需挖坑，不需排水。缺点：形成门坎，且较高。

② 基础上平面与地面持平，优点：不需专门排水措施。缺点：形成门坎，但不很高，只需铺设简单坡道。

③ 基础上平面低于地面，优点：地面与吊笼间无门坎。缺点：必须采取严格的排水措施，以免腐蚀坑中设备。

④ 基础立于楼顶板上：需进行承重能力验算，并在楼顶板下方做支撑。

（2）基础的构筑

施工升降机的基础设置有两种类别，如图 3-17 所示。基础的构筑应根据使用说明书或工程施工要求进行选择或重新设计。基础一般由钢筋混凝土浇筑而成，厚度为 350mm，内设双层钢筋网。钢筋网由中 $\phi10 \sim \phi12$ 钢筋间隔 250mm 组成，钢筋等级选用 HRB335；混凝土强度等级不低于 C30。

基础下土壤的承载力一般应大于 0.15MPa。混凝土基础表面的

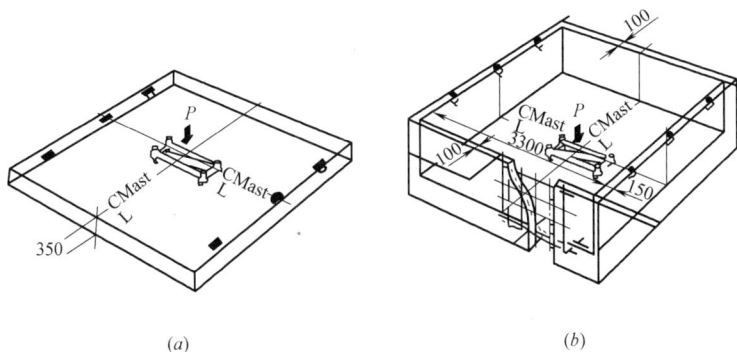

图 3-17 施工升降机的基础设置的类别

(a) 一般双笼基础；(b) 带电缆小车基础

不平度应控制在±5mm 之内。混凝土基础在构筑过程中，如果混凝土基础不是采用预留孔二次浇捣的，则应在基础内预埋底脚架和预埋螺栓，底脚架预理时应把底脚架的螺钩绑扎在基础钢筋上，底脚架四个螺栓应在一个平面内，误差应控制在 1mm 之内，安装时按规定力矩拧紧，预埋件之间的中心距误差应控制在 5mm 之内。

3.2.2 基础的安全要求

(1) 基础四周应设置排水设施。

(2) 基础四周 5m 之内不准开挖深沟。

(3) 30m 范围内不得进行对基础有较大振动的施工。

(4) 制作基础时必须同时埋好接地装置。

(5) 基础预埋件必须牢固地固定在基础加强钢筋上。

3.3 施工升降机的传动机构

3.3.1 齿轮齿条式施工升降机的传动机构

(1) 构造及工作原理

齿轮齿条式传动示意图如图 3-18 所示，导轨架上固定的齿条和吊笼上的传动齿轮啮合在一起，传动机构通过电动机、减速器和传动齿轮转动使吊笼作上升、下降运动。

图 3-18　齿轮齿条式传动示意图

齿轮齿条式施工升降机的传动机构一般有外挂式和内置式二种，按传动机构的配制数量有二驱动和三驱动之分，如图 3-19 所示。

图 3-19　传动机构的配置形式

为保证传动方式的安全有效，首先应保证传动齿轮和齿条的啮合。因此，在齿条的背面设置二套背轮，通过调节背轮使传动齿轮和齿条的啮合间隙符合要求。另外，在齿条的背面还设置了二个限位挡块，确保在紧急情况下传动齿轮不会脱离齿条。

（2）电动机

施工升降机传动机构使用的电动机绝大多数使用 YZEJ-A132M-4 起重用盘式制动三相异步电动机。该电动机是在引进消化国外同类产品基础上研制生产的新颖电动机，尾部有直流制动装置，制动部位的电磁铁随制动片（制动盘）的磨损能自动补偿，无需人为调整制动间隙。尤其是制动装置由块式制动片改成整体式盘状制动片后，降低了电动机的噪声和振动，具有启动、制动平缓、冲击力小。

1）电动机工作条件

① 环境温度不超过 40℃；

② 海拔不超过 1000m；

③ 环境空气相对湿度不超过 85％。

2）电动机主要技术参数见表 3-2。

电动机主要技术参数　　　　　　　表 3-2

型号	额定电压（V）	额定频率（Hz）	负载持续率（％）	额定功率（kW）	额定转速（r/min）	额定电流（A）	制动器电压（V）	制动力矩（N·m）
YZEJ-A 132M-4	380	50	连续	8.5	1410	19	196	120
			40	11	1390	23		
YZEJ-A 132M-4	380	50	40	16.5	1410	37	196	120
				18.5	1396	41		

（3）电磁制动器

1）构造

制动部分是由保持制动电磁铁与衔铁间恒定间隙的具有自动跟踪调整功能的直流盘形制动器，如图 3-20 所示。

2）工作原理

当电动机未接通电源时，由于主弹簧 7 通过衔铁 5 压紧制动

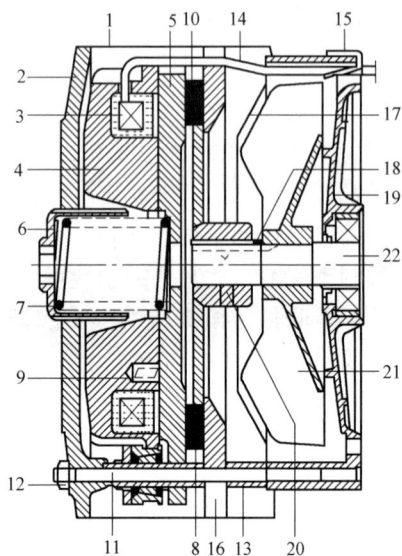

图 3-20   电磁制动器结构示意图

1—防护罩；2—端架；3—磁铁线圈；4—磁铁架；5—衔铁；6—调整轴套；
7—制动器弹簧；8—可转制动盘；9—压缩弹簧；10—制动垫片；11—螺栓；
12—螺母；13—垫圈；14—线圈电缆；15—电缆夹子；16—固定制动盘；17—风扇罩；
18—键；19—电动机后端罩；20—紧定螺钉；21—电动风扇；22—电动机主轴

盘 8，带动制动垫片（制动块）10 与固定制动盘 17 的作用，电动机处于制动状态。当电机通电时，磁铁线圈 3 产生磁场，通过电磁块 4，衔铁 5 逐步吸合，制动盘 8 带制动块 10 渐渐摆脱制动状态，电动机逐步启动运转。电动机断电时，由于电磁铁磁场释放的制约作用，衔铁通过主辅弹簧的作用逐步增加对制动块的压力，使制动力矩逐步增大，达到电动机平缓制动的效果，减少升降机的冲击振动。当制动盘与制动块磨损到一定程度时，必须更换，如图 3-21 所示。

3）紧急下降操作

施工升降机如果出现失去动力或控制失效，在无法重新启动

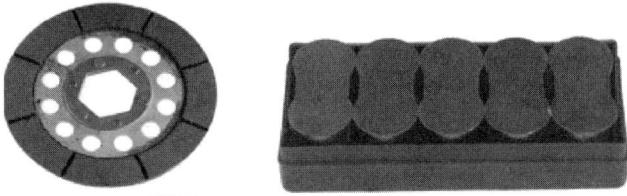

图 3-21　制动盘与制动块

时，可进行手动紧急下降操作，如图 3-22 所示，使吊笼下滑到下一停靠点，使乘员和司机安全离开吊笼。

图 3-22　手动紧急下降操作

手动下降操作时，将电动机尾部制动电磁铁手动释放拉手（环）缓缓向外拉出，使吊笼慢慢地下降。吊笼下降时，不能超过安全器的标定动作速度，否则，会引起安全器动作。吊笼的最大紧急下降速度不应超过 0.63m/s。每下降 20m 距离后，应停止 1min，让制动器冷却后再行下降，防止因过热而损坏制动器。手动下降必须由专业人员进行操纵。

4）电动机的电气制动

电动机的电气制动可分为反接制动、能耗制动和再生制动。对于反接制动、能耗制动，在一般的电工基础知识中已作介绍，现着重针对与变频调速与制动有关的再生制动作介绍。

再生制动的原理是由于外力的作用（如起重机在下放重物

时），电动机的转速 n 超过同步转速 n_1，电动机处于发电状态，电动机定子中的电流方向反了，电动机转子导体的受力方向也反了，驱动转矩变为制动转矩，即电动机将机械能转化为电能，向电网反馈输电，故称为再生制动（发电制动）。这种制动只有当 $n > n_1$ 时才能实现。

再生制动的特点不是把转速下降到零，而是使转速受到限制，因此，不仅不需要任何设备装置，还能向电网输电，经济性较好。

（4）电动机与电磁制动器的安装要求

1）安装前制动器应单独通电，先将电压降至 150V，检查吸合和释放是否正常，有无卡住和异常响声，四角吸合和释放是否一致。吸合后用塞尺检查衔铁与制动块间的间隙，一般在 $0.5 \sim 0.7$mm。

2）电动机与减速器安装时，必须保证减速器和联轴器的安装形式、尺寸符合装配要求：

① 二轴必须在同一轴线上。

② 减速器联轴器和电动机联轴器相对端面间隙为 $3 \sim 5$mm 间距。

③ 联轴器与电动机安装时，严禁敲击过猛，防止损坏电动机后端盖。

（5）电动机与制动器的安全技术要求

1）启用新电动机或长期不用的电动机时，需要用 500V 兆欧表测量电动机绕组间的绝缘电阻，其绝缘电阻不低于 0.5MΩ，否则，应做干燥处理后方可使用。

2）电动机在额定电压偏差 $\pm 5\%$ 的情况下，直流制动器在直流电压偏差 $\pm 15\%$ 的情况下，仍然能保证电动机和直流制动器正常运转和工作。当电压偏差大于额定电压 $\pm 10\%$ 时，应停止使用。

3）施工升降机不得在正常运行中突然进行反向运行。

4）在使用中，当发现振动、过热、焦味、异常响声等反常现象时，应立即切断电源，排除故障后才能使用。

5）当制动器的制动盘摩擦材料单面厚度磨损到接近 1mm 时，必须更换制动盘。

6）电动机在额定载荷运行时，制动力矩太大或太小，应进行调整。

（6）蜗轮减速器

1）减速器的组成

减速器主要由蜗杆、蜗轮以及箱壳、输出轴、轴承、密封件等零件组成。蜗杆一般用合金钢制成，蜗轮一般由铜合金制成，如图 3-23 所示。

蜗轮副的失效形式主要是胶合，所以在使用中蜗轮减速箱内要按规定保持一定量的油液，要防止缺油和发热。

2）减速箱的润滑

新出厂的蜗轮减速器应防止减速器漏油，运行一定时间后，按说明书要求更换润滑油。减速器的油液，一般使用 N320 蜗轮油，其运动黏度范围 40℃时为 288～352，或按说明书要求使用规定的油液，不得随意使用齿轮油或其他油液。

图 3-23　涡轮减速器

使用中，减速器的油液温升不得超过 60℃，否则，会造成油液的黏度急剧下降，使减速器产生漏油和蜗轮、蜗杆啮合时不能很好地形成油膜，造成胶合，长时间会使蜗轮副失效。

（7）齿轮与齿条

提升齿轮副是 SC 型施工升降机的主要传动机构。齿轮安装在蜗轮减速器的输出端轴上，齿条则安装在导轨架的标准节上。其安装使用要求是：

1）标准节上的齿条应连接牢固，相邻标准节的两齿条在对接处，沿齿高方向的阶差不大于 0.3mm；沿长度方向的齿距偏差不大于 0.6mm。

2）齿轮与齿条啮合时的接触长度，沿齿高不小于 40％；沿齿长不小于 50％；齿面侧间隙应在 0.2～0.5mm 之间。如图 3-24 所示。

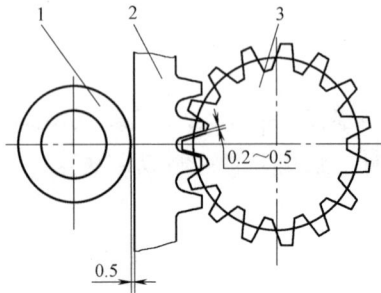

图 3-24　齿轮、齿条和背轮装配示意图
1—背轮；2—齿条；3—齿轮

3）由于提升齿轮副的安装载体不同，当啮合传动时，啮合力分解出的径向力将使齿轮副分离，将造成吊笼失去悬挂状态。因此，在齿条的背面应设置一对背轮，背轮沿齿条背面滚动，当需要调整提升齿轮副的啮合间隙时，仅需将背轮的偏心轴回转某一角度即可。

4）齿条和所有驱动齿轮、防坠安全器齿轮应正确啮合。齿条节线和与其平行的齿轮节圆切线重合或距离不超出模数的1/3；当措施失效时，应进一步采取其他措施，保证其距离不超出模数的 2/3。

5）应采取措施防止异物进入驱动齿轮和防坠安全器齿轮的啮合区间。

3.3.2　钢丝绳式施工升降机的驱动装置

钢丝绳式施工升降机驱动机构一般采用卷扬机或曳引机。货用施工升降机通常采用卷扬机驱动，人货两用施工升降机通常采用曳引机驱动，其提升速度不大于 0.63m/s，也可采用卷扬机驱动。

（1）卷扬机

卷扬机具有结构简单、成本低廉的特点。但与曳引机相比，很难实现多根钢丝绳独立牵引，且容易发生乱绳、脱绳和挤压等现象，其安全可靠性较低，因此多用于货用施工升降机。

（2）曳引机

1）电引机的构造及工作原理

曳引机主要由电动机、减速机、制动器、联轴器、曳引轮、机架等组成。曳引机可分为无齿轮曳引机和有齿轮曳引机两种。施工升降机一般都采用有齿轮曳引机。为了减少曳引机在运动时的噪声和提高平稳性，一般采用蜗杆副作减速传动装置。如图 3-25 所示。

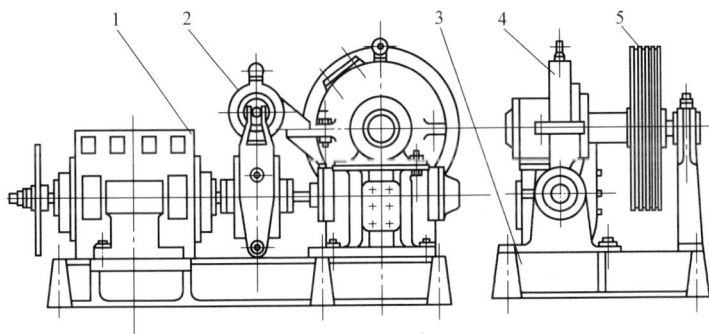

图 3-25　曳引机外形
1—电动机 ；2—制动器、联轴器；3—机架；4—减速器；5—曳引轮

曳引机驱动施工升降机是利用钢丝绳在曳引轮绳槽中的摩擦力来带动吊笼升降。曳引机的摩擦力是由钢丝绳压紧在曳引轮绳槽中而产生，压力越大摩擦力越大，曳引力大小还与钢丝绳在曳引轮上的包角有关，包角越大，摩擦力也越大，因而施工升降机必须设置对重。

2）曳引机的特点

① 一般为 4～5 根钢丝绳独立并行曳引，因而同时发生钢丝

绳断裂造成吊笼坠落的概率很小。但钢丝绳的受力调整比较麻烦，钢丝绳的磨损比卷扬机的大。

② 对重着地时，钢丝绳将在曳引轮上打滑，即使在上限位安全开关失效的情况下，吊笼一般也不会发生冲顶事故，但吊笼不能提升。

③ 钢丝绳在曳引轮上始终是绷紧的，因此不会脱绳。

④ 吊笼的部分重量由对重平衡，可以选择较小功率的曳引机。

（3）驱动装置的安全技术要求

1）卷扬机和曳引机在正常工作时，其机外噪声不应大于85dB（A），操作者耳边噪声不应大于88dB（A）。

2）卷扬机驱动仅允许使用于钢丝绳式无对重的货用施工升降机，吊笼额定提升速度不大于 0.63m/s 的人货两用施工升降机。

3）人货两用施工升降机驱动吊笼的钢丝绳不应少于两根，且为相互独立的。钢丝绳的安全系数不应小于 12，钢丝绳直径不应小于 9mm。

4）货用施工升降机驱动吊笼的钢丝绳允许用一根，其安全系数不应小于 8。额定载重量不大于 320kg 的施工升降机，钢丝绳直径不应小于 6mm；额定载重量大于 320kg 的施工升降机，钢丝绳直径不应小于 8mm。

5）人货两用施工升降机采用卷筒驱动时，钢丝绳只允许绕一层，若使用自动绕绳系统，允许绕二层；货用施工升降机采用卷筒驱动时，允许绕多层，多层缠绕时，应有排绳措施。

6）当吊笼停止在最低位置时，留在卷筒上的钢丝绳不应小于三圈。

7）卷筒两侧边缘大于最外层钢丝绳的高度不应小于钢丝绳直径的两倍。

8）曳引驱动施工升降机，当吊笼或对重停止在被其重量压缩的缓冲器上时，提升钢丝绳不应松弛。当吊笼超载 25% 并以额定提升速度上、下运行和制动时，钢丝绳在曳引轮绳槽内不应产生滑动。

9）人货两用施工升降机的驱动卷筒应开槽，卷筒绳槽应符合下列要求：

① 绳槽轮廓应为大于120°的弧形，槽底半径 R 与钢丝绳半径 r 的关系应为 $1.05r < R \leqslant 1.075r$。

② 绳槽的深度不小于钢丝绳直径的 1/3。

③ 绳槽的节距应大于或等于 1.15 倍钢丝绳直径。

10）人货两用施工升降机的驱动卷筒节径与钢丝绳直径之比不应小于30。对于 V 形或底部切槽的钢丝绳曳引轮，其节径与钢丝绳直径之比不应小于31。

11）货用施工升降机的驱动卷筒节径、曳引轮节径、滑轮直径与钢丝绳直径之比不应小于20。

12）制动器应是常闭式，其额定制动力矩，对人货两用施工升降机，不低于作业时的额定制动力矩的1.75倍；对货用升降机，不低于作业时的额定制动力矩的1.5倍。不允许使用带式制动器。

13）人货两用施工升降机钢丝绳在驱动卷筒上的绳端应采用楔形装置固定，货用施工升降机钢丝绳在驱动卷筒上的绳端可采用压板固定。

14）卷筒或曳引轮应有钢丝绳防脱装置，该装置与卷筒或曳引轮外缘的间隙不应大于钢丝绳直径的20%，且不大于3mm。

3.4　施工升降机的安全装置

3.4.1　齿轮齿条式施工升降机的安全装置

齿轮齿条式施工升降机的安全保护装置如图 3-26 所示，主要有防坠安全器、安全钩、安全开关、缓冲装置和超载检测装置等。

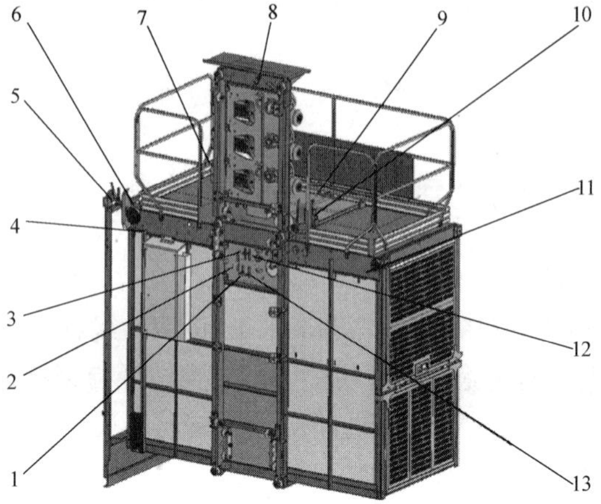

图 3-26　安全限位开关系统示意图

1—下减速限位（变频调速）；2—极限限位；3—上减速限位（变频调速）；
4—单开门限位；5—护栏门限位；6—外护拦联锁；7—吊笼单开门联锁；
8—防冒顶限位；9—天窗门限位；10—断绳保护限位；11—双开
门限位；12—上限位；13—下限位

（1）防坠安全器

防坠安全器按制动特点分为渐进式安全器、瞬时式安全器两种类型。

（2）安全钩

齿轮齿条式施工升降机应安装一对以上安全钩。安全钩应能防止吊笼脱离导轨架或防坠安全器输入端齿轮脱离齿条。

（3）安全开关

安全开关是施工升降机中使用比较多的一种安全防护开关，主要包括电气安全开关和机械联锁开关。

1）电气安全开关，主要包括上、下行程限位开关、极限开关、减速开关、安全器安全开关、防松绳开关、及各类门安全开关等。

2）机械联锁开关，主要包括围栏门、吊笼门机械联锁开关。

（4）缓冲装置

缓冲装置是安装在施工升降机底架上，用以吸收下降的吊笼或对重的动能，起到缓冲作用。

（5）超载检测装置

超载限制器是用于施工升降机超载运行的安全装置，常用的有电子传感器式、弹簧式和拉力环式三种。

3.4.2 钢丝绳式施工升降机的安全装置

安全装置主要包括防坠安全装置、安全钩、安全开关、缓冲装置和超载检测装置等。

人货两用施工升降机使用的防坠安全装置兼有防坠和限速双重功能；货用施工升降机使用的防坠安全装置由断绳保护装置和停层防坠落装置两部分组成。

3.5 电气系统

3.5.1 齿轮齿条式施工升降机的电气系统

（1）电气系统的组成

电气系统主要分为主电路、主控制电路和辅助电路，图3-27所示为一双驱施工升降机电气原理图，其电器符号、名称见表3-3。

施工升降机电器符号、名称 表3-3

序号	符号	名称	备注
1	QF1	空气开关	
2	QS1	三相极限开关	
3	LD	电铃	～220V
4	JXD	相序和断相保护器	
5	QF2	断路器	

序号	符号	名称	备注
6	QF3 QF4	断路器	
7	FR1 FR2	热继电器	
8	M1 M2	电动机	YZEJ132M-4
9	ZD1 ZD2	电磁制动器	
10	QS2	按钮	灯开关
11	V1	整流桥	
12	R1	压敏电阻	
13	SA1	急停按钮	
14	SA3	按钮	上升按钮
15	SA4	按钮	下降按钮
16	SA5	按钮盒	坠落试验
17	SA6	电铃按钮	
18	H1	信号灯	～220V
19	SQ1	安全开关	吊笼门
20	SQ2	安全开关	吊笼门
21	SQ3	安全开关	天窗门
22	SQ4	安全开关	防护围栏门
23	SQ5	安全开关	上限位
24	SQ6	安全开关	下限位
25	SQ7	安全开关	安全器
26	EL	防潮顶灯	～220V
27	K1、K2、K3、K4	交流接触器	～220V
28	T1	控制变压器	380V/220V
29	T2	控制变压器	380V/220V

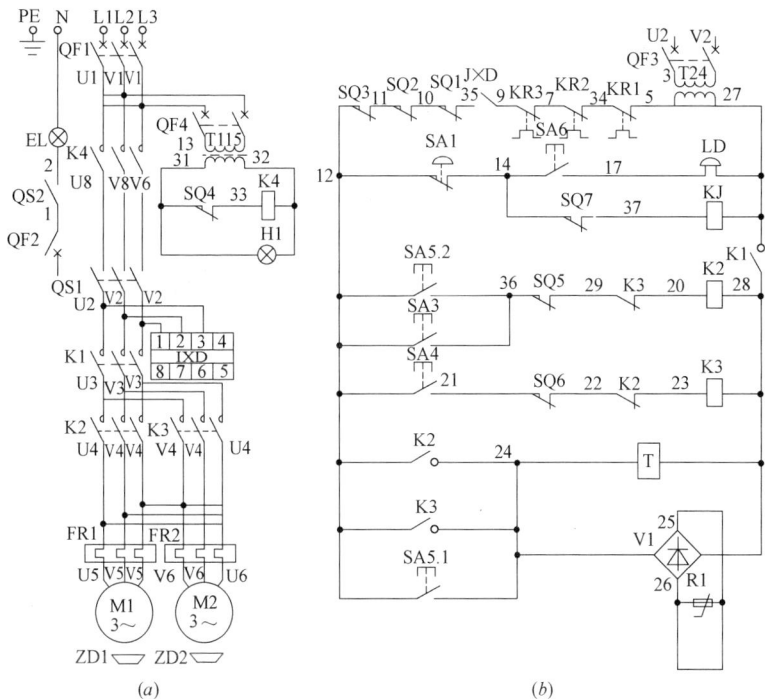

图 3-27　双驱施工升降机电气原理图

(a) 主电路；(b) 主控制电路

1) 主电路主要有电动机、断路器、热继电器、电磁制动器和相序断相保护器等电气元件组成。

2) 主控制电路主要由分断路器、按钮、交流接触器、控制变压器、安全开关、急停按钮和照明灯等电器元件组成。

3) 辅助电路一般有加节、坠落试验和吊杆等控制电路。

① 加节控制电路由插座、按钮和操纵盒等电器元件组成；

② 坠落试验控制电路由插座、按钮和操纵盒等电器元件组成；

③ 吊杆控制电路主要由插座、熔断器、按钮、吊杆操纵盒

和盘式电动机等电器元件组成。

（2）电气系统控制元件的功能

1）施工升降机采用 380V、50Hz 三相交流电源，由工地配备施工升降机专用电箱，接入电源到施工升降机开关箱，L1、L2、L3 为三相电源，N 为零线，PE 为接地线。

2）EL 为 220V 防潮吸顶灯，由 QF2 高分断小型短路器和 QS2 灯开关控制，如图 3-27（a）所示。

3）QF1 为电路总开关，K4 为总电源交流接触器常开触点，其控制电路通过 QF4 高分断小型短路器、T1 控制变压器（380V/220V）、SQ4 围栏门限位开关、H1 信号灯及 K4 组成。当施工升降机围栏门打开后，SQ4 断开，K4 失电，接触器触点断开动力电源和控制电源，施工升降机不能启动或停止运行，如图 3-27（a）所示。

4）QSl 为极限开关，当施工升降机运行时越程，并触动极限开关时，QSI 动作，切断动力电源和控制电源，施工升降机不能启动或停止运行，如图 3-27（a）所示。

5）JXD 为断相与错相保护继电器，当电源发生断、错相时，JXD 就切断控制电路，施工升降机不能启动或停止运行，如图 3-27（a）所示。

6）K1 为主电源交流接触器常开触点，K2 和 K3 为上下行交流接触器常开触点，FR1、FR2 为热继电器，当电机 M1、M2 过热时，FR1、FR2 触点断开控制电路，施工升降机不能启动或停止运行，如图 3-27（a）所示。

7）控制电路由 T2 控制变压器（380V/220V）及电气元件组成，SQ1、SQ2、SQ3 分别为吊笼门和天窗限位安全开关，当上述门打开时，控制电路失电，施工升降机不能启动或停止运行，如图 3-27（b）所示。

8）SA6 为电铃，LD 开关。SA1 为急停开关，SQ7 为安全器安全开关，当上述两开关动作时，K1 失电，K1 主触点断开动力电路，K1 辅助触点断开控制电路，施工升降机不能启动或停止运行，如图 3-27（b）所示。

9）SA3 为上升按钮，SA5.2 为吊笼坠落试验前施工升降机上升按钮，SA4 为下降按钮，SQ5 和 SQ6 分别为吊笼上限位和下限位安全开关，T 为计时器，如图 3-27（b）所示。

10）SA5.1 为吊笼坠落试验按钮，当 SA5.1 按钮接通后，通过 V1 整流桥使制动器 ZD1、ZD2 得电松闸，吊笼自由下落，如图 3-27（b）所示。

3.5.2 钢丝绳式施工升降机的电气系统

（1）钢丝绳式施工升降机采用 380V、50Hz 三相交流电源。由工地配备专用电箱接入电源到施工升降机开关箱，L1、L2、L3 为三相电源，N 为零线，PE 为接地线。

（2）电路总开关采用具有漏电、过载、短路保护功能的漏电断路器。

（3）采用断相与错相保护继电器，当电源发生断、错相时，就切断控制电路，施工升降机不能启动或停止运行。

（4）采用热继电器，当电动机发热超过一定温度时，热继电器就及时分断主电路，电动机失电停止转动。

（5）合上电源断路器，上行控制，按上行按钮，电动机启动升降机上行。

（6）停止时，按下停止按钮，整个控制电路失电，主触头分断，主电动机失电停止转动。

（7）失压保护，电路若中途发生停电失压，恢复来电时不会自动工作，只有当重新按压上升按钮，电机才会工作。

3.5.3 变频调速施工升降机的电气系统

（1）变频器调速的工作原理

三相交流异步电动机变频调速原理是改变电动机电源的频率来进行调速的。变频调速有恒磁通调速、恒电流调速和恒功率调速三种调速方法。恒磁通调速又称恒转矩调速，是将转速往额定转速以下调节，应用最广。恒电流调速时，过载能力较小，用于负载容量小且变化不大的场合。

恒功率调速用于调节转速要高于额定转速，而电源电压又不能提高的场合。

变频调速具有质量轻、体积小、惯性小、效率高等优点。采用矢量控制技术，异步电动机调速的机械特性可像励磁直流电动机调速的机械特性一样"硬"。

（2）变频器的一般安全使用要点

变频器在工作中会产生高温、高压和高频电波，使用中，不论升降机制造单位和维修人员，原则上必须按说明书严格做好防护措施。

1）变频器在电控箱中的安装与周围设备必须保持一定距离，以利通风散热，一般上下和背部应留有足够间隙。

2）外接电阻箱会产生高温，一般应当与电控箱分开安装。运行中不要用手去触摸它的外壳，防止烫伤。

3）变频器在运行中，在电容器放电信号灯未熄灭时，切勿打开变频器外罩和接触接线端子等，防止电击伤人。

4）变频器接地必须正确、可靠，有条件的设置专用接地装置。

5）为防止电磁感应产生冲击干扰，电路中感性线圈载荷（如继电器线圈等）应在发生源两端连接冲击吸收器如图 3-28 所示。

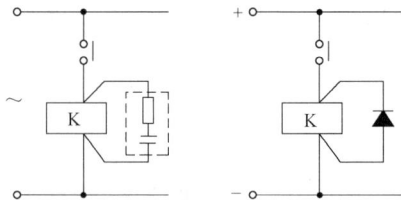

图 3-28　线圈连接冲击吸收器示意图

6) 如发生变频器对其他设备信号、控制线干扰时，可根据说明书要求采取措施或对变频器输出电路进行电磁屏蔽，以减少干扰影响，如图 3-29 所示。

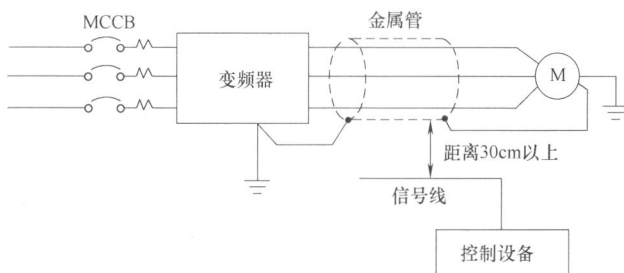

图 3-29　电磁屏蔽抗干扰示意图

3.5.4　电气箱

（1）电气控制箱是施工升降机电气系统的心脏部分，内部主要安装有上、下运行交流接触器、热继电器以及相序和断相保护器等。控制箱安装在吊笼内部，如图 3-30 所示。

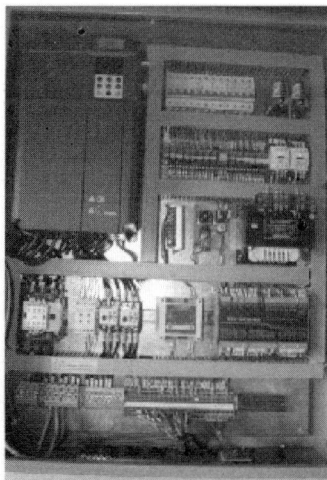

图 3-30　电气控制箱

（2）操纵台是操纵施工升降机运行的部分，它主要由电锁、操纵开关、急停按钮、加节按钮、电铃按钮、指示灯等组成，一般也安装在吊笼内部。图 3-31 所示为两种形式的电气控制操纵台。

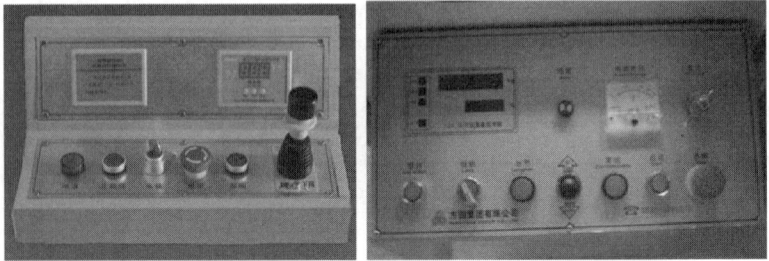

图 3-31 电气控制操纵台

（3）电源箱是施工升降机的电源供给部分，主要由空气开关、熔断器等组成。

（4）电气箱的安全技术要求：

1）施工升降机的各类电路的接线应符合出厂的技术规定；

2）电气元件的对地绝缘电阻应不小于 0.5MΩ，电气线路的对地绝缘电阻应不小于 1MΩ；

3）各类电气箱等不带电的金属外壳均应有可靠接地，其接地电阻应不超过 4Ω；

4）对老化失效的电气元件应及时更换，对破损的电缆和导线予以包扎或更新；

5）各类电气箱应完整、完好，保持清洁和干燥，内部严禁堆放杂物等。

3.6 其他辅助设备或系统

施工升降机其他辅助设备或系统有自动加油系统和楼层呼叫系统等。

3.6.1 自动加油系统

自动加油系统主要由加油泵、储油罐、管路分配器、油管和接油嘴等组成，用于对运动部件或易磨损部件进行自动润滑，如图 3-32 所示。

施工升降机上需润滑的主要零部件有减速机、齿轮与齿条、防坠安全器小齿轮和随动齿轮、安装在吊笼、传动小车和电缆小车上的滚轮、导轨架立管、门配重导向轮和滑道、对重导向轮与滑道、天轮和钢丝绳等。

图 3-32　自动加油系统

需要注意的是：（1）不同部件可能所用的润滑剂不同。
（2）不同部件需要的润滑剂油量。
（3）不同部件需要加润滑剂的频率不同。

3.6.2 楼层呼叫系统

为了安全、方便、合理地对施工升降机进行调度，提高运输能力和工效，在施工升降机上都安装有楼层呼叫系统作为施工人员与施工升降机司机联络的信号装置。楼层呼叫系统包括有线式和无线式两种。如图 3-33 所示为某厂家生产的一种无线式楼层呼叫系统。这种无线式楼层呼叫系统在外笼门和每个楼层层门上都安装有呼叫按钮，它是通过一种无线电发射器，将信息发送到吊笼内的接收头，当楼层上施工人员需要使用施工升降机，可以直接按动呼叫按钮，在吊笼内的接收主机上则会有楼层数的显示、语音播报或响铃。

楼层呼叫按钮通常为恒压式，且笼内主机发出的语音播报或响铃和其他警铃发出的声响不同。

(a)

(b)

图 3-33　楼层呼叫系统

（a）接收显示器；（b）呼叫器

4 施工升降机主要零部件的技术要求和报废标准

4.1 齿轮与齿条

施工升降机中的齿轮齿条机构能否可靠地工作，不仅关系到设备的正常运转及使用，更直接关系到建筑施工现场的施工安全。

4.1.1 齿轮

施工升降机齿轮的使用应当满足一定的使用要求，而且应符合相应的报废标准。当磨损量达到一定的报废极限时应当更换。

（1）齿轮使用要求

齿轮本身的制造精度，对整个机器的工作性能、承载能力及使用寿命都有很大的影响。根据其使用条件，齿轮传动应满足以下几个方面的要求。

1）传递运动准确性

要求齿轮较准确地传递运动，传动比恒定。即要求齿轮在转动中的转角误差不超过一定范围。

2）传递运动平稳性

要求齿轮传递运动平稳，以减小冲击、振动和噪声。即要求限制齿轮转动时瞬时速比的变化。

3）载荷分布均匀性

要求齿轮工作时，齿面接触要均匀，以使齿轮在传递动力时不因载荷分布不匀而使接触应力过大，引起齿面过早磨损。接触精度除了包括齿面接触均匀性以外，还包括接触面积和接触位置。

4）传动侧隙的合理性

要求齿轮工作时，非工作齿面间留有一定的间隙，以储存润滑油，补偿因温度、弹性变形所引起的尺寸变化和加工、装配时的一些误差。齿轮的制造精度和齿侧间隙主要根据齿轮的用途和工作条件而定。对于分度传动用的齿轮，主要要求齿轮的运动精度较高；对于高速动力传动用齿轮，为了减少冲击和噪声，对工作平稳性精度有较高要求；对于重载低速传动用的齿轮，则要求齿面有较高的接触精度，以保证齿轮不致过早磨损；对于换向传动和读数机构用的齿轮，则应严格控制齿侧间隙，必要时，须消除间隙。

（2）齿轮的磨损极限

齿轮的磨损极限的测量可用公法线千分尺跨二齿测公法线长度，如图 4-1 所示。

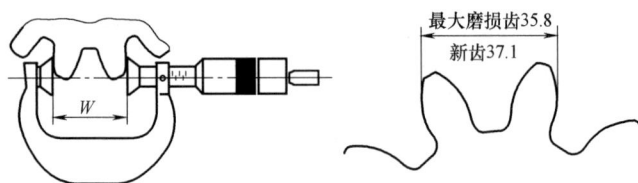

图 4-1 测量齿轮的磨损量

新齿轮和磨损后齿轮的相邻齿公法线长度应按使用说明书规定进行检查。如某厂施工升降机使用说明书中规定：新齿轮相邻齿公法线长度 $L = 37.1$mm 时，磨损后相邻齿公法线长度应 $L \geqslant 35.8$mm。

4.1.2　齿条的磨损极限

齿条的磨损极限量可用游标卡尺测量，如图 4-2 所示。新齿条和磨损后齿条的最大磨损量应按使用说明书规定进行检查。如某厂施工升降机使用说明书中规定：新齿条齿宽为 12.566mm 时，磨损后齿宽不小于 11.6mm。

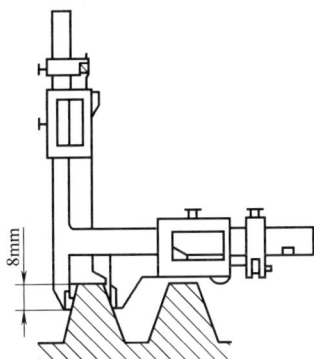

图 4-2　测量齿条的磨损量

4.2　滚轮

4.2.1　滚轮的磨损极限

（1）测量方法：用游标卡尺测量，如图 4-3 所示。

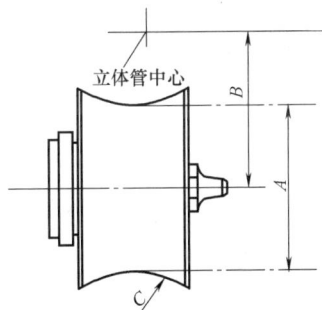

图 4-3　滚轮磨损量的测量

A—滚轮直径；B—滚轮与导轨架主弦杆的中心距；C—导轮凹面弧度半径

（2）某厂施工升降机使用说明书中滚轮的极限磨损量要求见表 4-1。

滚轮的极限磨损量　　　　　　表 4-1

测量尺寸	新滚轮/mm	磨损的滚轮/mm
A	$\phi74$	$\phi69$
B	75.5	最小 73
C	$R39.5$	最小 $R38$，最大 $R41$

4.3 减速机蜗轮和伞齿齿轮

4.3.1 施工升降机减速机的常见类型

国内施工升降机的减速机大多数选用蜗轮蜗杆减速机或者伞齿齿轮减速机。蜗轮蜗杆减速机的结构如图 4-4 所示。

图 4-4　蜗轮蜗杆减速机剖切图

4.3.2 减速机中蜗轮蜗杆或伞齿齿轮的报废极限要求

对于蜗轮蜗杆减速机蜗轮齿牙的磨损情况可用专用测量尺检测。如图 4-5 所示，当蜗轮齿牙磨损到 50%，则必须更换减速机。

对于伞齿齿轮减速机齿轮的磨损情况则可用卡尺检测。如图4-6 所示，当齿轮磨损到 $B-2A>3mm$ 时，必须更换减速机。

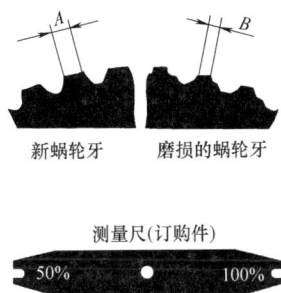

新蜗轮牙　磨损的蜗轮牙

测量尺(订购件)

50%　100%

图 4-5　检测蜗轮齿牙磨损情况

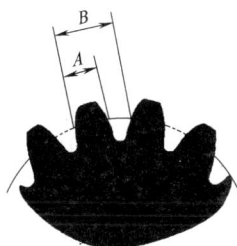

图 4-6　检测伞齿齿轮磨损情况
A—磨损的齿厚；B—磨损的齿轮节距

4.4　电机制动块和制动盘

4.4.1　电机制动块的使用要求

电机制动器的电磁铁芯与衔铁之间的间隙，由具独特功能的间隙自动跟踪调整装置控制，故在一定范围内间隙不受制动块磨损的影响，但当制动块磨损到接近转动盘厚度时，必须更换制动块。

4.4.2　电机旋转制动盘的磨损极限

电机制动盘使用的摩擦材料主要为非石棉有机材料、半金属材料和粉末冶金金属陶瓷材料等。其中粉末冶金生产的铁基、铜基金属陶瓷摩擦材料，具有极好的耐磨损和耐高温性能。

电机旋转制动盘磨损极限量可用塞尺进行测量，如图 4-7 所示。当旋转制动盘摩擦材料单面厚度 a 磨损到接近 1mm 时，必须更换制动盘。电机制动盘为易损件，如发现固定制动盘和衔铁也有明显的磨损时，应同时更换。

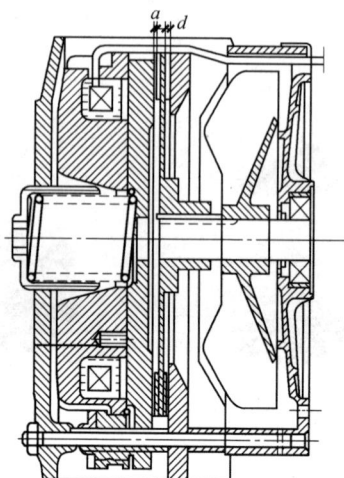

图 4-7　电机制动盘磨损量的检测

4.5　钢丝绳

4.5.1　钢丝绳的技术要求

（1）股

1）股应捻制均匀、紧密。

2）股芯丝和股纤维芯，应具有足够的支撑作用，以使外层包捻的钢丝能均匀捻制，股中相邻钢丝之间允许有均匀的缝隙。用同直径钢丝制成的股及绳中的钢芯，其中心钢丝和中心股应适当加大。

（2）钢丝绳捻制

1）钢丝绳应捻制均匀、紧密和不松散。在展开和无负荷情况下，不得呈波浪状。绳内钢丝不得有交错、折弯和断丝等缺陷，但允许有因变形工卡具压紧造成的钢丝压扁现象存在。

2）钢丝绳制造时，同直径钢丝应为同一公称抗拉强度，不同直径钢丝允许采用相同或相邻公称抗拉强度，但应保证钢丝绳最小破断拉力符合有关规定。

3）钢丝绳的绳芯应具有足够的支撑作用，以使外层包捻的股均匀捻制。允许各相邻股之间有较均匀的缝隙。

4）镀锌钢丝绳中的所有钢丝都应是镀锌的。

5）钢丝绳中钢丝的接头应尽量减少。钢丝接续时，应用对焊连接。股同一次捻制中，各连接点在股内的距离不得小于 10m。

6）涂油，钢丝绳应均匀地连续涂敷防锈油脂，另有要求的除外。需方要求钢丝绳有增磨性能时，钢丝绳应涂增磨油脂。

4.5.2　钢丝绳的报废标准

钢丝绳使用的安全程度由断丝的性质和数量、断丝情况、磨损、外部及内部腐蚀、变形、由于受热或电弧的作用而引起的损坏等项目判定。对钢丝绳可能出现缺陷的典型示例，国家在《起重机 钢丝绳 保养、维护、检验和报废》（GB/T 5972—2016）中作了详细的说明，见附录 3。

钢丝绳出现下列情况时必须报废和更新：

（1）钢丝绳断丝现象严重；

（2）断丝的局部聚集；

（3）当钢丝磨损或锈蚀严重，表层钢丝磨损减小达到其直径的 40%，应立即报废；

（4）当钢丝绳直径相对于公称直径减少 7% 时，即使未发现断丝，也应报废；

（5）钢丝绳失去正常状态，产生严重变形时，必须立即报废。

4.6　滑轮

建筑施工所用的升降机上的滑轮安全性要求较高，引导钢丝绳上行的滑轮应设置防止异物进入措施，还要有防止钢丝绳脱槽装置，钢丝绳的偏角不得超过 2.5°，要经常清理润滑，保证灵活转动。

当出现以下任何一种状况时，滑轮必须报废：

（1）滑轮有裂纹；

（2）滑轮绳槽径向磨损超过原绳径的 5%；

（3）滑轮槽壁磨损超过原尺寸的 20%；

（4）轮槽的不均匀磨损达 3mm；

（5）轮缘破损；

（6）轴套磨损超过轴套壁厚的 10%；

（7）中轴磨损超过轴径的 2%。

5 施工升降机的安全保护装置

5.1 防坠安全器

5.1.1 防坠安全器的分类及特点

防坠安全器是非电气、气动和手动控制的防止吊笼或对重坠落的机械式安全保护装置。防坠安全器是一种非人为控制的，当吊笼或对重一旦出现失速、坠落情况时，能在设置的距离、速度内使吊笼安全停止。防坠安全器按其制动特点可分为渐进式和瞬时式两种形式。

（1）渐进式防坠安全器

渐进式防坠安全器是一种初始制动力（或力矩）可调，制动过程中制动力（或力矩）逐渐增大的防坠安全器。其特点是制动距离较长，制动平稳，冲击小。如图 5-1 所示。

（2）瞬时式防坠安全器

瞬时式防坠安全器是初始制动力（或力矩）不可调，瞬间即可将吊笼或对重制停的防坠安全器。其特点是制动距离较短，制动不平稳，冲击力大。如图 5-2 所示。

5.1.2 渐进式防坠安全器

渐进式防坠安全器的全称为齿轮锥鼓形渐进式防坠安全器，简称安全器。

（1）渐进式防坠安全器的使用条件

1）SC 型施工升降机

图 5-1　渐进式防坠安全器

图 5-2　瞬时式防坠安全器

SC 型施工升降机应采用渐进式防坠安全器，当升降机对重质量大于吊笼质量时，还应加设对重防坠安全器。

2）SS 型人货两用施工升降机

对于 SS 型人货两用施工升降机，其吊笼额定提升速度大于 0.63m/s 时，应采用渐进式防坠安全器；当升降机对重额定提升速度大于 1m/s 时，应采用渐进式防坠安全器。

3）SS 型货用施工升降机

对于 SS 型货用施工升降机，其吊笼额定提升速度大于 0.85m/s 时，应采用渐进式防坠安全器。

（2）渐进式防坠安全器的构造

渐进式防坠安全器主要由齿轮、离心式限速装置、锥鼓形制动装置等组成。离心式限速装置主要由离心块座、离心块、调速弹簧、螺杆等组成；锥鼓形制动装置主要由壳体、摩擦片、外锥体加力螺母、蝶形弹簧等组成。安全器结构如图 5-3 所示。

（3）渐进式防坠安全器的工作原理

安全器安装在施工升降机吊笼的传动底板上，一端的齿轮啮合在导轨架的齿条上，当吊笼在正常运行时，齿轮轴带动离心块座、离心块、调速弹簧和螺杆等组件一起转动，安全器也就不会动作。当吊笼瞬时超速下降或坠落时，离心块在离心力的作用下压缩调速弹簧并向外甩出，其三角形的头部卡住外锥体的凸台，

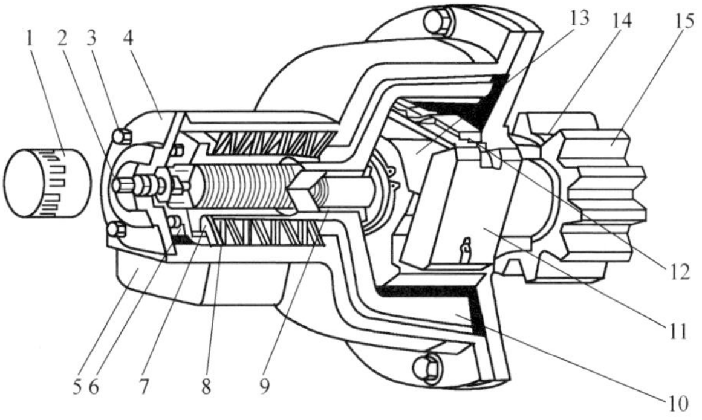

图 5-3　防坠安全器的构造

1—罩盖；2—浮螺钉；3—螺钉；4—后盖；5—开关罩；6—螺母；
7—防转开关压臂；8—蝶形弹簧；9—轴套；10—旋转制动毂；
11—离心块；12—调速弹簧；13—离心块座；14—轴套；15—齿轮

然后就带动外锥体一起转动。此时外锥体尾部的外螺纹在加力螺母内转动，由于加力螺母被固定住，故外锥体只能向后方移动，这样使外锥体的外锥面紧紧地压向胶合在壳体上的摩擦片，当阻力达到一定量时就使吊笼制停。

（4）渐进式防坠安全器的主要技术参数

施工升降机防坠安全器型号用名称代号和主参数来表示，一般是 SAJ××-×.×，其中 SAJ 是施工升降机防坠安全器的名称代号，后面的四位数字中前两位数表示防坠安全器的额定制动载荷，后两位数表示防坠安全器的额定动作速度。例如施工升降机配置的防坠安全器型号是 SAJ40-2.0，表示防坠安全器额定制动载荷为 40kN，额定动作速度是 2.0m/s。

1）额定制动载荷

额定制动载荷是指安全器可有效制动停止的最大载荷，目前标准规定为 20kN、30kN、40kN、60kN 四档。SC100/100 型和 SCD200/200 型施工升降机上，配备的安全器的额定制动载荷一般为 30kN；SC200/200 型施工升降机上配备的安全器的额定制动载荷一般为 40kN。

2）标定动作速度

标定动作速度是指按所要限定的防护目标运行速度而调定的安全器开始动作时的速度，它应不大于升降机额定速度 0.4m/s。

3）制动距离

制动距离指从安全器开始动作到吊笼被制动停止时，吊笼所移动的距离。制动距离应符合表 5-1 的规定。

安全器制动距离　　　　　　　　　　　表 5-1

施工升降机额定速度 v(m/s)	安全装置制动距离(m)
$v{\leqslant}0.65$	0.10～1.40
$0.65{<}v{\leqslant}1.00$	0.20～1.60
$1.00{<}v{\leqslant}1.33$	0.30～1.80
$1.33{<}v{\leqslant}2.40$	0.40～2.00

5.1.3 瞬时式防坠安全装置

（1）使用条件

1）对于 SS 型人货两用施工升降机，每个吊笼应设置兼有防坠和限速双重功能的防坠安全装置，当吊笼超速下行，或其悬挂装置断裂时，该装置应能将吊笼制停并保持静止状态。

2）SS 型人货两用施工升降机吊笼额定提升速度小于或等于 0.63m/s 时，可采用瞬时式防坠安全装置；当其对重额定提升速度小于或等于 1m/s 时，可采用瞬时式防坠安全装置。

3）SS 型货用施工升降机可采用断绳保护装置和停层防坠落装置两部分组成的防坠安全装置。当吊笼提升钢丝绳松绳或断绳时，该装置应能制停带有额定载重量的吊笼，且不造成结构严重损坏。对于额定提升速度小于或等于 0.85m/s 的施工升降机，可采用瞬时式防坠安全装置。

（2）SS 型人货两用施工升降机的瞬时式防坠安全装置

SS 型人货两用施工升降机使用的瞬时式防坠安全装置一般

由限速装置和断绳保护装置两部分组成。瞬时式防坠安全装置允许借助悬挂装置的断裂或借助一根安全绳来动作。

1）限速装置

限速装置主要用于钢丝绳式施工升降机上，与断绳保护装置配合使用。其工作原理如图 5-4 所示，在外壳上固定悬臂轴 6，限速钢丝绳通过槽轮装在悬臂轴上。槽轮有两个不同直径的沟槽，大直径的用于正常工作，小直径的用来检查限速器动作是否灵敏。固定在槽轮上的销轴 5 上装有离心块 1，两离心块之间用拉杆 2 铰接，以保证两离心块同步运动。通过调节拉杆 2 的长度可改变销子 8 和销子 11 之间的距离，在装离心块一侧的槽轮表面上固定有支架 9，在支承端部与拉杆螺母之间装有预紧弹簧 10。由于拉杆连接离心块，弹簧力迫使离心块靠近槽轮旋转中心，固定挡块 4 凸出在外壳内圆柱表面上。当槽轮在与吊笼上的断绳保护装置带动系统杆件连接的限速钢丝绳带动下，以额定速度旋转时，离心块产生的离心力还不足以克服弹簧张力，限速器随同正常运行的吊笼而旋转；当提升钢丝绳拉断或松脱，吊笼以

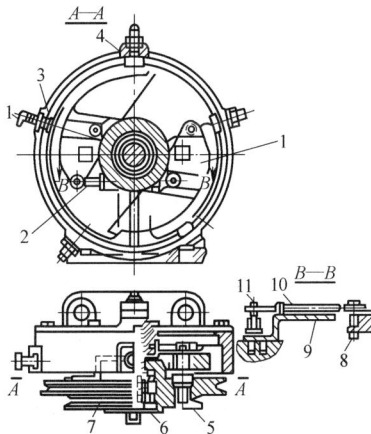

图 5-4　限速器工作原理

1—离心块；2—拉杆；3—挡块；4—固定挡块；5—销轴；

6—悬臂轴；7—槽轮；8—销；9—支架；10—预紧弹簧；11—销

超过正常的运行速度坠落时，限速钢丝绳带动限速器槽轮超速旋转，离心块在较大的离心力作用下张开，并抵在挡块 4 上，停止槽轮转动。当吊笼继续坠落时，停转的限速器槽轮靠摩擦力拉紧限速钢丝绳，通过带动系统杆件驱动断绳保护装置制停吊笼。在瞬时式限速器上还装有限位开关，当限速器动作时，能同时切断施工升降机动力电源。

2）断绳保护装置

瞬时式断绳保护装置也叫楔块式捕捉器，与瞬时式限速器配合使用，如图 5-5 所示。捕捉器有两对夹持楔块，捕捉器动作时，导轨被夹紧在两个楔块之间，楔块镶嵌在闸块上，闸块由拉杆连接，由压簧激发系统带动工作。

（3）SS 型货用施工升降机的瞬时式防坠安全装置

SS 型货用施工升降机的瞬时式防坠安全装置应具有断绳保护和停层防坠落功能。在吊笼停层后，人员出入吊笼之前，停层防坠落装置应动作，使吊笼的下降操作无效，即使此时发生吊笼提升钢丝绳断绳，吊笼也不会坠落。

1）防坠安全装置的构造

图 5-7 所示为具有断绳保护和停层防坠落功能的组合式安全器。其构造由主动杆、从动杆、下连杆、轮轴、偏心轮、弹簧、拉杆、横连杆、连杆、连杆、轮轴、偏心轮和弹簧等组成。

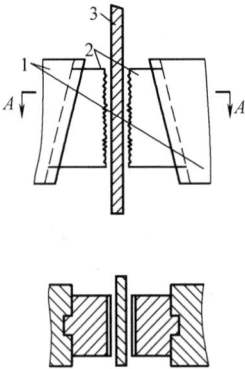

图 5-5　瞬时式断绳
保护装置

1—楔块；2—闸块；3—导轨

2）防坠安全装置工作原理

① 断绳保护装置工作原理，如图 5-6 所示。当卷扬机启动拉紧钢丝绳时，连接在起重钢丝绳上的主动杆 1 向上拉起，同时拉动从动杆 2 向上运动、压缩弹簧 6 和在连杆 2 带动下连杆 3 围

绕轮轴 4 向中间转动，再由轮轴 4 带动偏心轮 5，向外两侧转动离开导轨，此时吊笼可以运行，如图 5-7（a）所示。而当钢丝绳松弛或断绳时，连杆 1 在弹簧 6 的作用下，克服阻力向下移动，推动连杆 2 使连杆 3 围绕轮轴 4 向外侧转动，同时带动偏心轮向中间转动夹紧导轨，将吊笼制停在导轨架上，如图 5-7（b）所示。

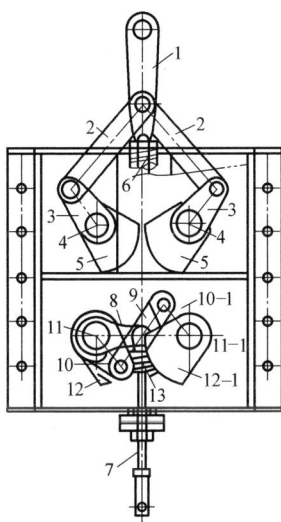

图 5-6 防坠安全装置结构示意图

1—主动杆；2—从动杆；3—下连杆；4—轮轴；5—偏心轮；6—弹簧；7—拉杆；
8—横连杆；9—连杆；10、10-1—连杆；11、11-1—轮轴；
12、12-1—偏心轮；13—弹簧

② 停层防坠落装置工作原理，如图 5-6 所示。在吊笼运行前，向下拉动拉杆 7，带动横连杆 8 围绕轮轴 11 向下转动，在轮轴 11 的带动下使同侧的连杆 10 和偏心轮 12 一起向外侧转动。而当连杆 10 转动时，同时带动另一侧的连杆 10-1 和偏心轮 12-1 围绕轮轴 11-1 一起向外侧转动，此时两偏心轮同时离开导轨，吊笼可启动，如图 5-8（b）所示。当到达层站时，只要松开拉杆

7 的约束，在弹簧 13 的作用下，拉杆 7 向上移动，完成一系列动作后，使两偏心轮向中间转动，达到夹紧导轨防止吊笼坠落的目的，如图 5-8（a）所示。

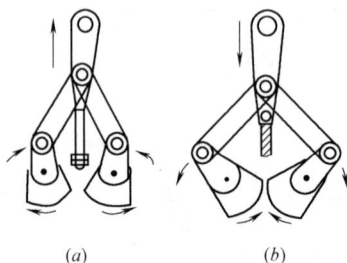

图 5-7　断绳保护装置工作状态图
（a）吊笼运行状态；（b）夹紧状态

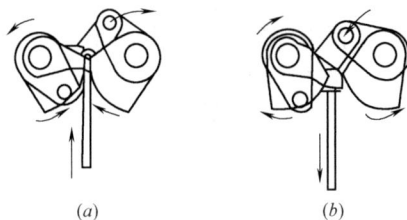

图 5-8　停层防坠落装置示意图
（a）停层状态；（b）运行状态

3）防坠安全装置的试验

当施工升降机安装后和使用过程中应进行坠落试验和对停层防坠装置进行试验。坠落试验时，应在吊笼内装上额定载荷并把吊笼上升到离地面 3m 左右高度后停住，然后用模拟断绳的方法进行试验。停层防坠落装置试验时，应在吊笼内装上额定载荷把吊笼上升 1m 左右高度后停住，在断绳保护装置不起作用的情况下，放松拉杆，使偏心轮夹紧导轨，然后启动卷扬机使钢丝绳松

172

弛，看吊笼是否下降。

5.1.4 防坠安全器的安全技术要求

（1）防坠安全器必须进行定期检验标定，定期检验应有相应资质的单位进行。

（2）防坠安全器只能在有效的标定期内使用，有效检验标定期限不应超过 1 年，自出厂之日起五年强制报废。

（3）施工升降机每次安装后，必须进行额定载荷的坠落试验，以后至少每三个月进行一次额定载荷的坠落试验。试验时，吊笼不允许载人。

（4）防坠安全器出厂后，动作速度不得随意调整。

（5）SC 型施工升降机使用的防坠安全器安装时透气孔应向下，紧固螺孔不能出现裂纹，安全开关的控制接线完好。

（6）防坠安全器动作后，需要由专业人员实施复位，使施工升降机恢复到正常工作状态。

（7）防坠安全器在任何时候都应该起作用，包括安装和拆卸工况。

（8）防坠安全器不应由电动、液压或气动操纵的装置触发。

（9）一旦防坠安全器触发，正常控制下的吊笼运行应由电气安全装置自动中止。

5.2 电气安全开关

电气安全开关是施工升降机中使用比较多的一种安全防护开关。当施工升降机没有满足运行条件或在运行中出现不安全状况时，电气安全开关动作，施工升降机不能启动或自动停止运行。

5.2.1 电气安全开关的种类

施工升降机的电气安全开关大致可分为行程安全控制和安全装置联锁控制两大类。

（1）行程安全控制开关

行程安全控制开关是指当施工升降机的吊笼超越了允许运动的范围时，能自动停止吊笼的运行。主要有上、下行程限位开关，减速开关和极限开关。如图 5-9 所示。

图 5-9　行程安全控制开关

（a）防坠板；（b）上限位开关挡板；（c）下限位开关挡板

1—上限位开关；2—上减速限位开关；3—极限开关；

4—下减速限位开关；5—下限位开关；6—安全器

1) 行程限位开关

上、下行程限位开关安装在吊笼安全器底板上，当吊笼运行至上、下限位位置时，限位开关与导轨架上的限位挡板碰触，吊笼停止运行，当吊笼反方向运行时，限位开关自动复位。

2) 减速开关

变频调速施工升降机必须设置减速开关，当吊笼下降时在触发下限位开关前，应先触发减速开关，使变频器切断加速电路，以避免吊笼下降时冲击底座。

3) 极限开关

施工升降机必须设置极限开关，当吊笼在运行时如果上、下限位开关出现失效，超出限位挡板，并越程后，极限开关须切断总电源使吊笼停止运行。极限开关应为非自动复位型的开关，其动作后必须手动复位才能使吊笼重新启动。在正常工作状态下，下极限开关挡板的安装位置，应保证吊笼碰到缓冲器之前，极限开关应首先动作。

(2) 安全装置联锁控制开关

当施工升降机出现不安全状态，触发安全装置动作后，能及时切断电源或控制电路，使电动机停止运转。该类电气安全开关主要有防坠安全器安全开关和防松绳开关两种。

1) 防坠安全器安全开关

防坠安全器动作时，设在安全器上的安全开关，如图 5-10 所示，能立即将电动机的电路断开，制动器制动。

2) 防松绳开关

① 施工升降机的对重钢丝绳绳数为两条时，钢丝绳组与吊笼连接的一端应设置张力均衡装置，并装有由相对伸长量控制的非自动复位型的防松绳开关。当其中一条钢丝绳出现的相对伸长量超过允许值或断绳时，该开关将切断控制电路，同时制动器制动，使吊笼停止运行。

② 对重钢丝绳采用单根钢丝绳时，也应设置防松（断）绳开关，如图 5-11 所示，当施工升降机出现松绳或断绳时，该开

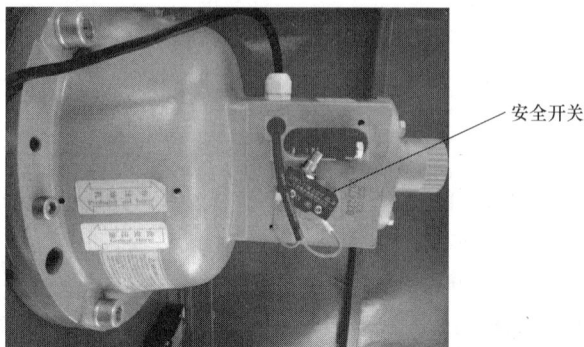

图 5-10　防坠安全器安全开关

关应立即切断电机控制电路，同时制动器制动，使吊笼停止运行。

图 5-11　防松绳开关

3）门安全控制开关

当施工升降机的各类门没有关闭时，施工升降机就不能启动；而当施工升降机在运行中把门打开时，施工升降机吊笼就会自动停止运行。该类电气安全开关主要有：单行门、双行门、天窗门、围栏门等安全开关，如图 5-12 所示。

5.2.2　电气安全开关的安全技术要求

（1）电气安全开关必须安装牢固，不能松动。

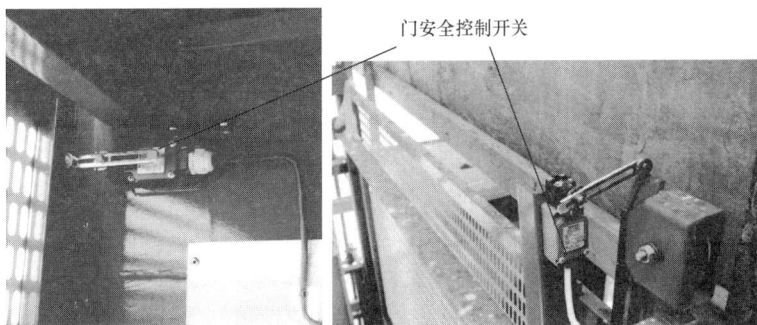

图 5-12　门安全控制开关

（2）电气安全开关应完整、完好，紧固螺栓应齐全，不能缺少或松动。

（3）电气安全开关的臂杆，不能歪曲变形，防止安全开关失效。

（4）每班都要检查极限开关的有效性，防止极限开关失效。

（5）严禁用触发上、下限位开关来作为吊笼在最高层站和地面层站停站的操作。

5.3　机械门锁

施工升降机的吊笼门、顶盖门、地面防护围栏门都装有机械电气联锁装置。各个门未关闭或关闭不严，电气安全开关将不能闭合，吊笼不能启动工作；吊笼运行中，一旦门被打开，吊笼的控制电路也将被切断，吊笼停止运行。

5.3.1　围栏门的机械联锁装置

（1）围栏门的机械联锁装置的作用

围栏门应装有机械联锁装置，使吊笼只有位于地面规定的位置时围栏门才能开启，且在门开启后吊笼不能启动。目的是为了防止在吊笼离开基础平台后，人员误入基础平台造成事故。

（2）围栏门的机械联锁装置的结构

机械联锁装置的结构，如图5-13所示。由机械锁钩1、压簧2、销轴3和支座4组成。整个装置由支座4安装在围栏门框上。当吊笼停靠在基础平台上时，吊笼上的开门挡板压着机械锁钩的尾部，机械锁钩就离开围栏门，此时围栏门才能打开，而当围栏门打开时，电气安全开关作用，吊笼就不能启动；当吊笼运行离开基础平台时，机械锁在压簧2的作用下，机械锁钩扣住围栏门，围栏门就不能打开；如强行打开围栏门时，吊笼就会立即停止运行。

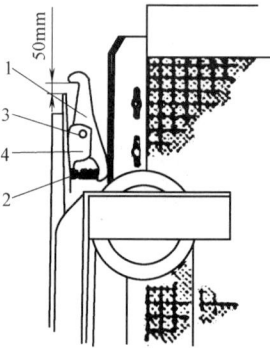

图 5-13　机械联锁装置
1—机械锁钩；2—压簧；3—销轴；4—支座

5.3.2　吊笼门的机械联锁装置

吊笼设有进料门和出料门，进料门一般为单门，出料门一般为双门，进出门均设有机械锁止装置，当吊笼位于地面规定的位置和停层位置时，吊笼门才能开启。进出门完全关闭后，吊笼才能启动运行。

如图 5-14 所示为吊笼进料门机械联锁装置，由门上的挡块
1、门框上的机械锁钩 2、压簧 3、销轴 4 和支座 5 组成。当吊笼
下降到地面时，施工升降机围栏上的开门压板压着机械锁钩的尾
部，同时机械锁钩就离开门上的挡块，此时门才能开启。当门关
闭吊笼离地后，吊笼门框上的机械锁钩在压簧的作用下嵌入门上
的挡块缺口内，吊笼门被锁住。如图 5-15 所示为吊笼出料门的
机械联锁装置构造。

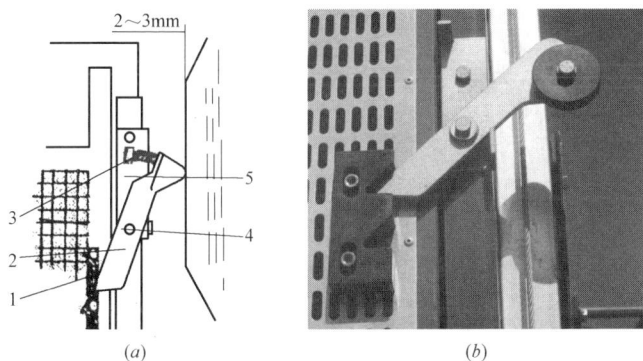

图 5-14　机械联锁装置

（a）示意图；（b）实物图

1—挡块；2—机械锁钩；3—压簧；4—销轴；5—支座

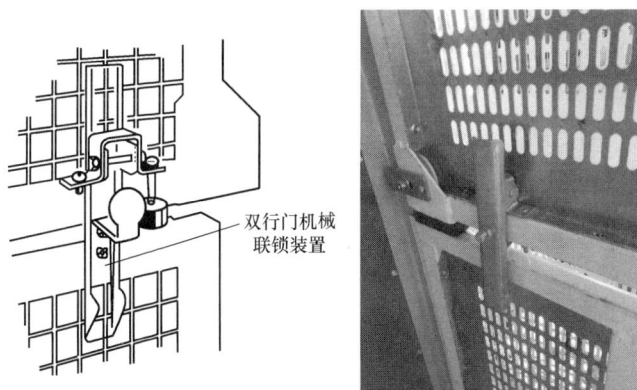

图 5-15　双行门机械联锁装置

5.3.3 防冲顶装置

施工升降机应设置防冲顶装置，该装置在施工升降机正常作业、安装、拆卸或维护检查时均应起作用，当驱动系统驶出导轨架时，该装置应能切断控制回路使吊笼停止运行，如图 5-16 所示。

施工升降机安装完成后，导轨架顶部应有机械式防冲顶措施，顶节无齿条或顶节，如图 5-17 所示。

图 5-16　防冲顶装置

图 5-17　顶节无齿条

5.4　其他安全装置

5.4.1　缓冲装置

（1）缓冲装置的作用

缓冲装置是安装在施工升降机底架上，用以吸收下降的吊笼或对重的动能，起到缓冲作用。

施工升降机的缓冲装置主要使用弹簧缓冲器，如图 5-18

所示。

（2）缓冲装置的安全要求

1）每个吊笼设 2～3 个缓冲器，对重一个缓冲器。同一组缓冲器的顶面相对高度差不应超过 2mm。

2）缓冲器中心与吊笼底梁或对重相应中心的偏移，不应超过 20mm。

3）经常清理基础上的垃圾和杂物，防止堆在缓冲器上，使缓冲器失效。

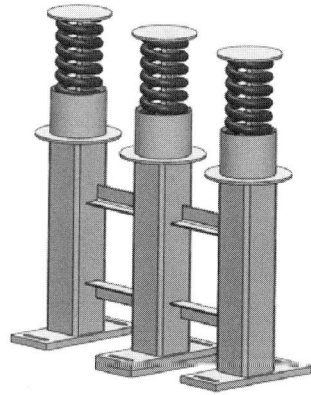

图 5-18　弹簧缓冲器

4）应定期检查缓冲器的弹簧，发现锈蚀严重超标的要及时更换。

5.4.2　安全钩

（1）安全钩的作用

安全钩是防止吊笼倾翻的挡块。其作用是防止吊笼脱离导轨架或防坠安全器输出端齿轮脱离齿条，如图 5-19 所示。

安全钩

图 5-19　安全钩

（2）安全钩的基本构造

安全钩一般有整体浇铸和钢板加工两种。其结构分底板和钩体两部分，底板由螺栓固定在施工升降机吊笼的立柱上。

（3）安全钩的安全要求

1）安全钩必须成对设置，在吊笼立柱上一般安装上下二组安全钩，安装应牢固。

2）上面一组安全钩的安装位置必须低于最下方的驱动齿轮。

3）安全钩出现焊缝开裂、变形时，应及时更换。

5.4.3　齿条挡块

为避免施工升降机在运行或吊笼下坠时，防坠安全器的齿轮与齿条啮合分离，施工升降机应采用齿条背轮和齿条挡块。在当齿条背轮失效后，齿条挡块就成为最终的防护装置，如图 5-20 所示。

齿条挡块

图 5-20　齿条挡块

5.4.4　错相断相保护器

电路应设有相序和断相保护器。当电路发生错相或断相时，保护器就能通过控制电路及时切断电动机电源，使施工升降机无法启动，如图 5-21 所示。

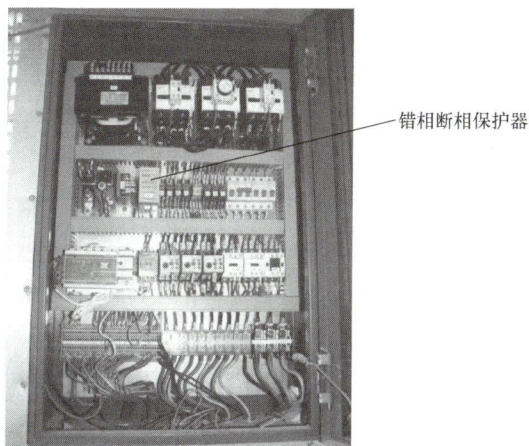

错相断相保护器

图 5-21　错相断相保护器

5.4.5　急停开关

在吊笼的控制装置（含便携式控制装置）上应装有非自动复位型的急停开关，任何时候均可切断控制电路停止吊笼运行，如图 5-22 所示。

急停开关

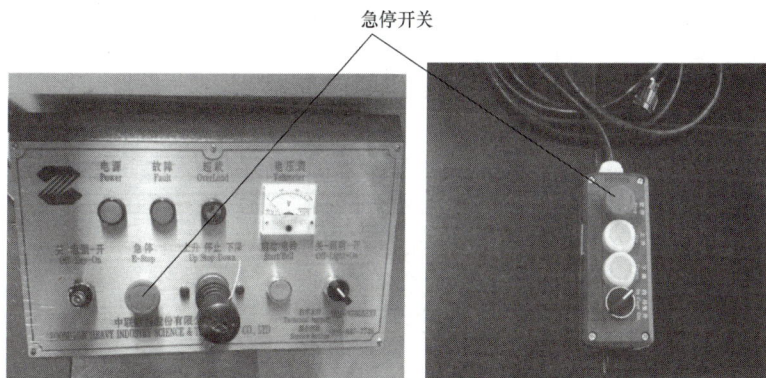

图 5-22　急停开关

5.4.6 超载检测装置

超载检测装置是用于施工升降机超载运行的安全装置，常用的有电子传感器式、弹簧式和拉力环式三种。

（1）电子传感器超载检测装置

图 5-23 所示为施工升降机常用的电子传感器式检测装置，其工作原理：当重量传感器得到吊笼内载荷变化而产生的微弱信号，输入放大器后，经 A/D 转换成数字信号，再将信号送到微处理器进行处理，其结果与所设定的动作点进行比较，如果通过所设定的动作点，则继电器分别工作。当载荷达到额定载荷的90％时，警示灯闪烁，报警器发出断续声响；当载荷接近或达到额定载荷的 110％时，报警器发出连续声响，此时吊笼不能启动。检测装置由于采用了数字显示方式，即可实时显示吊笼内的载荷值变化情况，还能及时发现超载报警点的偏离情况，及时进行调整。

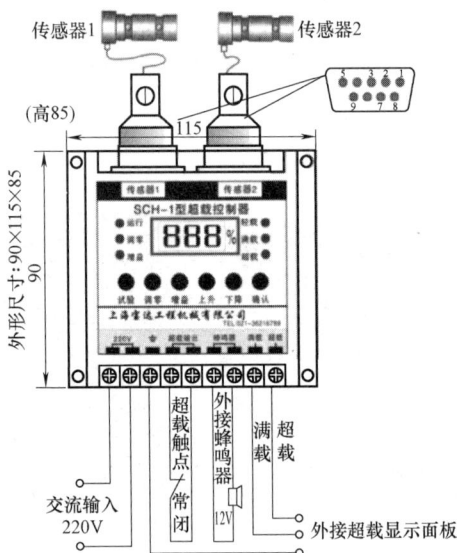

图 5-23　电子传感器超载检测装置

（2）弹簧式超载检测装量

弹簧式超载检测装置安装在地面转向滑轮上。图 5-24 所示为弹簧式超载限制器结构示意图。超载检测装置由钢丝绳 1、地面转向滑轮 2、支架 3、弹簧 4 和行程开关 5 组成。当载荷达到额定载荷的 110％时，行程开关被压动，断开控制电路，使施工升降机停机，起到超载检测作用。其特点是结构简单、成本低、可靠性较差，易产生误动作。

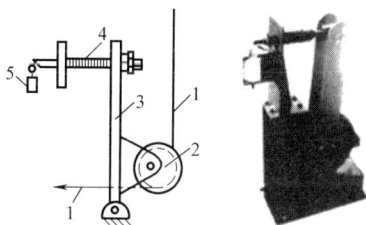

图 5-24　弹簧式超载检测装置
1—钢丝绳；2—转向滑轮；3—支架；4—弹簧；5—行程开关

（3）拉力环式超载检测装置

图 5-25 所示为拉力环式超载检测装置结构。该超载限制器由弹簧钢片 1，微动开关 2、4 和触发螺钉 3、5 组成。

图 5-25　拉力环式超载检测装置示意图
1—弹簧钢片；2、4—微动开关；3、5—触发螺钉

使用时，将两端串入施工升降机吊笼提升钢丝绳中，当受到吊笼载荷重力时，拉力环立即会变形，两块形变钢片立即会向中间挤压，带动装在上边的微动开关和触发螺钉，当受力达到报警限制值时，其中一个开关动作；当拉力环继续增大时，达到调节的超载限制值时，使另一个开关动作；断开电源，吊笼不能启动。

（4）超载检测装置的安全要求

1）超载检测装置的显示器要防止淋雨受潮。

2）在安装、拆卸、使用和维护过程中应避免对超载检测装置的冲击、振动。

3）使用前应对超载检测装置进行调整，使用中发现设定的限定值出现偏差，应及时进行调整。

5.4.7 施工升降机安全监控管理系统

随着电子信息技术的不断发展，施工升降机安全监控管理系统近几年已逐步投入使用。该系统高度整合了施工升降机上各类安全保护装置的功能，可实现双层安全保护，该系统集实时检测、记录存储、报警、智能控制于一体，为施工升降机操作人员提供安全保障，有效预防各种危险源和控制违章操作，防止超员、超载、预防冲顶等事故的发生，同时使相关管理人员远程了解升降机的实时运行状态，实现对施工电梯的实时动态远程监控，极大地提升了安全监督管理水平，使安全管理达到"事前预防、事中控制、事后追溯"的效果。

该系统由安装在施工升降机内部安全检测仪和远程监测管理平台两部分构成，综合了精密测量、自动控制、无线网络传输与远程通信技术等多种高新技术，通过采集、存储和发送数据，能够全方位实时监测施工升降机的运行工况，在驾驶室显示屏上显示各类运行工作数据，实现现场运行状态数字化的实时监控，且在有危险源时及时发出警报和输出控制信号，并可全程记录升降机的运行数据和预报警，同时通过无线传输，将施工升降机运行工况数据和预警报警信息实时发送到监控平台，实现实时动态的远程监控、远程视频监控在线管理等功能，其主要的系统配置和安装位置如图 5-26 所示。

1 防冲顶接收模块
（吊笼顶部）

2 防冲顶发射模块
（标准节顶部）

3 楼层呼叫主机
（吊笼舱内）

4 楼层呼叫模块
（楼层内侧）

5 载重传感器
（吊笼与驱动电机
结合的部位）

6 上下限位
内外门检测

7 人数识别模块
（吊笼内侧顶部）

8 楼层检测
（与标准节齿条啮合）

主机
（驾驶舱）

人脸识别模块
（驾驶舱）

运行状态检测
（驾驶舱）

显示器
（驾驶舱）

驾驶舱

楼层17
楼层16
楼层15

图 5-26　产品安装位置系统图

1. 监控管理系统主要功能

(1) 实时显示和运行状态检测

实时检测并显示施工升降机的运行状态，包含有载重检测、人数检测、速度检测（防坠器）、倾斜度检测、高度限位检测、电压检测、防冲顶检测、门锁状态检测等，同时实现真人语音提醒。

整机载重超限检测：通过检测施工升降机吊笼内的载重量与系统内置的额定载重量进行对比，超出额定载重量时，监控将发出报警，同时切断施工升降机的运行动作，保护施工升降机安全运行。

司机人员身份识别：系统可支持司机人员的人脸识别、指纹识别、IC 卡识别等，通过对施工升降机司机人员的录入管理，限定施工升降机必须由专业的升降机驾驶员驾驶，从而解决施工现场升降机的无证操作乱象，一台设备（即同一台升降机）支持多达 5 个驾驶员的信息管理。

(2) 自动语音播报系统，在系统出现危险、电梯启动运行时、电梯达到目标层时均会自动发出语音播报系统，提醒司机和乘客；

(3) 数据记录：实时运行数据记录、系统修改日志记录等"黑匣子"功能工作记录，报警统计，远程停机功能满足施工环境安全监控需求；

(4) 远程监控：能够以无线方式与远程监控管理平台联网，通过远程监控管理平台对施工升降机运行工况参数实现远程实时动态监控和存储。

2. 监控管理系统的硬件配置

(1) 信号检测采集设备

主要由高度传感器、重量传感器，倾角传感器，身份识别模块、监控摄像头等组成，用于施工升降机各类数据反馈信号的检测采集。

高度传感器：现自动平层功能，具有（速度）防坠、高度功能。

重量传感器：测量电梯载重，具有防超重功能（根据不同型号升降机，需配置不同尺寸重量传感器）。

身份识别模块：操作人员身份识别，可用人脸识别、指纹识别传感器及 IC 卡模块。

倾角传感器：施工升降机导轨架倾斜度，防倾翻。

监控摄像头：吊笼内视频监控。

（2）信号处理及显示系统

主要有 PLC 可编程逻辑控制器及触摸显示于一体的液晶显示屏组成，用于信号的处理分析及实时显示。

显示屏：显示施工升降机当前的起重量、起重百分比，当前时间以及远程监控的状态，如图 5-27 所示。

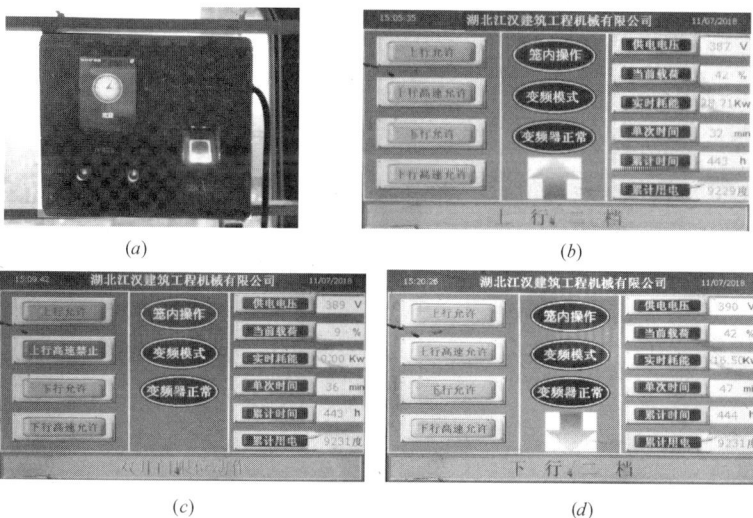

(a)

(b)

(c)

(d)

图 5-27　实时监测显示运行状态

系统主机：系统参数采集、分析、存储以及系统安全报警。

UPS 电源：不间断电源。

远程控制器：远程管理平台监控。

门锁检测功能：联锁检测报警。

（3）数据传输系统

借助通信网络实现数据的传输，在远程监控的终端，通过网络实现远程查看施工升降机的运行参数，并实时针对各类违章信息进行预警显示，通过前端监控装置和后台管理系统无缝融合，可实时动态远程监控、远程报警。

6 施工升降机的安全使用和操作

6.1 施工升降机的安全使用

只有操作人员正确使用施工升降机，才能保持施工升降机良好的工作性能，充分发挥设备的效率，延长设备的使用寿命。也只有操作者正确使用施工升降机，才能减少和避免突发性故障和安全事故，保障施工升降机安全有效的运行。

6.1.1 施工升降机安全使用条件

施工升降机在施工中要保证安全使用和正常运行，必须具备一定的安全技术条件。一般来说安全技术条件包括操作人员条件、设备技术条件和环境设施条件等。

1. 施工升降机司机条件和技能要求

从事施工升降机操作人员应当具备以下条件：

（1）年满 18 周岁，具有初中以上的文化程度。

（2）每年须进行一次身体检查，矫正视力不低于 5.0，没有色盲、听觉障碍、心脏病、贫血、美尼尔症、癫痫、眩晕、突发性昏厥、断指等妨碍起重作业的疾病和缺陷。

（3）接受专门安全操作知识培训，经建设主管部门考核合格，取得建筑施工特种作业操作资格证书。

（4）首次取得证书的人员实习操作不得少于 3 个月。否则，不得独立上岗作业。

（5）持证人员必须按规定进行操作证的复审，对到期未经复审或复审不合格的人员不得继续操作施工升降机。

（6）每年应当参加不少于 24 小时的安全生产教育。

2. 施工升降机应具备的技术资料

（1）施工升降机生产厂必须持有国家颁发的特种设备制造许可证。

（2）施工升降机应当有出厂合格证和产品设计文件、安装及使用维修说明、有关型式试验合格证明等文件，并已在产权单位工商注册所在地县级以上建设主管部门备案登记。

（3）应有配件目录及必要的专用随机工具。

（4）对于购入的旧施工升降机应有两年内完整运行记录及维修、改造资料。

（5）对改造、大修的施工升降机要有出厂检验合格证。

有下列情形之一的施工升降机，不得使用：

（1）属国家明令淘汰或者禁止使用的。

（2）超过安全技术标准或者制造厂家规定的使用年限的。

（3）经检验达不到安全技术标准规定的。

（4）没有完整安全技术档案的。

（5）没有齐全有效的安全保护装置的。

使用年限说明：根据《建筑起重机械安全评估技术规程》（JGJ/T 189—2009）的规定，出厂年限超过 8 年（不含 8 年）的 SC 型施工升降机；出厂年限超过 5 年（不含 5 年）的 SS 型施工升降机，超过使用年限但技术状况良好的由有资质评估机构评估合格后，可继续使用，并在行政主管部门重新办理产权延期备案手续。

3. 环境设施条件

（1）环境温度应当为 $-20 \sim +40$ ℃。

（2）顶部风速不得大于 20m/s。

（3）电源电压值偏差应当小于 ±5%。

（4）基础周围应有排水设施，基础四周 5m 内不得开挖沟槽，30m 范围内不得进行对基础有较大振动的施工。

（5）在吊笼地面出入口处应搭设防护隔离棚，其纵距必须大于出入口的宽度，其横距应满足高处作业物体坠落规定半径范围要求。

6.1.2 机械设备的使用守则

1. 设备使用状况符合的"四项要求"

（1）整齐：工具、工件、附件摆放整齐，设备零部件及安全防护装置齐全有效，线路管道完整。

（2）清洁：机械设备内外清洁；各部位不漏油、不漏水。

（3）润滑：按时加油、换油，油质符合要求，油窗明亮，油路畅通。

（4）安全：遵守定人定机制度和交接班制度，遵守安全操作维护规程，合理使用，注意观察运行情况，不出安全事故。

2. 设备使用过程的"三好"要求

（1）管好设备：设备有专人保管，未经批准，不能使用和改动设备。

（2）用好设备：认真贯彻操作规程，不超负荷使用设备。

（3）修好设备：要求操作工人要配合维修工人及时排除设备故障。

3. 设备使用人要遵守的"五项纪律"

（1）持有效期内操作证使用设备，遵守安全操作维护规程。

（2）经常保持设备整洁，按规定加油，保证合理润滑。

（3）遵守交接班制度。

（4）管好工具、附件，不得遗失。

（5）发现异常立即通知有关人员检查处理。

6.1.3 施工升降机管理制度

1. 岗位责任制

司机的岗位责任制，就是把施工升降机的使用和管理的责任落实到具体人员身上，也就是把人与机的关系相对固定下来，由他们负责操作、维护、保养和保管，在使用过程中对机械技术状况和使用效率全面负责，以增强司机爱护机械设备的责任心，提高司机的操作技能，有利于司机熟悉机械特性，熟练掌握操作技术，合理使用机械设备，使机械设备处于完好状态，提高机械效率，确保安全生产。

（1）岗位责任制的形式

施工升降机的使用必须贯彻"管、用、养结合"和"人机固定"的原则，实行定人、定机、定岗位的"三定"岗位责任制，也就是每台施工升降机有专人操作、维护与保管。实行岗位责任制，根据施工升降机使用类型的不同，可采取下列两种形式：

1）施工升降机由单人操作的，应明确其为机械使用负责人，承担机长职责。

2）多班作业或多人的施工升降机，应任命一人为机长，其余为机员。机长选定后，应由施工升降机的使用或所有单位任命，并保持相对稳定，一般不轻易作变动。在设备内部调动时，最好人随机动。

（2）岗位责任制的内容

1）机长职责

机长是机组的负责人和组织者，其主要职责是：

① 指导机组人员正确使用施工升降机，充分发挥机械效能，完成施工生产任务等各项技术经济指标，确保安全作业。

② 带领机组人员坚持业务学习，不断提高业务水平，模范地遵守操作规程和有关安全生产的规章制度。

③ 检查、督促机组人员共同做好施工升降机的维护保养，保证机械和附属装置及随机工具整洁、完好，延长设备的使用寿命。

④ 督促机组人员认真落实交接班制度。

2）施工升降机司机职责

作为施工升降机的实际操作者，施工升降机司机必须具备的高度责任心和熟练的操作技能，必须严格遵守操作规程，精确掌握搭乘人员的人数及物料重量和设备操作、运行中的环境变化和设备的状况（包括维护保养）。

施工升降机司机的职责，归纳起来主要有以下几个方面：

① 持有效期内的、施工升降机操作类别的特种作业操作证上岗。

② 严格遵守安全操作规程，自觉地抵制违章作业。

③ 熟悉施工升降机的性能，认真做好施工升降机日常的维护保养工作，确保施工升降机不带病运行。

④ 发现施工升降机存在技术故障或安全隐患，要及时向主管人员反映，故障或隐患不排除，施工升降机不得运行，包括不得由他人操作运行。

⑤ 熟悉施工现场的各种管理制度，认真做好作业前的检查。

⑥ 禁止把施工升降机交给非持证人员操作或非工地主管部门安排的司机操作。

⑦ 加强安全生产的责任感，提高工作技能，及时向主管部门反映设备工况和提出合理化建议。

⑧ 认真执行施工升降机运行的交接班制度，并做好交接班记录。

2. 交接班制度

为使施工升降机在多班作业或多人轮班操作时，能相互了解情况、交代问题，分清责任，防止机械损坏和附件丢失，保证施工生产的连续进行，必须建立交接班制度，作为岗位责任制的组成部分。

交接班时，双方都要全面检查，做到不漏项目，交接清楚，由交方负责填写交接班记录，接方核对相符经签收后交方才能下班。

（1）交班司机职责

1）检查施工升降机的机械、电气部分是否完好；

2）操作手柄置于零位，切断电源；

3）本班施工升降机运转情况、保养情况及有无异常情况；

4）交接随机工具、附件等情况；

5）清扫卫生，保持清洁；

6）认真填写好设备运转记录和交接班记录。

（2）接班司机职责

1）认真听取上一班司机工作情况介绍；

2）仔细检查施工升降机各部件完好情况；

3）使用前必须进行空载试验运转，检查限位开关、紧急开关等是否灵敏可靠，如有问题应及时修复后方可使用，并做好记录。

（3）交接班记录内容

交接班记录具体内容和格式，参见表6-1。交接记录簿由机械管理部门于月末更换，收回的记录簿是设备使用的原始记录，应保存备查。机长应经常检查交接班制度的执行情况，并作为司机日常考核的依据。

施工升降机交接班记录表　　　　表6-1

工程名称		使用单位	
设备型号		备案登记号	
交接时间	年　　月　　日　　时　　分		
检查结果代号说明	√＝合格　　○＝整改后合格　　×＝不合格		

序号	检查项目	交班检查	接班检查
1	施工升降机通道无障碍物		
2	地面防护围栏门、吊笼门机电联锁完好		
3	各限位挡板位置无移动		
4	各限位器灵敏可靠		
5	各制动器灵敏可靠		
6	清洁良好		
7	润滑充足		
8	各部件紧固无松动		

序号	检查项目	交班检查	接班检查
9	其他		

故障及维修记录：

交班司机签名：   接班司机签名：

6.2 施工升降机的安全操作

6.2.1 安全操作规程

（1）施工升降机司机必须经过有关部门专业培训，考核合格后取得特种作业人员操作资格证书，持证上岗，使用单位应对施工升降机司机进行书面安全技术交底。

（2）施工升降机司机应遵守安全操作规程和安全管理制度。

（3）施工升降机司机严禁酒后作业，工作时间内司机不应与其他人员闲谈，不应有妨碍施工升降机运行的行为。

（4）暴风雨后，施工升降机的基座、电源、接地、过桥、暂设支撑等，要进行安全检查。

（5）严禁超载、超员，运载货物应做到均匀分布，防止偏载，物料不得超出梯笼之外。未到规定停靠位置，禁止人员上下。

（6）实行多班作业的施工升降机，应执行交接班制度，交班司机应按表 6-1 填写交接班记录表。接班司机应进行班前检查，确认无误后，方可开机作业。

（7）吊笼启动前必须鸣铃示意，电梯未切断总电源开关前，司机不准离开操作岗位。

（8）每天首次使用升降机时，应在地面层站位置多次点动升降吊笼，验证电机制动器功能正常可靠后，再正常使用；应检查施工升降机的技术状况和安全装置灵敏，各限位碰块位置正确；严禁施工升降机使用超过有效标定期的防坠安全器。

（9）工作时间内司机不得擅自离开施工升降机。当有特殊情况需离开时，应将施工升降机停到最底层，关闭电源，锁好吊笼门，并挂上有关告示牌。

（10）遇恶劣天气，如雷雨、雷电、6级以上大风、大雾、导轨及电缆上结冰等应停止运行，夜间光线不明、通信信号不好停止运行。

（11）吊笼及对重体运行通道应无障碍物。

（12）带对重的施工升降机严禁在对重没有安装的情况下正常使用。

（13）当在施工升降机运行中发现异常情况时，应立即停机，直到排除故障后方能继续运行。

（14）当在施工升降机运行中由于断电或其他原因中途停止时，可进行手动下降。吊笼手动下降速度不得超过额定运行速度。

（15）如有人在导轨架、附墙架及笼顶上作业时，不得开动施工升降机，当吊笼升起时严禁有人进入地面防护围栏内。

（16）施工升降机在正常运行时，严禁把极限开关手柄退出有效位置，使其失效。

（17）操作施工升降机时，必须用手操纵手柄开关或按钮开关，严禁用行程限位开关作为停止运行的控制开关；严禁利用物品吊在操纵开关上或塞住控制开关，开动施工升降机上下行驶。

（18）在运行中严禁进行保养作业，双笼电梯一只梯笼进行笼外维修保养时，另一只梯笼不得运行。

（19）施工升降机向上行驶至最上层站时，应注意及时停止行驶，以防吊笼冲顶。满载向下行驶至最底层站时，也应注意及时停止行驶，以防吊笼蹲底。

（20）施工升降机在行驶中停层时，应注意楼层位置。在转换运行方向时，应先把开关打到停止位置，待施工升降机停稳后，再换反向位置，不能换向太快，以防损坏电气、机械部件，造成危险。

（21）在施工升降机运行中或吊笼未停妥前，不可开启单行门和双行门。对于 SS 型货用施工升降机，当安全停靠装置没有固定好吊笼时，严禁任何人员进入吊笼；吊笼安全门未关好或人未走出吊笼时，不得升降吊笼。

（22）作业中无论任何人发出紧急停车信号，均应立即执行。

（23）闭合电源前或作业中突然停电时，应将所有开关扳回零位。在重新恢复作业前，应在确认升降机动作正常后方可继续使用。

（24）作业结束后应将施工升降机返回最底层停放，将各控制开关拨到零位，切断电源，锁好开关箱、吊笼门和地面防护围栏门。

6.2.2 操作前的检查

（1）作业前，应当检查以下事项：

1）根据第 7 章"施工升降机的维护保养"的要求，进行规定的例行保养和维修。

2）升降机在受暴雨或强台风袭击后，应由专家检查所有的主要部件和结构节（含焊缝），并采取必要的措施保证能安全使用升降机。

3）检查导轨架等金属结构有无变形，连接螺栓有无松动，节点有无裂缝、开焊等情况。

4）检查附墙是否牢固，接料平台是否平整，各层接料口的栏杆和安全门是否完好，联锁装置是否有效，安全防护设施是否符合要求。

5）检查钢丝绳固定是否良好，对断股断丝是否超标进行检查。

6）查看吊笼和对重运行范围内有无障碍物等，司机的视线应清晰良好。

7）对于 SS 型施工升降机，检查钢丝绳、滑轮组的固结情况；检查卷筒的绕绳情况，发现斜绕或叠绕时，应松绳后重绕。

（2）试运行检查

1）电源接通前，检查地线、电缆是否完整无损，操纵开关是否置于零位。

2）电源接通后，检查电压是否正常、机件有无漏电、电器仪表是否灵敏有效。

3）进行以下操作，检查安全开关是否有效，应当确保此时吊笼等均不能启动：

① 打开围栏门；

② 打开吊笼单开门；

③ 打开吊笼双开门；

④ 打开顶盖紧急出口门；

⑤ 触动防断绳安全开关；

⑥ 按下紧急制动按钮；

⑦ 信号及通信装置的使用效果是否良好清晰。

（3）让吊笼向上运行后停在约 3m 高度上，此时，围栏门应该被锁住，无法打开。

（4）进行空载运行，检查上，下限位开关和三相极限开关及其碰铁是否有效、可靠、灵敏。试分别断开上，下限位和三相极限开关。断开上限位开关时，吊笼不能向上起动。断开下限位开关时，吊笼应不能向下起动。断开三相极限开关时，吊笼应不能起动。

（5）对于有对重的升降机还需在吊笼顶部检查偏心绳具上松绳限位开关的功能，断开此开关时，吊笼应不能起动。

（6）检查导架上各限位挡板和挡块的位置是否正确。

（7）检查吊笼的载荷情况，严禁超载。严禁货物伸出吊笼。

（8）负载运行，检查制动器的可靠性和架体的稳定性。

（9）检查各润滑部位，应润滑良好。如润滑情况差，应及时进行润滑；油液不足应及时补充润滑油。

（10）除了司机外，驾驶室内严禁载运其他人员或货物。

6.2.3 操作的一般步骤

不同厂家、不同型号的升降机操作面板稍有不同，但操作步骤方法大同小异。

1. 熟悉使用说明书

当接管从未操作过的施工升降机或新出厂第一次使用的施工升降机，首先须认真阅读该机的使用说明书，了解施工升降机的结构特点，熟悉使用性能和技术参数，掌握操作程序、安全使用规定和维护保养要求。

2. 熟悉操作台面板

如图 6-1 所示，通常情况下施工升降机的操纵台面板上配有启动、急停、警铃等按钮，安装了操作手柄，可操作吊笼上升、下降，并配有电压表、电源锁、照明开关以及电源、常规、加节指示灯等。施工升降机司机应当按说明书的内容逐项熟悉并掌握施工升降机的部件、机构、安全装置和操纵台以及操作面板上各类按钮、仪表、指示灯的作用。

（1）电锁，打开后控制系统将通电。

（2）电源指示灯，显示控制电路通断情况。

（3）电源电压指示表，供查看供电电压是否稳定。

（4）常规指示灯，显示设备处于正常工作状态。

（5）加节指示灯，显示施工升降机正处于加节安装工作状态。

（6）警铃按钮，按下后发出警示铃声信号。

（7）照明开关，控制驾驶室照明。

（8）操作手柄，控制吊笼向上或向下运行。

（9）启动按钮，按下后主回路供电。

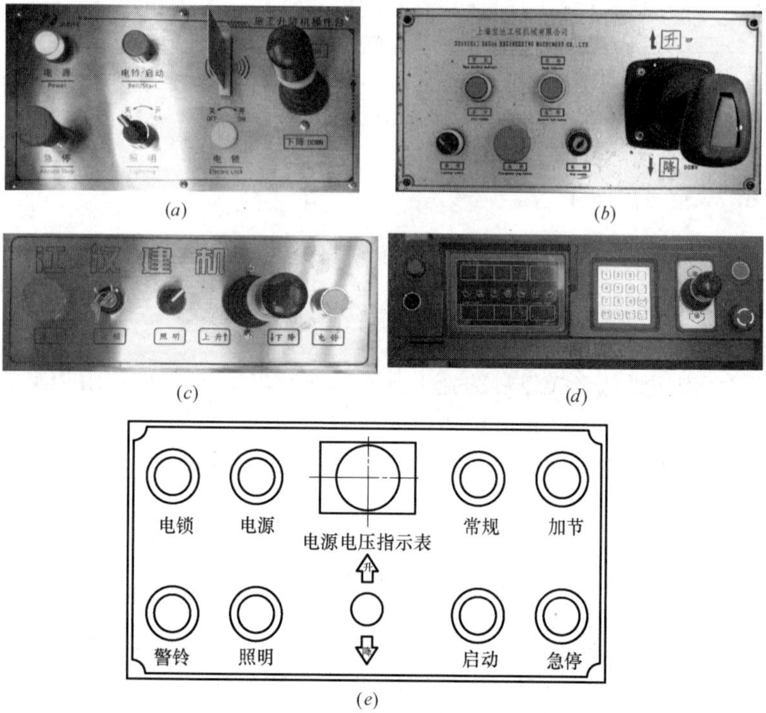

(a)

(b)

(c)

(d)

(e)

图 6-1　操作台面板

（a）～（d）操作台面板实物图；（e）操作台面板示意图

（10）急停按钮，按下后切断控制系统电源。

3. SC 型施工升降机操作步骤

（1）依次打开防护围栏门、吊笼门，进入吊笼。

（2）确认吊笼内的极限开关手柄置于中间位置，确认操纵台上的紧急制动按钮处于打开状态，升降操纵手柄置于中间位置。

（3）把围栏门上电源箱的电源开关置于"合"或"ON"位置，接通电源。

（4）依次关闭围栏门、吊笼单行门、双行门等。

（5）观察电压表，确认电源电压正常稳定。

（6）用钥匙打开控制电源。

（7）按下启动按钮，使控制电路通电。

（8）在运行前先按电铃按钮开关发出开机信号，然后操纵手柄，使施工升降机吊笼向上或向下运行。

（9）吊笼行至接近停层站时，按下停止按钮开关，吊笼即停该层。如出现平层不准确时，可继续开动吊笼调整位置，使吊笼达到准确的平层。

（10）司机离开驾驶室时，按下急停按钮，锁上电锁，关好吊笼门窗。锁好护栏门，切断下电箱内主电源，锁好下电箱。

4. SC 型变频调速升降机的操作

变频调速升降机根据用户选择的操纵开关的不同，有两种操作方法：

（1）方法一（常规配置：小型二挡控制开关）

1）将围栏电源箱的总电源开关置于"ON"位置。

2）货物和人员进入吊笼。

3）关好围栏门和吊笼所有的门。

4）接通操作盒上电锁开关，按下总起动按钮，接通变频器电源，等待 3s 后，再作下一步的操作。

5）先按警铃，操纵吊笼上下运行的操纵开关设计成二档位（上升，下降方向均有二档位），档位与档位之间采用连续过渡转换形式。操作时按所需方向轻推操纵手柄，则第一档位接通，吊笼低速运行（此档位主要用于停层时的慢速就位），继续推动操纵手柄，则第二档位被连续过渡接通，吊笼将按设定的额定速度运行。

6）当吊笼接近需停靠的层站时，将操纵手柄推回至第一档位，吊笼减速并以低速运行，当吊笼运行至所需停靠位置时，松开操纵手柄（自动回至零位），吊笼即停至所需位置。

（2）方法二（选配无级调速控制开关时）

1）将围栏电源箱的总电源开关置于"ON"位置。

2) 货物和人员进入吊笼。

3) 关好围栏门和吊笼所有的门。

4) 接通操纵台上的电锁开关，按下总起动按钮，变频器总电源及控制电路被接通，等待 3 秒钟后，再作下一步的操作。

5) 先按警铃，再按所需方向推动操纵手柄使吊笼运行，推动手柄的幅度（角度）太小，可以控制吊笼的运行速度，当吊笼运行接近所需停靠位置时，减小操纵手柄的推动幅度（减小角度），则吊笼减速慢行；当到达所需停靠位置时，使操纵手柄置于零位（中间位置），吊笼即停至所需停靠位置。

配用上述两种操纵控制开关的吊笼装有自动减速开关，并在底层站及顶层站的停层减速区间的标准节上装有自动减速挡板（或磁性挡块），其减速开关的作用是当吊笼以额定速度运行至底层站（或顶层站）区间时，操作人员尚未主动减速，该自动减速开关也会工作，使吊笼自动转换为慢速（低速）运行，可避免因操作不当引起的安全及机械事故。

运行中若突然停电，须等待 2min 后方可再启动变频器。

5. SS 型施工升降机操作步骤

（1）在操作前，司机应首先按要求进行班前检查。

（2）送电后，进行空载试运转，无异常后，方可正常作业。

（3）物料进入吊笼内，笼门关闭后，发出音响信号示意，按下上升按钮使吊笼向上运行。

（4）运行到某一指定接料平台处，按下停止按钮，吊笼停止待物料推出吊笼外，笼门关闭后，发出音响信号示意，按下下降按钮使吊笼向下运行，运行到地面，按下停止按钮，吊笼停止，完成一个操作过程。

6. 施工升降机的使用记录

施工升降机在使用过程中必须认真做好使用记录，由使用人员填写，使用记录一般包括运行记录、维护保养记录、交接记录和其他内容。

6.2.4　出现异常情况的操作要求

（1）当施工升降机的吊笼门和防护围栏门关闭后，如吊笼不能正常启动时，应随即将操纵开关复位，防止电动机缺相或制动器失效，而造成电动机损坏。

（2）在吊笼门和防护围栏门没有关闭情况下，吊笼仍能启动运行，应立即停止使用，进行检修。

（3）施工升降机在运行中，如果电源突然中断，应使所有操纵开关恢复停止的原始位置。电源恢复后，应检查所有操纵开关位置后方可重新运行。

（4）吊笼在行驶中或停层时，出现失去控制的现象时，应立即按下急停开关，切断控制回路电源，使吊笼停止运行，如果吊笼未立即停止，应拉下极限开关，由专业人员进行检修。

（5）当施工升降机在运行时，如果发现有异常的噪声、振动和冲击等现象，应立即停止使用，通知维修人员查明原因。

（6）吊笼在正常载荷下，停层时出现明显下滑现象时，应停用检修。

（7）当接触到施工升降机的任何金属部件时，如有漏电现象，应立即切断施工升降机的电源进行检修。

（8）施工升降机在正常运载条件、正常行驶速度下，防坠安全器发生动作而使吊笼制动时，应由专业维修人员及时检修。

（9）当发现电气零件及接线发出焦热的异味时，施工升降机应立即停止使用进行检修。

6.2.5　紧急情况下的应对措施

在施工升降机使用过程中，有时会发生一些紧急情况，此时司机首先要保持镇静，维持好吊笼内乘员的秩序，迅速采取一些合理有效的应急措施，等待维修人员排除故障，尽可能地避免事故，减少损失。

1. 吊笼在运行中突然断电

吊笼在运行中突然断电时，司机应立即关闭吊笼内控制箱的电源开关，切断电源。紧急情况下可立即拉下极限开关臂杆切断电源，如图 6-2 所示，防止突然来电时发生意外，然后与地面或楼层上有关人员联系，判明断电原因，按照以下方法处置，千万不能图省事，与乘员一起攀爬导轨架、附墙架或防护栏杆等进入楼层，以防坠落造成人身伤害事故。

图 6-2　安全极限开关

（1）若短时间停电，可让乘员在吊笼内等待，待接到来电通知后，合上电源开关，经检查机械正常后才可启动吊笼。

（2）若停电时间较长且在层站上时，应及时撤离乘员，等待来电；若不在层站上时，应由专业维修人员进行手动下降到最近层站撤离乘员，然后下降到地面等待来电。

（3）若因故障造成断电且在层站上时，应及时撤离乘员，等待维修人员检修；若不在层站上时，应由专业维修人员进行手动下降到最近层站撤离乘员，然后下降到地面进行维修。

（4）若因电缆扯断而断电，应当关注电缆断头，防止有人触电。若吊笼停在层站上时，应及时撤离乘员，等待维修人员检修；若不在层站上时，应由专业维修人员进行手动下降到最近层站撤离乘员，然后下降到地面进行维修。

手动下降方法：首先关闭电源开关，防止突然来电。使用笼内爬梯打开天窗上至笼顶处，将最上部电机释放手柄螺母拧紧，松开电动机制动器，如图 6-3 所示，然后将另外两个电机尾部的手动释放手柄缓缓拉出，吊笼将下降。注意不要贪图省力，而使用垫块等物卡住手柄的回程。每下降 10～20m 后松手停止下降，待电机刹车片降温后（至少 1min 以上），再继续重复下降过程。当到达最近一个层门站时，必须先疏散所有人员或卸去运载物件，然后再重复下降，直至地面。专业维修人员进行手动下降时，一定要认真仔细，若需要探头越过围栏观察下面情况的话，必须先停止下滑。全过程中还要注意下滑速度不要太快，因为超过额定速度的话，吊笼里面的限速安全器会发生动作。

图 6-3　手动下降吊笼

2. 吊笼发生失火

当吊笼在运行中途突然遇到电气设备或货物发生燃烧，司机应立即停止施工升降机的运行，及时切断电源，并用随机备用的灭火器来灭火。然后，报告有关部门和抢救受伤人员，撤离所有乘员。

使用灭火器时应注意，在电源未切断之前，应用卤代烷1211、干粉、二氧化碳等灭火器来灭火；待电源切断后，方可用酸碱、泡沫等灭火器及水来灭火。

3. 吊笼在高处停止时自行下滑

高空处的吊笼在上了若干人员、装载了一些物料后忽然自己向下滑行，这种情况也可能发生在上行后停止在某层时，司机必须意识到下滑速度会越来越快，将演变成坠落。此时应保持冷静，迅速按下急停按钮。如果吊笼没有停止住仍旧向下滑行，则立即将急停按钮复位，按下启动按钮，再操作下行操纵杆，开动吊笼向下"正常运行"，电动机如能工作，则直开至地面 2～3m处，操作上行操纵杆，使吊笼停顿一下不下滑，再回到操纵杆中间位置，吊笼会缓慢下滑，重复操作上述步骤，直至平稳到达地面。重复操作上行操纵杆和使操作杆回到中间位置，是为了防止吊笼连续下滑到了地面，冲击力巨大。如果电机没有反应，则人工已无法进行干预了，此时，限速安全器将会在下坠速度超过规定速度后立即动作，制动住吊笼。

造成吊笼自行下滑的原因是电动机的制动力矩太小，或者制动块、制动盘已经磨损过度，或制动盘面被油污染，以及超载。

虽然在下滑时，即使司机不采取任何措施，安全器也会制停吊笼，但从下滑开始至安全器动作仍有一小段时间内，应争取在安全器动作之前尝试上述步骤以控制吊笼。而且安全器发生动作的话，会对吊笼笼体、背轮和导轨架产生一定冲击，有可能会发生其他意外。因为司机在下滑发生时，不能因为惊恐或相信安全器而不做反应、眼睁睁地任由吊笼下滑。

4. 吊笼越程冲顶

所谓吊笼冲顶是指施工升降机在运行过程中吊笼越过上限位、上极限限位，冲击天轮架，甚至击毁天轮架，使吊笼脱离导轨架从高处坠落。

施工升降机使用过程中，若发生吊笼冲顶事故，司机一定要镇静应对，防止乘员慌乱而造成更大的事故后果。

（1）在吊笼的上限位开关碰到限位挡铁时，该位置的上部导轨架应至少有 1.8m 的安全距离，当发现吊笼越程时，司机应及时按下红色急停按钮，如图 6-4 所示，让吊笼停止上升；如不起作用吊笼继续上升，则应立即关闭极限开关，切断控制箱内电源，使吊笼停止上升。吊笼停止后，用手动下降方法，使吊笼下降，让乘员在最近层站撤离，然后下降吊笼到地面站，交由专业维修人员进行修理。

（2）当吊笼冲击天轮架后停住不动，司机应及时切断电源，稳住乘员的情绪，然后与地面或楼层上有关人员联系，等候维修人员上机检查；如施工升降机无重大损坏即可用手动下降方法，使吊笼下降，让乘员在最近层站撤离，然后下降到地面站进行维修。

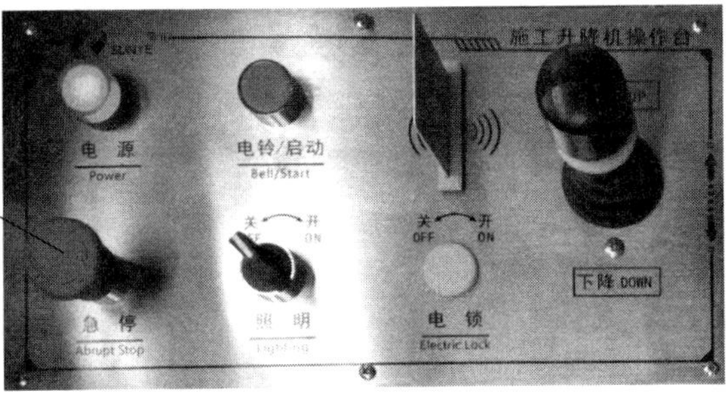

红色急停
按钮

图 6-4　操作台上的红色急停按钮

（3）当吊笼冲顶后，仅靠安全钩悬挂在导轨架上，此种情况最危险，司机和乘员一定要镇静，严禁在吊笼内乱动、乱攀爬，以免吊笼翻出导轨架而造成坠落事故。此时要及时向临近的其他人员发出求救信号，等待救援人员施救。救援人员应根据现场情况，尽快采取最安全和有效的应急方案，在有关方面统一指挥下，有序地进行施救。

救援过程中一定要先固定住吊笼，然后撤离人员。救援人员动作一定要轻，尽量保持吊笼的平稳，避免受到过度冲击或振动，使救援工作稳步有序进行。

5. 对重出轨

对重出轨后可能会撞到附墙架等障碍物，造成钢丝绳断裂而发生高空坠落，砸中低位的吊笼或地面人员，因此必须采取应急措施。在安装有对重的吊笼上，司机在运行中发现对重脱出其运行的对重轨道时，应立即使吊笼停止，并通知另一吊笼也立即停止工作（同样，如果发现另一只吊笼的对重出轨，自己也应立即停止工作，并通知另一吊笼立即停止工作），在最近的停层站，疏散吊笼内司乘人员，然后由专业维修人员进行复位处理。复位时先检查对重钢丝绳、滑道和滑轮等零部件的状况，若有损坏则必须进行更换；若正常则可小心向上升起吊笼，将对重慢慢放回至地面，再把对重放回其对应滑道。对重复位后应仔细检查，确认吊笼、对重系统等部件正常后方可使用。

6. SS 型施工升降机吊笼在运行时,钢丝绳突然被卡住

吊笼在运行中钢丝绳突然被卡住时,司机应及时按下紧急断电开关,使卷扬机停止运行,向周围人员发出示警,把各控制开关置于零位,关闭控制箱内电源开关,并启动安全停靠装置,然后通知专业维修人员,交由专业维修人员对施工升降机进行维修。专业维修人员到达前,司机不得离开现场。

由于工地情况复杂,作为露天使用的施工升降机更容易受到周围突发因素和渐发因素的影响,所以司机在操作吊笼上下行驶的时候,要时刻保持清醒与警惕。平时吊笼的启动、停止都不要急忙、慌张,要养成一套按程序操作的习惯。当发生紧急情况时,一定要保持冷静并且做出相应的反应。

6.2.6 作业结束后的安全操作

(1)施工升降机工作完毕后停驶时,司机应将吊笼停靠至地面层站。

(2)司机应将控制开关置于零位,切断电源开关。

(3)司机在离开吊笼前应检查一下吊笼内外情况,做好清洁保养工作,熄灯并切断控制电源。

(4)司机离开吊笼后,应将吊笼门和防护围栏门关闭严实,并上锁。

(5)切断施工升降机专用电箱电源和开关箱电源,并上锁。

(6)如装有空中障碍灯时,夜间应打开障碍灯。

(7)当班司机要写好交接班记录,进行交接班。

6.3 施工升降机性能试验

施工升降机的性能试验应具备以条件:环境温度为-20~+40℃;现场风速不应大于 13m/s;电源电压值偏差不大于±5%;荷载的质量允许偏差不大于±1%。

6.3.1 空载试验

全行程进行不少于 3 个工作循环的空载试验,每一工作循环的升、降过程中应进行不于 2 次的制动,其中在半行程应至少进行一次吊笼上升和下降的制动试验,观察有无制动瞬时滑移现象。若滑动距离超过标准,则说明制动器的制动力矩不够,应压紧其电机尾部的制动弹簧。

6.3.2 安装试验

安装试验也就是安装工况不少于 2 个标准节的接高试验。试验时首先将吊笼吊离地面 1m,再向吊笼平稳、均布地加载荷至额定载重量的 125%,然后切断动力电源,保持静态 10min,吊笼不应下滑,也不应出现其他异常现象。如若滑动距离超过标准,则说明制动器的制动力矩不够,应压紧其电机尾部的制动弹簧。有对重的施工升降机,应当在不安装对重的安装工况下进行试验。

6.3.3 额定载荷试验

在吊笼内装入额定载重量,载荷重心位置按吊笼宽度方向均向远离导轨架方向偏六分之一宽度,长度方向均向附墙架方向偏六分之一长度的内偏以及反向偏移六分之一长度的外偏,按所选电动机的工作制,各做全行程连续运行 30min 的试验,每一工作循环的升、降过程应进行至少一次制动。

额定载重量试验后,吊笼应运行平稳,启动、制动正常,无异常响声,吊笼停止时,不应出现下滑现象,在中途再启动上升时,不允许出现瞬时下滑现象。额定载荷试验后,记录减速器油液和液压系统的温升,蜗轮蜗杆减速器油液温升不得超过 60℃,其他减速器油液温升不得超过 45℃。

双吊笼施工升降机应按左、右吊笼分别进行额定载荷试验。

6.3.4 超载试验

在施工升降机吊笼内均匀布置125%额定载重量的载荷，工作行程为全行程，工作循环不应少于3个，每一工作循环的升、降过程中应进行不少于一次制动。吊笼应运行平稳，启动、制动正常，无异常响声，吊笼停止时不应出现下滑现象。

6.3.5 坠落试验

1. 防坠试验的意义

防坠安全器担负着在吊笼失速坠落时制停的重要功能，所有升降机事故中，只有坠落才会导致最大程度的人员伤亡事故，因此必须要保证吊笼的安全器的可靠与正常，才能使施工升降机发生伤亡事故的概率降至最低。而定期进行坠落试验，则是检验安全器可靠与否、正常与否的有效手段。

2. 坠落试验的程序

首次使用的施工升降机或转移工地后重新安装的施工升降机，必须在投入使用前进行额定载荷坠落试验。施工升降机投入正常运行后，每3个月应进行不少于一次的坠落试验。以确保施工升降机的使用安全。坠落试验一般程序如下：

（1）在吊笼中加载额定载重量，并使载荷分布均匀。

（2）切断地面电源箱的总电源。

（3）将坠落试验按钮盒的电缆插头插入吊笼电气控制箱底部的坠落试验专用插座中。

（4）把试验按钮盒的电缆固定在吊笼上电气控制箱附近，将按钮盒设置在地面。坠落试验时，应确保电缆不会被挤压或卡住。

（5）撤离吊笼内所有人员，关上全部吊笼门和围栏门。

（6）合上地面电源箱中的主电源开关。

（7）按下试验按钮盒标有上升符号的按钮（符号↑），如图6-5所示，驱动吊笼上升至离地面约5～10m的高度。

（8）按下试验按钮盒标有下降符号的按钮（符号↓），并保持按住该按钮。这时，电机制动器松闸，吊笼下坠。当吊笼下坠速度达到临界速度时，防坠安全器将动作，把吊笼刹住。

当防坠安全器未能按规定要求动作而刹住吊笼时，必须将吊笼上电气控制箱上的坠落试验插头拔下，操纵吊笼下降至地面后，查明防坠安全器不动作的原因，排除故障后，才能再次进行试验，必要时需送生产厂校验。

（9）若安全器动作，但未切断电源，即按"上行"按钮，吊笼仍可上升。此时应调整或更换安全器机电连锁开关，按"4.防坠安全器动作后的复位"复位后，重做坠落试验，直至合格。

（10）使安全器复位，复位完成后，开动吊笼向上运行约1m，然后下降吊笼至地面，去除笼内载荷。

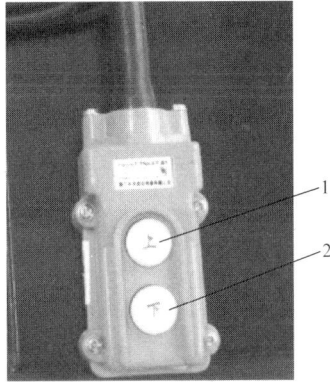

图6-5　坠落试验按钮图
1—上升按钮；2—下降按钮

（11）拆除坠落试验线，将安全器盖上好。

3. 防坠安全器的检查

若升降机在正常工作中，安全器发生动作，应按以下内容查明原因，并采取相应的措施后，才能进行复位。

（1）检查电磁制动器是否工作正常。

（2）检查减速器和联轴器是否工作正常。

（3）检查吊笼滚轮、背轮是否工作正常。

（4）检查对重系统是否工作正常。

（5）检查吊笼是否与小车架脱离。

（6）检查齿轮齿条啮合是否正常。

（7）检查安全器有无故障。

4. 防坠安全器动作后的复位

坠落试验后或防坠安全器每发生一次动作，均需对防坠安全器进行复位工作。在正常操作中发生动作后，须查明发生动作的原因，并采取相应的措施。在检查确认完好后或查清原因、排除故障后，才可对安全器进行复位，防坠安全器未复位前，严禁继续操作施工升降机。安全器在复位前应检查电动机、制动器、蜗轮减速器、联轴器、吊笼滚轮、对重滚轮、驱动小齿轮、安全器齿轮、齿条、背轮和安全器的安全开关等零部件是否完好、连接是否牢固、安装位置是否符合规定。

目前常用的渐进式防坠安全器从外观构造上区分有两种，安全器Ⅰ是后端只有后盖，安全器Ⅱ是在后盖上有一个小罩盖。两种安全器的复位方法有所不同。

（1）安全器Ⅰ复位操作，如图 6-6 所示

1）断开主电源。

2）旋出螺钉 1，拆下后盖 2，旋出螺钉 3。

3）用专用工具 4 和扳手 5，旋出铜螺母 6 直至弹簧销 7 的端部和安全器外壳后端面平齐为止，这时安全器的安全开关已复位。

4）安装螺钉 3。

5）接通主电源，驱动吊笼向上运行 300mm 以上，使离心块复位。

6）用锤子通过铜棒，敲击安全器后螺杆。

7）装上后盖 2，旋紧螺钉 1。

8）若复位后，外锥体摩擦片未脱开，可用锥子通过铜棒，敲击安全器后螺杆，迫使其脱离，达到复位作用。

（2）带罩盖安全器Ⅱ复位操作，如图 6-7 所示

1）～5）与安全器Ⅰ复位操作 1）～5）相同。

6）装上后盖 2，旋紧螺钉 1，旋下罩盖 9，用手旋紧螺栓 8。

7）用扳手 5 把螺栓 8 再旋紧 30°左右，然后立即反向退至上一步初始位置。

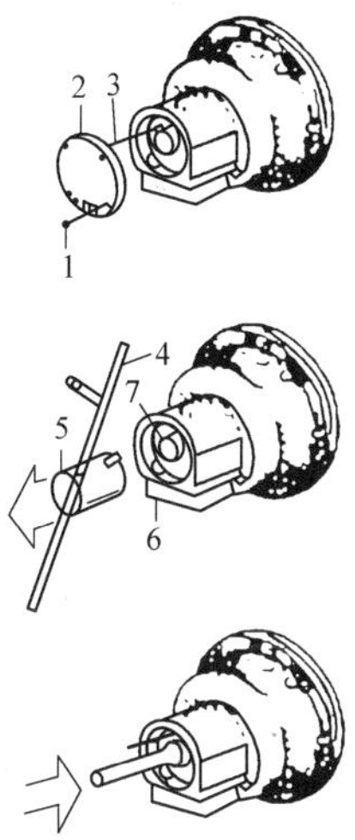

图 6-6　安全器Ⅰ的复位
1—螺钉；2—后盖；3—螺钉；
4—专用工具；5—扳手；
6—铜螺母；7—弹簧销

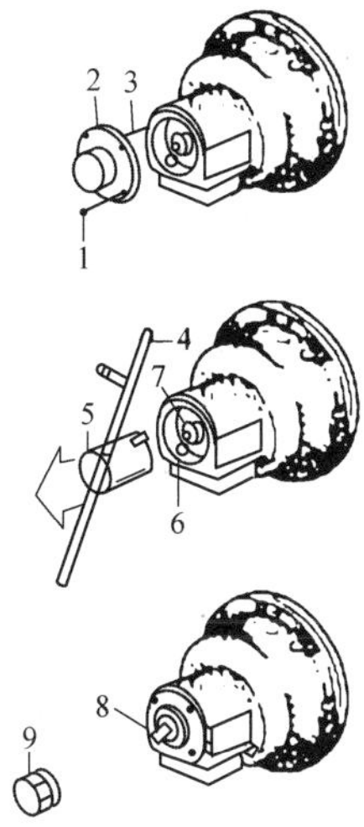

图 6-7　安全器Ⅱ的复位
1—螺钉；2—后盖；3—螺钉；4—专用工具；
5—扳手；6—铜螺母；7—弹簧销；
8—螺栓；9—罩盖

8）装上罩盖 9。

为安全起见，防坠安全器在任何情况下都不要轻易拆开，因为防坠安全器的制动力矩及临界转速需要在专用设备上进行调整设定。

6.4　施工升降机的安全检查

6.4.1　检查的意义及方法

在正常情况下，设备突然损坏的情况是很少见，大部分故障都是由于零部件轻微磨损的逐渐发展而形成的。如果能在零件磨损或劣化的早期就发现故障征兆并加以消除，就可以防止劣化的发展和故障的发生，而设备的检查就是早期发现征兆能事先察觉隐患的一种极为有效的手段。在日常生产中，通过对设备进行检查，可以掌握零部件的磨损情况及整机的技术状态，并针对发现问题提出维修方案和改进措施，避免因故障发生而使维修费用增加和影响生产。

检查方法一般可分为两种：一种是人工直观检查；一种是采用仪器检查。这两种检查方法都是在不解体或只拆下个别小的零件的条件下来确定升降机的技术状况。施工升降机的人工直观检查是通过经验或借助于简单工具、仪器，以听、看、闻、测等方法来检查设备存在的安全隐患。

（1）听：根据响声的特征来判断故障。判别故障时应注意到异响与转速、温度、载荷以及发出响声位置的关系，同时也应注意异响与伴随现象，这样判断故障准确率较高。异响表征着机械技术状况变化的情况，异响声越大，机械技术状况越差。老化的机械设备往往发生的异响多而嘈杂，一时不易辨出故障。这就需要司机平时多听，以训练听觉，不断地熟悉机械设备各机件运动规律，只有这样才能较准确地检查出故障。

（2）看：直接观察机械设备的异常现象。例如，漏油、漏水，外表锈蚀严重，以及机件松脱或断裂等，均可通过察看来判别故障。

（3）闻：通过用鼻子闻气味来检查故障，例如，电线烧坏时会发出一种焦煳臭味，从而根据闻到不同的异常气味来判别故障。

（4）测：是用简单仪器测量，根据测得结果来判别故障。例如，用万用表测量电路中的电阻、电压值等，以此来判断电路或电气元件的故障。

6.4.2 检查的安全注意事项

（1）必须由具有相应资格的人员进行操作，如电气检查人员必须具有电工操作证，并经过相关知识培训。

（2）在进行电气检查时，必须穿绝缘鞋。

（3）在进行电机检查时，必须切断主电源 10min 后才能检修。

（4）检查人员应按高处作业安全要求，包括必须戴安全帽、系安全带、穿防滑鞋等，不得穿过于宽松的衣服，应穿工作服。

（5）严禁夜间或酒后进行操作、检查。

（6）升降机运行时，操作人员的头、手绝不能伸出安全围栏外。

（7）除了进行天轮、附墙架连接、标准节连接和电缆导向装置检查时需要将吊笼停在相应检查位置之外，在进行其他检查时都应将吊笼停在底层。

6.4.3 施工升降机安全检查的内容

施工升降机的安全检查有：日常检查、月度检查、特殊情况下的检查、不定期检查、定期检测等。施工升降机的安全检查应符合相应标准，参见附录《建筑施工安全检查标准》（JGJ 59—2011）。

1. 日常检查

设备日常检查为司机每班强制检修制项目，时间为每日交接班时或上、下班时。

设备日常检查应做好设备的清洁、润滑、调整、紧固工作。检查设备零部件是否完整、设备运转是否正常，有无异常声响、漏油、漏电等现象。维护和保持设备状态良好，保证设备正常运转。施工升降机司机应按使用说明书要求对施工升降机进行检查，检查的内容可参考表 6-2，并对检查结果进行记录，发现问题应向使用单位报告。

2. 月度检查

在使用期间，使用单位应每月组织专业技术人员按使用说明书对施工升降机进行检查，检查内容可参考表 6-3，并对检查结果进行记录。

施工升降机每日使用前检查表　　表 6-2

工程名称		工程地址	
使用单位		设备型号	
租赁单位		备案登记号	
检查日期		年　　月　　日	

检查结果代号说明	√＝合格　　　○＝整改后合格　　　×＝不合格　　　无＝无此项

序号	检查项目	检查结果	备注
1	外电源总开关、总接触器正常		
2	地面防护围栏门及机电联锁正常		
3	吊笼、吊笼门和机电联锁操作正常		
4	吊笼顶紧急逃生门正常		
5	吊笼及对重通道无障碍物		
6	钢丝绳连接、固定情况正常,各曳引钢丝绳松紧一致		
7	导轨架连接螺栓无松动、缺失		
8	导轨架及附墙架无异常移动		
9	齿轮、齿条啮合正常		
10	上、下限位开关正常		
11	极限限位开关正常		
12	电缆导向架正常		
13	制动器正常		
14	电机和变速箱无异常发热及噪声		
15	急停开关正常		
16	润滑油无泄露		
17	警报系统正常		
18	地面防护围栏内及吊笼顶无杂物		

发现问题:	维修情况:

司机签名:

设备型号				备案登记号		
工程名称				工程地址		
设备生产厂				出厂编号		
出厂日期				安装高度		
安装负责人				安装日期		

检查结果代号说明　　√=合格　　○=整改后合格　　×=不合格　　无=无此项

名称	序号	检查项目	要求	检查结果	备注
标志	1	统一编号牌	应设置在规定位置		
	2	警示标志	吊笼内应有安全操作规程,操作按钮及其他危险处应有醒目的警示标志,施工升降机应设限载和楼层标志		
基础和维护设施	3	地面防护围栏门联锁保护装置	应装机电联锁装置。吊笼位于底部规定位置时,地面防护围栏门才能打开。地面防护围栏门开启后吊笼不能启动		
	4	地面防护围栏	基础上吊笼和对重升降通道周围应设置地面防护围栏,高度≥1.8m		
	5	安全防护区	当施工升降机基础下方有施工作业区时,应加设对重坠落伤人的安全防护区及其安全防护措施		
	6	电缆收集筒	固定可靠、电缆能正确导入		
	7	缓冲弹簧	应完好		
金属结构件	8	金属结构件外观	无明显变形、脱焊、开裂和锈蚀		
	9	螺栓连接	紧固件安装准确、紧固可靠		
	10	销轴连接	销轴连接定位可靠		

名称	序号	检查项目	要求		检查结果	备注
金属结构件	11	导轨架垂直度	架设高度 h/m	垂直度偏差/mm		
			$\leqslant 70$	$\leqslant (1/1000)h$		
			$70 < h \leqslant 100$	$h \leqslant 70$		
			$100 < h \leqslant 150$	$h \leqslant 90$		
			$150 < h \leqslant 200$	$7h \leqslant 110$		
			$h > 200$	$h \leqslant 130$		
			对钢丝绳式施工升降机,垂直度偏差不大于$(1.5/1000)h$			
吊笼及层门	12	紧急逃生门	应完好			
	13	吊笼顶部护栏	应完好			
	14	吊笼门	开启正常,机电联锁有效			
	15	层门	应完好			
传动及导向	16	防护装置	转动零部件的外露部分应有防护罩等防护装置			
	17	制动器	制动性能良好,有手动松闸功能			
	18	齿轮齿条啮合	齿条应有90%以上的计算宽度参与啮合,且与齿轮的啮合侧隙应为0.2~0.5mm			
	19	导向轮及背轮	连接及润滑应良好,导向灵活,无明显倾侧现象			
	20	润滑	无漏油现象			
附着装置	21	附墙架	应采用配套标准产品			
	22	附着间距	应符合使用说明书要求			
	23	自由端高度	应符合使用说明书要求			
	24	与构筑物连接	应牢固可靠			

名称	序号	检查项目	要求	检查结果	备注
安全装置	25	防坠安全器	应在有效标定期限内使用		
	26	防松绳开关	应有效		
	27	安全钩	应完好有效		
	28	上限位	安装位置:提升速度 $v<0.8\text{m/s}$,留有上部安全距离应$\geq1.8\text{m}$;$v\geq0.8\text{m/s}$ 时,留有上部安全距离(m)应$\geq1.8+0.1v^2$		
	29	上极限开关	极限开关应为非自动复位型,动作时能切断总电源,动作后需手动复位才能使吊笼启动		
	30	越程距离	上限位和上极限开关之间的越程距离应不小于 0.15m		
	31	下限位	应完好有效		
	32	下极限开关	应完好有效		
	33	紧急逃离门安全开关	应有效		
	34	急停开关	应有效		
电气系统	35	绝缘电阻	电动机及电气元件(电子元器件部分除外)的对地绝缘电阻应不小于 0.5MΩ,电气线路的对地绝缘电阻应不小于 1MΩ		
	36	接地保护	电动机和电气设备金属外壳均应接地,接地电阻应不大于 4Ω		
	37	失压、零位保护	应有效		
	38	电气线路	排列整齐,接地,零线分开		

221

名称	序号	检查项目	要求	检查结果	备注
电气系统	39	相序保护装置	应有效		
	40	通信联络装置	应有效		
	41	电缆与电缆导向	电缆完好无破损,电缆导向架按规定设置		
对重和钢丝绳	42	钢丝绳	应规格正确,且未达到报废标准		
	43	对重导轨	接缝平整,导向良好		
	44	钢丝绳端部固结	应固结可靠。绳卡规格应与绳径匹配,其数量不得少于3个,间距不小于绳径的6倍,滑鞍应放在受力一侧		

检查结论:

租赁单位检查人签字:
使用单位检查人签字:
日期: 年 月 日

注:对不符合要求的项目应在备注栏具体说明,对要求量化的参数应填实测值。

3. 特殊情况下的检查

(1) 施工升降机不能启动的前期检查

施工升降机不能启动的前期检查,可检查以下项目:

1) 电源箱和总电源开关是否打开,升降机上电源是否接通。

2) 急停按钮是否打开。

3) 极限开关是否处于"ON"位置(动作手柄是否为水平状态)。

4) 活板门、吊笼门是否关闭。

5）围栏门是否关闭。

6）断绳保护开关有无动作（有对重的升降机）。

7）保护开关是否掉闸。

8）变频器是否有输出（带变频器的升降机）。

9）上、下限位，减速限位开关是否正常。

10）限速安全器开关是否正常。

如果排除上述各项后仍不能启动吊笼，请专业维修人员按该机发生了故障进行"故障检查"处理。

（2）附着、加节的专项检查

随着建筑物的不断升高，施工升降机为满足施工需要，导轨架也要加节升高，同时为了确保导轨架自由端高度符合使用说明书要求和导轨架的稳定性，施工升降机应与建筑物进行附着，附着装置应采用配套标准产品，附着间距应符合使用说明书要求或设计要求。安装完毕对附着和导轨架要进行检查，确保附墙架与导轨架以及建筑物之间的连接牢固可靠，如果加高安装过程有疏漏，很容易造成上行的吊笼与加高后的标准节同时倾覆坠落，发生重大安全事故。安装完后要进行导轨架加高后的试运行检查。导轨架加节和附着架的安装必须经过施工单位、安装单位、监理单位、租赁单位进行联合验收方可投入使用。

1）导轨架加节后试运行检查

① 吊笼内除司机外，应完全空载。

② 启动吊笼向上运行，在到达加高前的高度（或楼层）时停止上行。操作人员通过小梯和天窗上到笼顶，也可直接在笼顶进行全过程操作，这样不必上下攀爬，但要注意安全。

③ 观察加高后每一节标准节之间的四根主连接螺栓是否有漏缺以及是否拧紧，并确认上极限开关板、上限位开关板和加高后的附墙架的安装情况。

④ 最后返回吊笼内继续上行，重复上述步骤，直至吊笼达到加高后的最高工作楼层位置，然后降至地面。只有经过试行后的吊笼，才能投入正常的人员登载和物品运输作业。

该检查同时作为每日必须检查的重要内容，司机应在每日上班的第一次正式搭载人员上行前完成。

2）加节安装时不规范操作的检查

① 标准节之间的四根主连接螺栓没有拧紧，达不到使用说明书规定的力矩要求。

② 虚装标准节，只装螺栓但却没有上螺母。

③ 少装螺栓或螺母。

④ 附着加节顺序错误，附墙架没有安装或没有按规定安装好。

⑤ 上极限开关板没有安装或位置不准确（注：上极限开关板的位置应正对着吊笼安全器右侧的极限开关的动作手柄）。

这些安全隐患通常是由于安装人员疏忽大意造成的，这是一种很严重的极不负责的疏忽大意，直接危害了吊笼上全体人员的生命安全。如果司机未进行该类检查而直接工作的话，极有可能造成吊笼从最高处坠落并导致全体搭乘人员死亡的重大事故。

4. 不定期检查

不定期检查主要指季节性及节假日前后的检查。针对气候特点（如冬季、夏季、雨季等）可能给设备带来的危害和节假日（主要指元旦、劳动节、国庆节、春节）前后职工纪律松懈、思想麻痹的特点，进行季节性及节假日前后针对性的专项检查。当遇到可能影响施工升降机安全技术性能的自然灾害、发生设备事故或停工 6 个月以上时，应对施工升降机重新组织检查验收。

5. 定期检验

根据国家有关规定，建筑起重机械每次安装使用验收前及使用运行周期满一年的应当经有相应资质的检验检测机构检验合格，方可投入使用，未经验收或者验收不合格的不得使用。

6.4.4　施工升降机各部件的检查

1. 防护围栏及基础的检查

对防护围栏及基础检查的内容、方法和要求见表 6-4。

防护围栏及基础检查表   表 6-4

序号	检查项目	存在的问题	检查方法和要求
1	防护围栏内杂物和建筑垃圾	(1)防护围栏内常有木条、砖块、短钢筋等杂物; (2)楼层清理垃圾时大量垃圾堆积在防护围栏内,埋没缓冲弹簧,甚至堆积到吊笼无法停层到位	(1)每天启动吊笼前检查防护围栏内有无杂物; (2)在使用过程中经常检查围栏内有无杂物,发现杂物必须及时清理,尤其是较大物件,必须清理后才能使用
2	基础内积水	下雨或施工过程中造成积水	(1)下雨后或施工中,检查基础是否积水,如有积水应及时排除; (2)如由于无排水沟造成积水,应及时向有关部门反映设置排水沟等排水系统

2. 吊笼顶部的检查

对吊笼顶部检查的内容、方法和要求见表 6-5。

吊笼顶部检查表   表 6-5

检查项目	存在的问题	检查方法和要求
吊笼顶部杂物和栏杆	吊笼顶部堆积建筑垃圾,安装升节时遗留的零件等;防护栏杆缺少、弯曲变形或固定不可靠等	(1)每天下班前应做好检查和清洁工作,把吊笼停靠地面站站,通过爬梯登上笼顶,清扫顶部,尤其在加节后或顶部有人操作、使用后,应及时做好清扫工作; (2)每天上班前应检查吊笼顶部的防护栏杆是否缺少、损坏变形,检查栏杆是否固定牢靠

3. 层门与卸料平台的检查

司机在操作施工升降机时,要养成随手关闭吊笼层门的良好习惯,经常观察卸料平台及通道围挡的情况,关注层门与吊笼门的间隙距离,防止高空坠落。对层门与卸料平台检查的内容、方法和要求见表 6-6。

| | | 层门与卸料平台检查表 | 表 6-6 |
| | | | |

序号	检查项目	存在的问题	检查方法和要求
1	层门	层门未关闭,并进入吊笼运行通道内	(1)在地面观察层楼上有无未关闭的层门,在操纵吊笼运行时观察有无未关闭的层门,一旦发现必须立即设法关闭; (2)在开关层门时观察层门是否会与吊笼运行相干涉,一旦发现必须立即进行整改
2	卸料平台和防护设施	卸料平台未固定或固定不牢靠,卸料平台防护设施不符合安全要求	(1)吊笼停层后,乘员和物料通过卸料平台时,观察卸料平台是否有松动、滑移; (2)发现卸料平台端头搁置过短或未进行固定等现象,应立进行整改; (3)吊笼停层后,观察卸料平台临边的防护栏杆是否达到 1.2m 高度并符合安全要求,临边部位是否用密目式安全网或竹笆等进行围挡
3	层门与吊笼的间隙	层门的净宽度大于吊笼进出口宽度 120mm	吊笼停层时用卷尺测量,层门净宽是否大于吊笼们净宽度 120mm。如发现上述情况应及时进行整改

4. 安全装置的检查

施工升降机的安全限位保险装置较多,包括围栏门及吊笼门机械联锁装置,吊笼上、下限位开关、极限开关,防松(断)绳限位开关,安全钩,防坠安全器,紧急制动按钮以及超载检测装置等,其是否灵敏可靠直接关系到施工升降机是否能够安全运行。施工升降机司机应当经常检查或在相关人员配合下检查安全装置是否灵敏、可靠、有效。对安全保险限位装置检查的内容、方法和要求见表 6-7。

5. 传动机构的检查

施工升降机传动机构主要由电动机、电磁制动器、联轴节、蜗轮减速箱、驱动齿轮等组成。其主要零部件均安装在传动板上,对传动机构检查的内容、方法和要求见表 6-8。

			表 6-7

安全装置检查表

序号	检查项目	存在的问题	检查方法和要求
1	围栏门及吊笼门机械联锁装置和电气安全开关	无联锁装置、装置失效或损坏	(1)在地面检查有无机械联锁装置; (2)把吊笼升至离地面 2m 左右停止起升,地面人员检查围栏门的机械联锁装置是否有效地扣着围栏门;如吊笼也有机械联锁装置,则试图打开吊笼门,检查能否被打开; (3)地面人员试图打开围栏门,检查门能否被打开; (4)检查围栏门的电气安全开关是否有效
2	上、下限位开关	限位开关紧固螺栓松动或脱落,限位开关臂杆弯曲变形及限位开关失效	(1)在吊笼内观察限位开关的臂杆有无弯曲变形; (2)观察限位开关螺栓有无脱落,用手摇动限位开关观察有无松动; (3)启动吊笼,在上升过程中按压上限位臂杆,测试吊笼是否能够停止上升;同样在下降中测试下限位开关是否有效; (4)将吊笼上升至上限位开关挡块位置,检查挡块与上限位开关(极限开关)接触是否可靠有效
3	极限开关	极限开关手柄脱离挡铁位置、极限开关失效或某一方向失效	(1)吊笼停靠地面站或继续下行碰撞下限位开关,吊笼停止运行后观察极限开关手柄是否脱离挡铁位置; (2)启动吊笼,在上升或下降运行中扳动极限开关手柄,看吊笼是否停止运行;同时观察手柄在上、下位置定位是否准确
4	防松(断)绳限位开关	限位开关未接入控制电路、限位开关脱落或松动、限位开关损坏失效	(1)打开顶盖门登上吊笼顶,检查防松(断)绳限位开关有无脱落、松动、倾斜等现象; (2)观察限位开关导线是否接入控制电路; (3)按下限位开关臂杆或触头,检查吊笼运行是否停止

序号	检查项目	存在的问题	检查方法和要求
5	安全钩	安全钩松动,安全钩变形、开裂,上安全钩位置高于最低驱动齿轮	(1)在地面站台观察左右两侧的安全钩,有无松动、变形和开裂等现象; (2)从围栏外或另一只吊笼内观察安全钩是否在最低驱动齿轮的下方
6	防坠安全器	紧固螺孔有裂纹,透气孔向上,安全开关控制线腐蚀,超过标定期限	(1)在吊笼内观察安全器的紧固螺孔周围有无裂纹; (2)观察安全器壳体上的透气孔是否向下; (3)检查安全开关引线的绝缘层上有无油污、绝缘层是否腐朽; (4)查看安全器壳体上的检测标牌,是否在有效期内
7	紧急制动按钮	控制线接反或未接,按钮失效或损坏	(1)检查按钮有无损坏,向下按压检查能否顺利按下和自由锁定,然后反向旋转检查能否复位; (2)在吊笼上升离地面1~2m左右时按下紧急制动按钮,观察吊笼能否停止运行
8	超载检测装置	误差超过规定;未设置	(1)检查超载检测装置是否已设置,是否对吊笼内载荷及笼顶载荷均有效; (2)对吊笼进行加载,当载荷达到90%额定载重量时是否有报警信号,当达到110%时能否中止吊笼启动

传动机构检查表 表6-8

序号	检查项目	存在的问题	检查方法和要求
1	电动机	(1)电动机过热; (2)进线罩壳松动	(1)用手触摸电动机外壳,估计温度值,如遇过热,尽量加长停机时间; (2)要求派检修人员检查热继电器是否失效; (3)检查电动机进线罩有无松动,紧固螺栓有缺少等,否则,应及时完善

序号	检查项目	存在的问题	检查方法和要求
2	电磁制动器	(1)电磁制动器缺罩壳或罩壳松动 (2)制动块(片)磨损超标	(1)检查电磁制动器有无罩壳或罩壳是否固定可靠; (2)在地面起升吊笼到1~2m处停机,检查吊笼有无明显下滑
3	蜗轮减速器	漏油、缺油及过热	(1)进入吊笼内检查蜗轮减速器是否有滴油现象,吊笼底板、蜗轮箱壳、电缆上有无油污,如有漏油应及时维修; (2)检查蜗轮箱上的油仓,查看油液是否低于油面线,否则,应及时加注专用蜗轮油; (3)吊笼运行一段时间后应检查蜗轮箱的发热情况,一般温升不应超过60℃。如使用不频繁又无长距离运行,而温度很高,应考虑是否缺油或蜗轮副效率降低、失效。前者应及时加油,后者应由机修人员检查维修

6. 齿轮齿条的检查

齿轮齿条式施工升降机靠齿轮齿条的啮合,使吊笼挂在导轨架上,并沿导轨架升降,故齿轮的磨损量和齿轮齿条是否正确啮合是确保安全的重要因素。对齿轮齿条检查的内容、方法和要求见表6-9。

齿轮齿条检查表 表6-9

序号	检查项目	存在的问题	检查方法和要求
1	驱动齿轮	齿形磨损严重	(1)在防护围栏外、在对面吊笼内或进入吊笼顶部观察驱动齿轮齿形是否变尖; (2)根据经验:有对重的吊笼在正常使用情况下,一般3~4个月应更换齿轮;无对重的吊笼,一般在1~2个月需更换小齿轮; (3)用公法线千分尺测量齿轮的磨损量

序号	检查项目	存在的问题	检查方法和要求
2	齿轮齿条间杂物	齿轮齿条间常有较硬的建筑垃圾,会加剧齿面的磨损	(1)每天第一次启动吊笼时,必须检查所有齿轮与齿条间有无杂物; (2)在使用过程中,应经常检查齿轮齿条间有无杂物,尤其是较长时间停运后更要检查
3	齿轮齿条啮合	由于安装时未调试好,使用中吊笼变形、滚轮移位等造成齿轮齿条的啮合过松、过紧或接触面积的变化	观察齿条上润滑油被小齿轮啮合后的印痕,判断啮合情况,如图6-8所示,其中(a)为正确,(b)为中心距过大(过松),(c)为中心距过小(过紧),(d)为轴线不平行。中心距过大,吊笼运行时易跳动;中心距过小,吊笼运行时有阻滞现象;轴线不平行,吊笼位置可能会偏离导轨架,或吊笼向某一方向倾斜。这些现象都可能造成齿轮和齿条过度磨损,或局部受力后局部磨损,造成齿根裂纹或折断等情况

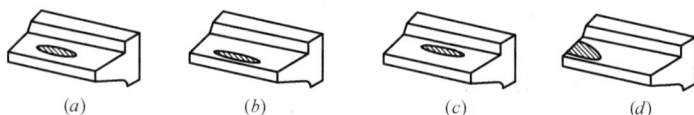

图 6-8　齿条上的印痕

(a) 正确;(b) 中心距过大(过松);(c) 中心距过小(过紧);(d) 轴线不平行

7. 对重装置的检查

施工升降机的对重装置主要由对重、导向轮、防脱导板、钢丝绳等组成。对对重装置检查的内容、方法和要求见表6-10。

对重装置检查表　　　　　　表 6-10

序号	检查项目	存在的问题	检查方法和要求
1	对重导轨	(1)固定式导轨脱焊 (2)装配式导轨松动 (3)导轨上下对接处阶差超标	在吊笼升降过程中观察导轨有无脱焊、松动,以及导轨上下对接处阶差是否过大。如对重运行时由于导轨阶差过大造成跳动等现象应立即停机整改、维修

序号	检查项目	存在的问题	检查方法和要求
2	对重滚轮、防脱导板	(1)滚轮或导向轮缺损、不转动造成局部磨损 (2)防脱导板局部磨损、扭曲变形	(1)吊笼上升至导轨架高度的中部，使对重上部停在吊笼的下半部，在吊笼内检查滚轮或导向轮有无缺损，有无局部严重磨损；检查防脱导板有无扭曲变形和严重磨损的现象； (2)将吊笼下降，使对重的下端部停在吊笼的上半部，在吊笼内检查下滚轮或导向轮是否缺损，有无局部磨损；检查防脱导板有无严重磨损和扭曲变形的现象
3	钢丝绳及钢丝绳夹	钢丝绳缺油，外部磨损严重，钢丝绳断丝断股，钢丝绳夹正反混扣，绳夹数量不足或不匹配等	(1)将吊笼上升至导轨架高度的中部，使对重停在吊笼下部，在吊笼内检查安全弯有无被拉成小弯或拉直，钢丝绳夹有无正反混扣，绳夹数量规格是否符合规定； (2)继续上升吊笼，到最上部停靠点，运行中检查钢丝绳有无缺油、外部磨损、断丝断股等现象(该项应有人员配合)； (3)吊笼停靠地面站，使用专用扶梯从顶门进入吊笼顶部，检查连接防松(断)绳保护装置上的钢丝绳、绳夹等有无不安全现象(该项应有人员配合)

8. 电缆及电缆导向架的检查

对电缆及电缆导向架检查的内容、方法和要求见表6-11。

电缆及电缆导向架检查表　　　表6-11

序号	检查项目	存在的问题	检查方法和要求
1	电缆	(1)电缆盘落到了储存筒外； (2)电缆绝缘外皮磨损； (3)电缆与防护设施干涉	(1)吊笼在升降过程中检查电缆绝缘外皮有无磨损，电缆与脚手架等设施是否有干涉； (2)下降过程中经常检查电缆有无盘落在电缆储存筒之外的现象

序号	检查项目	存在的问题	检查方法和要求
2	电缆导架	(1)电缆导向架变形、移位； (2)电缆导向架橡皮缺损； (3)电缆导向架安装位置不规范	(1)吊笼升降过程中检查电缆导架有无变形移位,电缆导向架橡皮有无缺损； (2)在地面检查电缆导架是否按规定安装： 1)第一只电缆导向架离电缆储存筒上口约1.5m； 2)第二只电缆导向架距第一只电缆导向架约3m； 3)第三只电缆导向架距第二只电缆导向架4.5m； 4)从第四只电缆导向架开始每只导架距前一只电缆导向架6m

9. 吊笼运行异常检查

发现施工升降机吊笼在运行中出现跳动、晃动等异常现象,应当按照表 6-12 所列内容、方法和要求进行检查。

吊笼运行跳动情况检查表　　　　　表 6-12

序号	检查项目	存在的问题	检查方法和要求
1	吊笼跳动	运行时出现跳动	(1)出现有节奏性的跳动现象,应检查驱动齿轮是否断齿,齿轮齿条是否磨损超标,检查蜗轮轴是否弯曲变形； (2)吊笼运行到某一部位时跳动,应检查以下方面： 1)吊笼所在位置的导轨架的阶差是否超标； 2)对重所在位置的导轨阶差是否超标； 3)齿条对接阶差是否超标； 4)导轨架的标准节对接紧固螺栓是否松动或脱落

序号	检查项目	存在的问题	检查方法和要求
2	制动时吊笼下滑	制动时吊笼有下滑现象	检查制动器的制动力矩是否不足,制动块磨损是否超标,如出现上述情况时应调整制动力矩或更换制动片(块)
3	运行时吊笼晃动	运行时吊笼左右晃动	检查吊笼滚轮是否松动,滚轮槽内的油脂印痕有无单边受力、磨损等情况,滚轮间隙是否符合要求

10. 运动部件安全距离的检查

施工升降机的运动部件主要包括吊笼、对重、对重钢丝绳和电缆（电缆小车）等，周围一般有脚手架、防护棚、模板和主体结构等，施工升降机与周围的固定设施保持一定的安全距离。对运动部件安全距离检查的内容、方法和要求见表 6-13。

运动部件的安全距离检查表 表 6-13

检查项目	存在的问题	检查方法和要求
安全距离	(1)吊笼尤其是驾驶室与脚手架杆件、地面站防护棚的架体的距离小于安全要求; (2)电缆通道与脚手架钢管及地面站防护棚的距离过小	(1)在地面台站检查吊笼运行通道内,查看脚手架杆件等是否与吊笼、电缆和对重等运行存在干涉; (2)把吊笼从地面台站上升 2~3m,检查进料口防护棚设施是否会碰擦吊笼、驾驶室、电缆、对重等; (3)在吊笼运行过程中,检查靠近吊笼、电缆、对重运行的部位,检查是否会发生碰撞现象或距离小于安全规定

7 施工升降机的维护保养

7.1 维护保养的意义

设备的维护保养是保持设备经常处于完好状态的重要手段，是一项积极的预防工作。设备在使用过程中，由于设备的物质运动和化学作用，必然会产生技术状况的不断变化和不可避免的不正常现象，以及人为因素造成的耗损，例如松动、干摩擦、腐蚀等。这是设备的隐患，如果不及时处理，会造成设备的过早磨损，甚至形成严重事故。避免过早磨损的途径及时做好设备的维护保养工作，随时处理发生的各种问题，改善设备的运行条件，就能防患于未然，避免不应有的损失。实践证明，设备的寿命在很大程度上取决于维护保养的程度。所以为了使施工升降机经常处于完好、安全运转状态，避免和消除在运转工作中可能出现的故障，提高施工升降机的使用寿命，必须及时正确地做好维护保养工作。

（1）施工升降机工作状态中，经常遭受风吹雨打、日晒的侵蚀，灰尘、砂土的侵入和沉积，如不及时清除和保养，将会加快机械的锈蚀、磨损，使其寿命缩短。

（2）在机械运转过程中，各工作机构润滑部位的润滑油及润滑脂会自然损耗，如不及时补充，将会加重机械的磨损。

（3）由于电气件受潮、绝缘老化、位置变化等原因而发生的故障引起机械运作失灵失控等。

（4）机械经过一段时间的使用后，各运转机件会自然磨损，零部件间的配合间隙会发生变化，如果不及时进行保养和调整，磨损就会加快，甚至导致完全损坏。

（5）机械在运转过程中，如果各工作机构的运转情况不正常，又得不到及时的保养和调整，将会导致工作机构完全损坏，大大降低施工升降机的使用寿命。

升降机的保养和维修是两种不同性质的作业，但两者又有联系，相互影响。实际上在做定期保养作业中，常常需要进行一定的维修，而在维修时，必须做好有关的保养工作，一般来说，维修是根据需要进行的，是随机的，定期保养是按规定执行的，是强制的。

7.2 维护保养的分类

（1）日常维护保养

日常维护保养又称为例行保养，是指在设备运行的前、后和运行过程中的保养作业。日常维护保养由施工升降机司机完成。

（2）月度维护保养

月度维护保养，一般每月进行一次，由施工升降司机和维修人员负责完成。

（3）季度及年度维护保养

季度及年度的维护保养，以专业维修人员为主，施工升降机司机配合进行。

（4）大修

大修，一般运转不超过8000h进行一次，由具有相应资质的单位完成。

（5）特殊维护保养

施工升降机除日常维护保养和定期维护保养外，在转场、闲置等特殊情况下还需进行维护保养，如转场保养、停置或封存保养。

7.3 维护保养的方法

维护保养一般采用"清洁、紧固、调整、润滑、防腐"等方法，通常简称为"十字作业"法。

（1）清洁

清洁是指对机械各部位的油泥、污垢、尘土等进行清除等工作，目的是为了减少部件的锈蚀、运动零件的磨损，保证良好的散热和为检查提供良好的观察效果等。

（2）紧固

紧固是指对连接件进行检查紧固等工作。机械运转中产生的震动，容易使连接件松动，如不及时紧固，不仅可能产生漏油、漏电等，有些关键部位的连接松动，轻者导致零件变形，重者会出现零件断裂、分离，甚至导致机械事故。

（3）调整

调整是指对机械零部件的间隙、行程、角度、压力、松紧、速度等及时进行检查调整，以保证机械的正常运行。尤其是要对制动器、减速机等关键机构进行适当调整，确保其灵活可靠。

（4）润滑

润滑是指按照规定和要求，选用并定期加注或更换润滑油，以保持机械运动零件间的良好运动，减少零件磨损。

（5）防腐

防腐是指对机械设备和部件进行防潮、防锈、防酸等处理，防止机械零部件和电气设备被腐蚀损坏。最常见的防腐保养是对机械外表进行补漆或涂上油脂等防腐涂料。

7.4 维护保养的安全注意事项

在进行施工升降机的维护保养和维修时，应注意以下事项：

（1）应按使用说明书的规定对施工升降机进行保养、维修。保养、维修的时间间隔应根据使用频率、操作环境和施工升降机状况等因素确定。使用单位应在施工升降机使用期间安排足够的设备保养、维修时间。

（2）施工升降机保养过程中，对磨损、损坏程度超过规定的部件，应及时进行维修或更换，并由专业技术人员检查验收。

（3）对施工升降机进行检修时应切断电源，拉下吊笼内的极限开关，防止吊笼被意外启动或发生触电事故，并设置醒目的警示标志。当需通电检修时，应做好防护措施。

（4）在维护保养和维修过程中，不得承载无关人员或装载物料，同时悬挂检修停用警示牌，禁止无关人员进入检修区域内。

（5）所用的照明行灯必须采用 36V 以下的安全电压，并检查行灯导线、防护罩，确保照明灯具使用安全。

（6）应设置监护人员，随时注意维修现场的工作状况，防止生产安全事故发生。

（7）检查基础或吊笼底部时，应首先检查制动器是否可靠，同时切断电动机电源，采用将吊笼用木方支起等措施，防止吊笼或对重突然下降伤害维修人员。

（8）保养和维修人员必须佩戴安全帽；高处作业时，应穿防滑鞋，佩戴安全带。

（9）保养和维修后的施工升降机，经检测确认各部件状态良好后，宜对施工升降机进行额定载荷试验。双吊笼施工升降机应对左右吊笼分别进行额定载荷试验。试验范围应包括施工升降机正常运行的所有方面，确认一切正常后方可投入使用，不得使用未排除安全隐患的施工升降机。

（10）严禁在施工升降机运行中进行保养、维修作业。

（11）应将各种与施工升降机检查、保养和维修相关的记录纳入安全技术档案，并在施工升降机使用期间内在工地存档。

7.5 施工升降机维护保养的内容

7.5.1 日常维护保养的内容和要求

每班开始工作前，应当进行检查和维护保养，包括目测检查和功能测试，有严重情况的应当报告有关人员进行停用、维修，检查和维护保养情况应当及时记入交接班记录。检查一般应包括以下内容：

（1）电气系统与安全装置

1）检查线路电压是否符合额定值及其偏差范围。

2）机件有无漏电。

3）限位装置及机电联锁装置是否工作正常、灵敏可靠。

（2）制动器

检查制动器性能是否良好、能否可靠制动。

（3）标牌

检查机器上所有标牌是否清晰、完整。

（4）金属结构

1）检查施工升降机金属结构的焊接点有无脱焊及开裂。

2）附墙架固定是否牢靠。

3）停层过道是否平整。

4）防护栏杆是否齐全。

5）各部件连接螺栓有无松动，如图 7-1 所示。

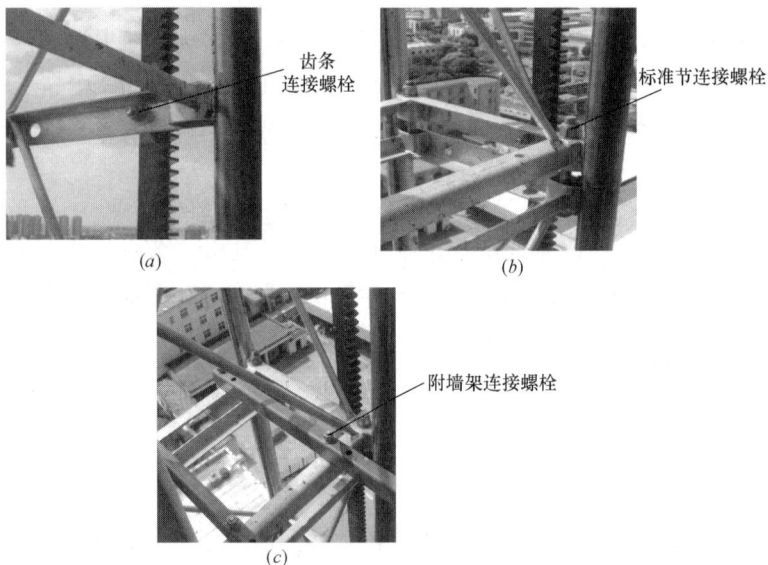

图 7-1　各部件连接螺栓

（a）齿条连接螺栓；（b）标准节连接螺栓；（c）附墙架连接螺栓

（5）导向滚轮装置

1）检查侧滚轮、背轮、上下滚轮部件的定位螺钉和紧固螺栓有无松动，如图 7-2、图 7-3 所示。

2）滚轮是否能转动灵活，与导轨的间隙是否符合规定值。

图 7-2　背轮

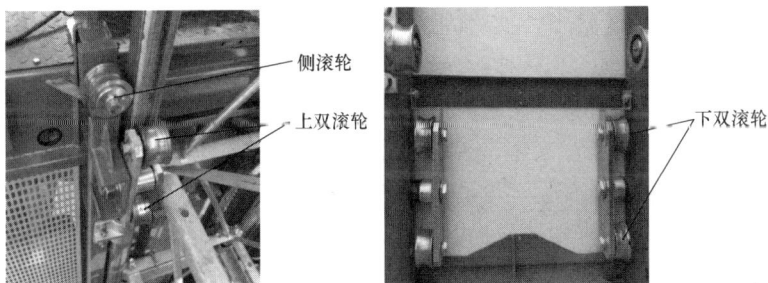

图 7-3　滚轮

（6）对重及其悬挂钢丝绳

1）检查对重运行区内有无障碍物，对重导轨及其防护装置是否正常完好。

2）钢丝绳有无损坏，其连接点是否牢固可靠。

（7）地面防护围栏和吊笼

1）检查围栏门和吊笼门是否启闭自如。

2）通道区有无其他杂物堆放。

3）吊笼运行区间有无障碍物，笼内是否保持清洁。

（8）电缆和电缆导向架

1）检查电缆是否完好无破损。

2）电缆导向架是否可靠有效。

（9）传动、变速机构

1）检查各传动、变速机构有无异响。

2）蜗轮箱油位是否正常，有无渗漏现象。

（10）润滑系统检查有无泄漏

检查润滑系统有无漏油、渗油现象。

7.5.2 月度维护保养的内容和要求

月度维护保养除按日常维护保养的内容和要求进行外，还要按照以下内容和要求进行。

（1）导向滚轮装置

检查滚轮轴支撑架紧固螺栓是否可靠紧固。

（2）对重及其悬挂钢丝绳

1）检查对重导向滚轮的紧固情况是否良好。

2）天轮装置工作是否正常可靠。

3）钢丝绳有无严重磨损和断丝。

（3）电缆和电缆导向装置

1）检查电缆支承臂和电缆导向装置之间的相对位置是否正确。

2）导向装置弹簧功能是否正常。

3）电缆有无扭曲、破坏。

（4）传动、减速机构

1）检查机械传动装置安装紧固螺栓有无松动，特别是提升齿轮副的紧固螺钉是否松动。

2）电动机散热片是否清洁，散热功能是否良好。

3）减速器箱内油位是否降低。

（5）制动器

检查试验制动器的制动力矩是否符合要求。

（6）电气系统与安全装置

1）检查吊笼门与围栏门的机电联锁装置，上、下限位装置，吊笼单行门、双行门联锁等装置性能是否良好。

2）导轨架上的限位挡铁位置是否正确。

（7）金属结构

1）重点查看导轨架标准节之间的连接螺栓是否牢固。

2）附墙结构是否稳固，螺栓有无松动，表面防护是否良好，有无脱漆和锈蚀，构架有无变形。

7.5.3 季度维护保养的内容和要求

季度维护保养除按月度维护保养的内容和要求进行外，还要按照以下内容和要求进行。

（1）导向滚轮装置

1）检查导向滚轮的磨损情况。

2）确认滚珠轴承是否良好，是否有严重磨损，调整与导轨之间的间隙。

（2）检查齿条及齿轮的磨损情况

1）检查提升齿轮副的磨损情况，检测其磨损量是否大于规定的最大允许值。

2）用塞尺检查蜗轮减速器的蜗轮磨损情况，检测其磨损量是否大于规定的最大允许值。

（3）电气系统与安全装置

在额定负载下进行坠落试验，检测防坠安全器的性能是否可靠。

（4）钢丝绳

除了日常对钢丝绳进行观察检查外，至少一年四次仔细检查钢丝绳，最重要的是检查钢丝绳的外露部分，因为外露部分最容易发生磨损和损坏。磨损、断丝、变形和腐蚀损坏都可用肉眼观察到，这些都表明钢丝绳受到了破坏。

1）磨损：钢丝绳发生磨损是常见的。钢丝绳只要经过经常的润滑就可以减少这种现象，润滑也可降低钢丝绳的内部磨损。

2）断丝：断丝经常发生在钢丝绳的最后使用阶段，这是由于磨损和弯曲疲劳所致。在钢丝绳的某些部位若经常发生断丝说明某些机构有问题。正确的润滑能降低钢丝绳的摩擦从而降低疲劳损坏。

3）变形：机械部件的受损往往容易造成钢丝绳变形。如果钢丝绳变形很严重，则钢丝绳强度会降低。

4）腐蚀：钢丝绳内外都可能发生腐蚀，这一般由于润滑不良造成的。钢丝绳股上面的许多小坑会导致钢丝绳很快地破断，内部的腐蚀一般是特殊的环境造成的，其次是润滑不当。可以通过测量钢丝绳的直径发现这个问题，而最好的控制方法是对钢丝绳内部进行检查。

5）润滑：钢丝绳在工作过程中，各绳股之间有摩擦。润滑能改善钢丝绳的性能，延长它的使用寿命。因此根据钢丝绳具体的使用条件定期对它们进行润滑是很重要的，至少一年四次。

钢丝绳应按《起重机 钢丝绳 保养、维护、检验和报废》（GB/T 5972—2016）中规定的报废标准进行报废更新。

7.5.4 年度维护保养的内容和要求

年度维护保养应全面检查各零部件，除按季度维护保养的内容和要求进行外，还要按照以下内容和要求进行。

（1）传动、减速机构

检查驱动电机和蜗轮减速器、联轴器结合是否良好，传动是否安全可靠。

（2）对重及其悬挂钢丝绳

检查悬挂对重的天轮装置是否牢固可靠，检查天轮轴承磨损程度，必要时应调换轴承。

（3）电气系统与安全装置

复核防坠安全器的出厂日期，对超过标定年限的，应通过具有相应资质的检测机构进行重新标定，合格后方可使用。此外，在进入新的施工现场使用前，应按规定进行坠落试验。

7.5.5 大修的内容和要求

施工升降机经过一段长时间的运转后应进行大修，大修间隔最长不应超过 8000h。大修应按以下要求进行。

1）施工升降机的所有可拆零件应全部拆卸、清洗、修理或更换（生产厂有特殊要求的除外），并应更换润滑油。

2）所有电动机应拆卸、解体、维修。

3）更换老化的电线和损坏的电气元件。

4）除锈、涂漆。

5）对标准节、附着架等进行磨损和锈蚀检查。

6）施工升降机上所用的仪表应按有关规定维修、校验和更换。

7）大修出厂时，施工升降机应达到产品出厂时的工作性能，并应有大修出厂证明。

7.5.6 特殊维护保养的内容和要求

（1）转场保养

在施工升降机转移到新工程安装使用前，需进行一次全面的维护保养，保证施工升降机状况完好，确保安装、使用安全。

（2）闲置保养

施工升降机在停置或封存期内，应当对施工升降机各部位做好润滑、防腐、防雨处理，至少每季度进行一次保养检查，重点是润滑和防腐，由专业维修人员进行。

（3）润滑保养

为保证施工升降机的正常运行，应经常检查施工升降机的各部位的润滑情况，按时添加或更换润滑剂。油质符合要求；油壶、油枪、油杯、油毡、油线清洁齐全，油标明亮，油路畅通。

7.6 主要零部件的维护保养

为了确保升降机能正常运行，对运行中易磨损的部件可调整的要及时进行调整，对已达到磨损极限的必须及时更换。

7.6.1 主要零部件磨损的测量

以 SC 系列某型号施工升降机为例，说明升降机主要零部件磨损的测量方法。

1. 滚轮

（1）测量方法：测量尺寸如图 7-4 所示，用游标卡尺测量，如图 7-5 所示。

（2）标准节立柱管外径 $\phi76$ 用滚轮的极限磨损量要求见表7-1。

（3）标准节立柱管外径 $\phi89$ 用滚轮的极限磨损量要求见表7-2。

2. 传动齿轮

齿轮的磨损极限的测量可用公法线千分尺跨二齿测公法线长

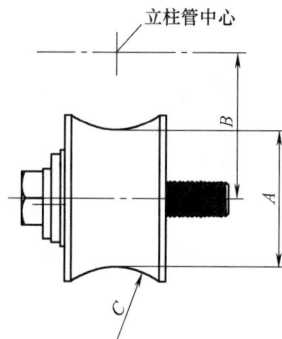

图 7-4　滚轮磨损量的测量

A—滚轮直径；B—滚轮与导轨架主弦杆的中心距；

C—导轮凹面弧度半径

油标卡尺

图 7-5 测量滚轮尺寸

标准节立柱管外径 φ76 用滚轮　　　　表 7-1

测量尺寸	新导向轮/mm	磨损导向轮/mm
A	φ74	最小 φ69
	φ76	最小 φ71
B	75.5	最小 73
	76.5	最小 74
C	R38.5	最小 R38
		最大 R42

标准节立柱管外径 φ89 用滚轮　　　　表 7-2

测量尺寸	新导向轮/mm	磨损导向轮/mm
A	φ78	最小 φ73
B	84	最小 81.5
C	R45	最小 R44.5
		最大 R48.5

度，如图 7-6 所示。当新齿轮相邻齿公法线长度 $L=37.1$mm 时，磨损后相邻齿公法线长度 $L \geqslant 35.8$mm。

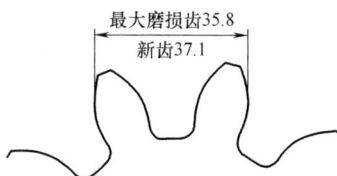

最大磨损齿35.8

新齿37.1

图 7-6 齿轮的磨损测量

245

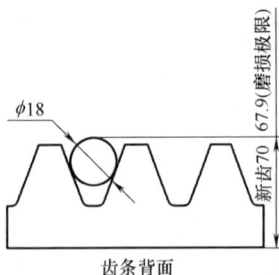

图 7-7 齿条的磨损测量

3. 齿条

齿条的磨损极限量可用 $\phi 18\text{mm}$ 标准圆棒和游标卡尺测量，如图 7-7 所示。

4. 蜗轮

通过箱体检验，用塞尺进行测量，如图 7-8 所示。蜗轮齿形的最大允许磨损为 1.0mm。带对重的施工升降机 a 与 b 之和的最大值允许为 1.0mm。

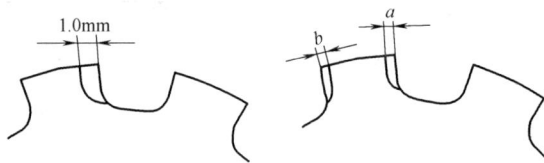

图 7-8 蜗轮的磨损测量

5. 检查制动垫片或制动片，用塞尺或卡尺进行检查，如图 7-9 所示。

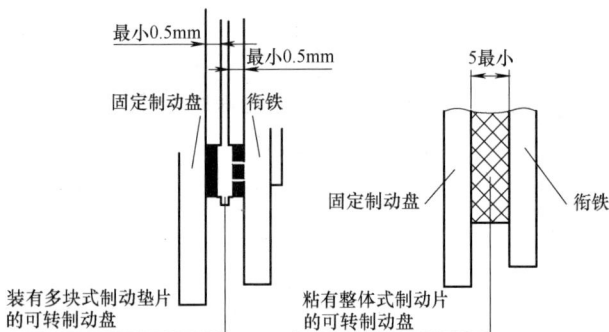

图 7-9 制动片磨损量的测量

246

6. 检查制动力矩

进行此项检查时，应切断总电源，吊笼空载停在地面底架的缓冲弹簧上，利用杠杆和弹簧秤，如图 7-10 所示，并在松脱制动器后，按逆时针方向旋转电机轴大约与传动的总齿隙相同的距离后进行。

电磁盘式制动器，用上述方法测量，当轴不转动时，扭转应达到该型号电机功率规定的电机制动力矩值，误差不大于 2.5%。

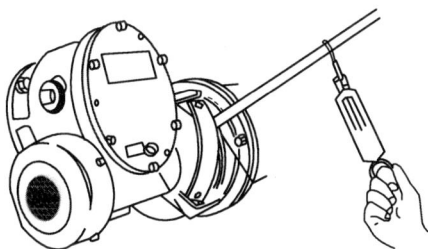

图 7-10　制动力矩测定

7. 测量防坠安全器转轴的径向间隙

防坠安全器转轴的径向间隙的测量，如图 7-11 所示。

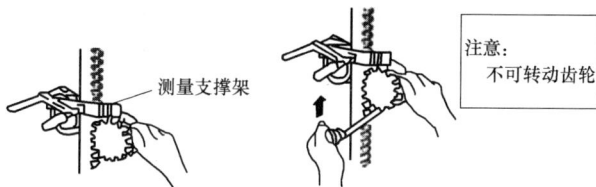

图 7-11　防坠安全器转轴的径向间隙测量

（1）用 C 形夹具将测量支架紧固在安全器的齿轮上方约 1.0mm 处。

（2）利用塞尺测量齿顶与支架下沿的间隙。

（3）用杠杆提升齿轮，然后再次测量此间隙。

（4）以上测得的两个间隙值之差即为安全器转轴的径向间隙。

（5）若测得的径向间隙大于0.6mm时，则应更换安全器。

8. 检查齿条压轮的磨损情况

由于压轮的严重磨损而出现下列情况之一时，应更换压轮：

（1）压轮偏心轴套调整而极限情况时，而仍不能满足如图7-13所示要求时。

（2）传动底板反面的齿条挡块与齿条背面的间隙小于0.5mm时。

9. 检查标准节立柱管的厚度（可采用超声波测厚仪）

检查标准节立柱管的剩余厚度，当剩余的有效厚度小于出厂厚度的75%时，标准节应报废或按升降机说明书立柱管规格（厚度）分档而降规格（厚度使用），并执行表7-3的规定。

立柱管使用极限表   表7-3

新的立柱管厚度（mm）	立柱管的极限使用厚度（mm）
4.0	3.0
4.5	3.4
6.0	4.5
6.5	4.9
8.0	6.0
10.0	7.5

说明：标准节立柱管的磨损和腐蚀会影响导轨架允许的自由端高度和最大安装高度，具体见表7-4。

标准节磨损程度与导轨架许用高度   表7-4

标准节立柱管原始壁厚减小的百分比	导轨架自由端许用高度减小的百分比	导轨架许用安装高度减小的百分比
10%	15%	20%
15%	20%	30%
20%	20%	40%
25%	25%	50%
＞25%	标准节应该彻底更换	

7.6.2 主要零部件的调整

以 SC 系列某型号施工升降机为例，说明升降机主要零部件的调整方法。

1. 调整吊笼导向滚轮的间隙

吊笼及小车架安装及使用一段时间以后，要使驱动齿轮和安全器齿轮的啮合间隙在最佳范围内，减小齿轮、齿条、滚轮及导轨架轨道的磨损，从而保证吊笼运行平稳安全，必须对各导向、承重滚轮进行调整，其调整的方法通过转动滚轮偏心轴，调整其与标准节立柱管之间的间隙。调整间隙主要对侧向滚轮而言。调整时，始终要"成对"地调整标准节两立柱管两侧对称的一对导向滚轮，先松开滚轮的紧固件，然后转动滚轮的偏心轴，直至达如图 7-12 所示的要求间隙为止，并确保齿条和齿轮的啮合要求。然后拧紧紧固件。

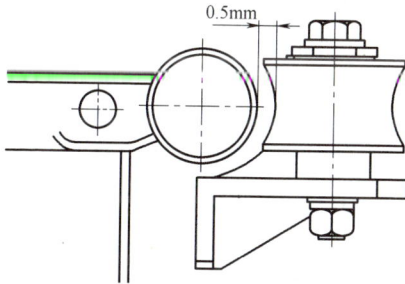

图 7-12　吊笼导向滚轮的间隙

注意：导向滚轮间隙的调整只能在吊笼空载时进行

2. 调整齿条压轮的间隙

在齿条和压轮满足啮合要求的情况下，松开压轮紧固件，将压轮的偏心轴套稍微拉出，使其脱离定位销，转动偏心轴套，使压轮与齿条背面的间隙达到如图 7-13 所示要求，然后再将偏心轴套入定位销并拧紧紧固件。

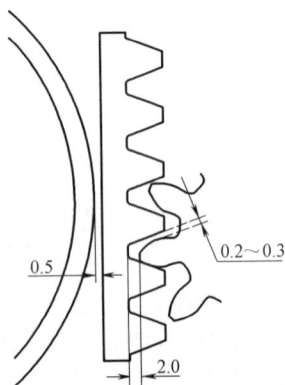

图 7-13 齿条压轮的间隙

3. 调整制动片间隙

当吊笼制停时，若滑动距离超过标准，则说明制动器的制动力矩不够。但制动垫片还没有磨损到一定程度（参见 7.6.1 第 5 条）时，制动片间隙需调整，如图 7-14 所示，用扳手适当拧紧调节螺母，压紧其电机尾部的制动弹簧。

图 7-14 制动片间隙的调整

4. 调整限位器

限位器主要由取力螺栓、移动螺母、导板、碰杆、限位开关等组成，在使用过程中，碰杆容易变形或退出，导致限位器失效，必须将限位器进行调整，如图 7-15 所示。

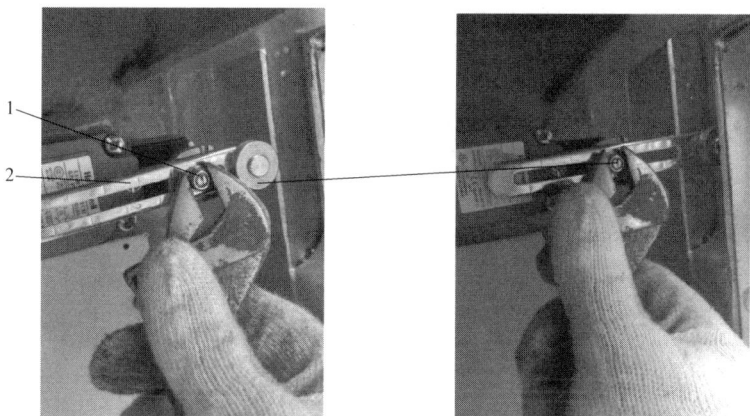

图 7-15　门限位的调整示意图
1—移动螺母；2—碰杆

7.6.3　主要零部件的更换

在对施工升降机进行任何修理工作时，均须切断总电源，以防止吊笼突然起动。在修理传动部件期间，吊笼还必须停在底部的缓冲弹簧上；有对重的话，还须将吊笼锁住在导架上。以 SC 系列某型号施工升降机的零部件为例，说明导向滚轮、齿条等易损零部件的更换方法。

1. 电动机的更换

（1）对于笼内式传动，先取下吊笼顶部的顶孔盖（提升装置的吊钩可以从此顶孔放入）。

（2）拆除至电动机的电气接线，如图 7-16 所示，并将它们做好标记，以便更换电动机后重新接线。

（3）将吊具吊架放置在电动机周围，并将吊具与吊架挂在设备上方的提升装置上。适合的提升装置为棘轮葫芦、汽车吊等，其起重量必须达到≥400kg。

（4）如图 7-17 所示，拆除传动底板上减速器和电机托架的连接螺栓。从传动底板上卸下减速箱和电动机。

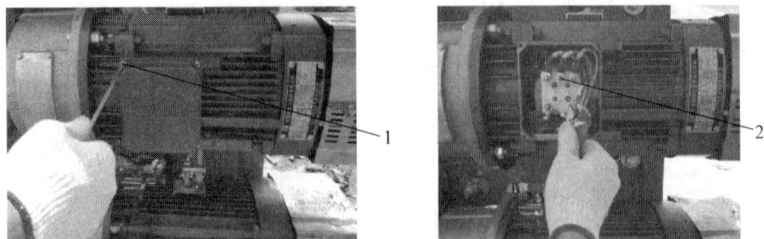

图 7-16 电动机拆线

1—打开电气接线盒；2—拆除电气接线

图 7-17 传动系统

1—减速器；2—传动底板；3—连接螺栓；

4—电动机；5—制动器

（5）拆除电动机和减速箱连接法兰盘的螺栓，并取出电动机，如图 7-18 所示。

（6）松开止动螺钉，并使用拉出器将半个联轴器从电动机主轴上拉出。

（7）用锂基润滑脂给新的电动机主轴润滑，并用安装工具将半个联轴器重新装入电动机主轴，并拧入止动螺钉。

（8）把楔块放置在电机制动器松闸把手下面，使电机松闸，

图 7-18　松开电动机和减速箱连接法兰盘的螺栓

1、2—扳手；3—减速箱；4—电动机

如图 7-19 所示。

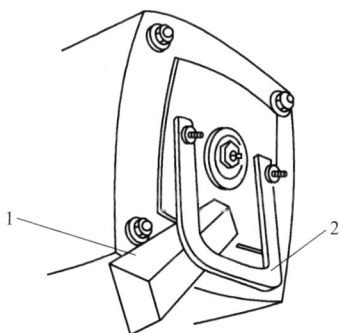

图 7-19　松开电机制动器

1—楔块；2—电机制动器松闸把手

（9）使左右两个半联轴器吻合，使其间隙符合要求，并将电动机与减速箱的连接法兰用螺栓连接。要求电动机轴与蜗杆轴的同轴度误差≤ϕ0.2mm。

（10）提起带减速箱的电动机，将其用螺栓和托架紧固到传动底板上，减速箱与底板连接螺栓的拧紧力矩为 190N·m。

（11）拆除提升装置和吊具，吊架。

（12）连接好电缆，装上电机罩壳，并拆除制动器松闸手把下面的楔块。

（13）检查制动力矩，达到电机功率规定的电机制动力矩值，误差不大于 2.5%。

（14）安装好拆去的吊笼顶孔盖。

（15）接通总电源，并进行试机运行，确保制动器工作正常。

2. 电机的电磁制动器

电磁盘式制动器的主要部件是直流电磁铁，制动弹簧，可转制动盘（装有可轴向自由移动的制动片），两个固定式制动盘（其中一个是电磁铁的衔铁）和一个能随制动垫片磨损而自动跟踪、使电磁铁和衔铁之间的距离保持恒定的装置。

如图 7-20 所示，这是一种常闭式制动器，当电磁线圈 3 不通电时，制动器施加制动力矩，制动弹簧 6 通过可轴向自由移动的衔铁 20 将制动垫片 10 压向固定制动盘 11 上，当电磁线圈通电时制动器松闸。

随着制动垫片 10 的磨损，制动器可持续自动调节，即通过衔铁 20 和电磁铁框架向可转电动盘 19 自动靠近进行调节，电磁铁与衔铁之间的距离是恒定的。

当制动垫片磨损到一定程度（参见 7.6.1 第 5 条）时，必须予以更换。

对于采用粘有整体式制动片的可转制动盘，当制动盘磨损到一定程度（参见 7.6.1 第 5 条）时，必须整体更换可转制动盘。

（1）制动垫片的更换

制动器制动垫片 10 必须在衔铁 20 与可转制动盘 19 之间的间隙小于 0.5mm 之前予以更换。

更换垫片的步骤：

1）卸下防护罩 1。

2）测量和做好调整轴套 5 的位置记号，以确保调整轴套在更换好垫片之后装到原位。

3）拧松和拆除调整轴套 5，取出制动弹簧 6。

4）拧松螺母 8，并将它们旋至螺栓 9 的末端。

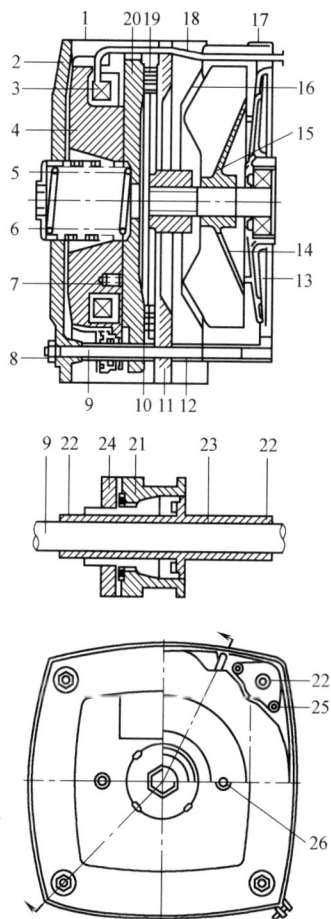

图 7-20 电磁制动器

注：当序号 19（可转制动盘）上已粘有整体式制动片时，
序 10（制动垫片）取消

1—防护罩；2—端架；3—磁铁线圈；4—磁铁架；5—调整轴套；6—制动器弹簧
7—压缩弹簧；8—螺母；9—螺栓；10—制动垫片；11—固定制动盘；12—垫圈
13—端罩；14—风扇；15—键；16—风扇罩；17—电缆夹子；18—线圈电缆；
19—可转制动盘；20—衔铁；21—锥套；22—弹簧卡圈；23—管；24—盘；
25—螺钉、垫片；26—拉手螺栓螺母

5）将端架 2 拉出靠近螺母 8。

6）将磁铁架 4 拉出靠紧端架。

7）用一种专用工具（制动垫片夹子），拆下旧的制动垫片 10，装入新的制动垫片。

8）顺着螺栓 9 将磁铁架 4 推回原处，使衔铁 20 紧靠在新的制动垫片上。

9）推回端架 2 和拧紧螺母 8。

10）重新装入弹簧 6，并按第 2）项要求将调整轴套 5 拧到原位。

11）试用制动器数次，经检查其工作正常后，才能开始正常工作。

12）装好防护罩 1。

注意：为了保证摩擦良好，必须同时更换所有制动垫片，且新的制动垫片厚度误差不大于 0.01mm，其表面不能粘有油污。

（2）整体式制动盘的更换

当使用粘有整体式制动片的可转制动盘时，在衔铁与固定制动盘 11 之间的间距减小到 5mm 时，可转制动盘应整体更换，更换步骤基本同（1）制动垫片的更换，仅 4）～7）步应改为拧下螺母 8、端架 2、磁铁架 4、衔铁 20 卸下后，拆下旧的可转制动盘，装入新的可转制动盘。

（3）当制动器不能动作（松开）时，应检查的项目：

1）整流器是否工作正常。

2）制动器的接触器是否工作正常。

3）测量电磁铁线圈电压。

如果上述三项检查出现问题，需要换相应的电气线路元件。

3. 减速器的更换

当吊笼在运行过程中减速机出现异常发热、漏油、梅花形弹性橡胶块损坏等情况而使机器出现振动或减速机由于吊笼撞底而使齿轮轴发生弯曲等故障时，须对减速器或其零部件进行更换，步骤如下：

（1）将吊笼降至地面，用木块垫稳。

（2）拆掉电动机线，如图 7-21 所示用扳手拧紧释放手柄螺母，松开电动机制动器，拆下背轮，松开驱动板连接螺栓，将驱动板从驱动架上取下。

图 7-21　松开电动机制动器
1—手柄螺母；2—扳手

（3）如图 7-22 所示，取下电机上下固定支承，松开减速器与驱动板间的连接螺栓，取下驱动单元。

图 7-22　取下电机固定支承
1、4—扳手；2—上固定支承；3—下固定支承

（4）松开电动机与减速器之间的法兰盘连接螺栓，将减速器与电动机分开。

（5）如图 7-23 所示，用扳手松开减速箱放油孔螺栓，将减速箱内剩余油放掉，取下减速器输入轴的半联轴器。

减速箱放油孔

图 7-23　减速箱放油

（6）将新减速箱输入轴擦洗干净并涂油，装好半联轴器。如联轴器装入时较紧，切勿用锤重击，以免损坏减速器。

（7）将新减速箱与电机联好，正确装配橡胶缓冲块，拧好连接螺栓。

（8）将新驱动单元装在驱动板上，用螺栓紧固，装好电机箍。

（9）安装驱动板，以 200N·m 力矩拧紧驱动板连接螺栓，安装背轮，以 300N·m 力矩拧紧背轮连接螺栓。

（10）重新调整好齿轮与齿条之间的啮合间隙，给电机重新接线。

（11）恢复电动机制动，接电试运行。

4. 防坠安全器的更换

防坠安全器达到报废标准的应更换，如图 7-24 所示，更换步骤如下：

图 7-24　防坠安全器的更换
1—连接螺栓；2—微动开关接线；3—开关罩

（1）拆下安全器上部开关罩，拆下微动开关接线。

（2）松开安全器与驱动板之间的连接螺栓，取下安全器。

（3）装上新安全器，以 200N·m 力矩拧紧连接螺栓，调整安全器齿轮与齿条之间的啮合间隙。

（4）接好微动开关线，装好上开关罩。

（5）进行坠落实验，检查安全器的制动情况。

（6）按安全器复位说明进行复位。

（7）润滑安全器。

5. 导向滚轮的更换

如果导向滚轮已达到 7.6.1 所规定的磨损极限，或经调整偏心轴至极限情况仍不能满足 7.6.2 图示的间隙要求时，导向滚轮应予以更换。

（1）侧导向滚轮的更换

1）将吊笼降至地面，用木块垫稳。

2）如图 7-25 所示，用扳手松开并取下滚轮连接螺栓，取下滚轮。

3）装上新滚轮，用调整扳手调整好滚轮与导轨之间的间隙，使用扭力扳手紧固好滚轮连接螺栓，拧紧力矩应达到 200N·m。

（2）上双导轮装置的导向轮更换

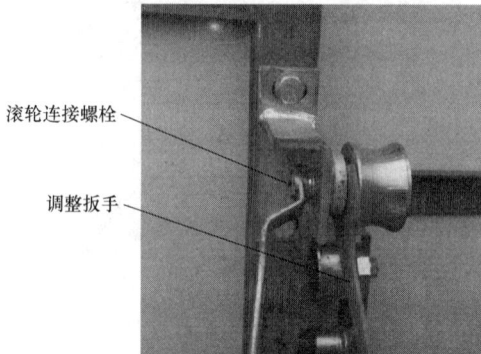

图 7-25　更换侧导向滚轮

1）在导架立柱管和安全钩之间放一物件（如一把大螺丝刀），把吊笼在导架上的位置固定住，当导向轮拆下时，该物件应有足够的强度，使吊笼不能移动。

2）松开导向轮的定位螺栓，转动偏心轴，使导向轮和导架立柱管有适当的间隙。

3）拆下旧导向轮。

4）安装新的导向轮，先不要拧紧固定螺栓，调整导向轮的偏心轴直至螺丝刀落下，然后拧紧定位螺栓，拧紧力矩为200N·m。

（3）下双导轮装置的导向轮更换

1）在下安全钩与导架立柱管表面之间放一个C形夹具，不要拧得太紧，只需将吊笼在导架上的位置固定住。

2）松开下双导轮装置中心轴螺母，将双导轮装置整体拆下。

3）松开导向轮的定位螺栓或螺母，从双导轮装置上拆下旧导向轮。

4）装上新的导向轮，先不要拧紧定位螺栓或螺母。

5）将装有新导向轮的下双导轮装置重新装到原位，中心轴拧紧力矩为300N·m。

6）调整导向轮的偏心轴，直至夹具落下，然后拧紧导向轮的定位螺栓（拧紧力矩为200N·m）。

6. 背轮的更换

当背轮轴承损坏或背轮外圈磨损超差时，必须进行更换。

（1）将吊笼降至地面，用木块垫稳。

（2）将背轮连接螺栓松开，内六角扳手和开口扳手配合使用，如图7-26所示，取下背轮。

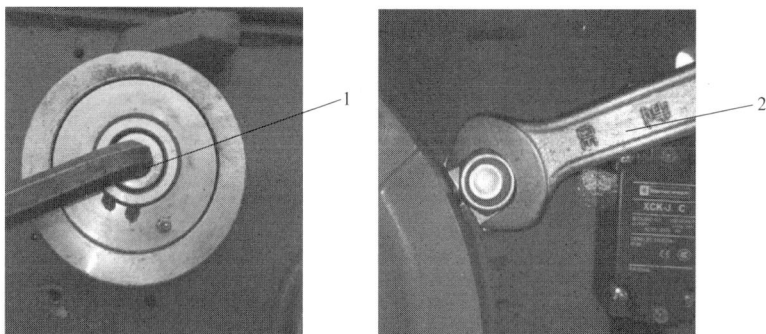

图7-26　松开背轮连接螺栓
1—内六角扳手；2—开口扳手

（3）装上新背轮并调整好齿条与齿轮的啮合间隙，使用扭力扳手紧固好背轮连接螺栓，拧紧力矩应达到300N·m。

7. 减速器驱动齿轮的更换

当减速器驱动齿轮齿形磨损达到极限时，必须进行更换，如图7-27所示。

图7-27　更换减速器驱动齿轮

（1）将吊笼降至地面，用木块垫稳。

（2）拆掉电机接线，松开电动机制动器，拆下背轮。

（3）松开驱动板连接螺栓，将驱动板从驱动架上取下。

（4）拆下减速机驱动齿轮外轴端圆螺母及锁片，拔出小齿轮。

（5）将轴径表面擦洗干净并涂上黄油。

（6）将新齿轮装到轴上，上好圆螺母及锁片。

（7）将驱动板重新装回驱动架上，穿好连接螺栓（先不要拧紧）并安装好背轮。

（8）调整好齿轮啮合间隙，使用扭力扳手将背轮连接螺栓、驱动板连接螺栓拧紧，拧紧力矩应分别达到300N•m和200N•m。

（9）恢复电机制动并接好电机及制动器接线。

（10）通电试运行。

8. 齿条的更换

当齿条损坏或已达到磨损极限时应予以更换，步骤如下：

（1）松开齿条连接螺栓，拆卸磨损或损坏了的齿条，必要时允许用气割等工艺手段拆除齿条及其固定螺栓，清洁导轨架上的齿条安装螺孔，并用特制液体涂定液做标记。

（2）按标定位置安装新齿条，其位置偏差、齿条距离导轨架立柱管中心线的尺寸，如图7-28所示。螺栓预紧力为200N•m。

9. 蜗轮减速器主轴双口型骨架式油封的更换

蜗轮箱若发现漏油现象，应更换漏油处的油封。如图7-29所示，更换前应在油封内圈安装处沿圈涂适量油脂，然后利用螺栓将油封压入轴承盖。

注意：为避免油封受损，在将油封装入轴承盖时，不允许用锤子和芯棒敲击，在将油封的轴承盖装上箱体时，花键轴必须套上保护套。

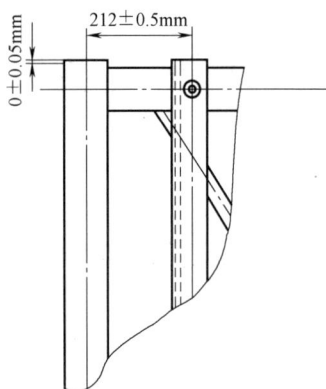

图7-28 齿条安装位置偏差

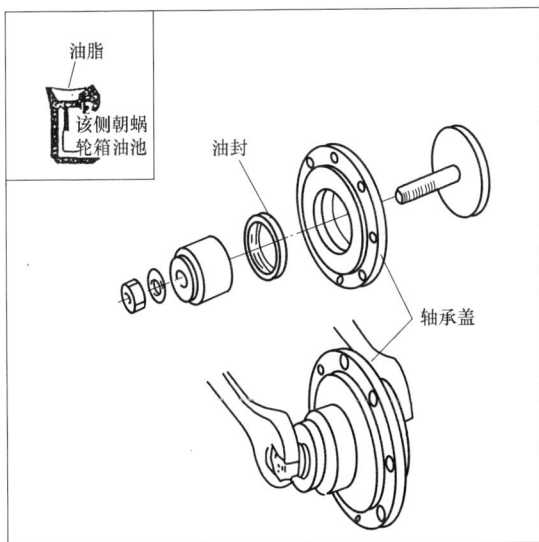

图 7-29　油封的更换

7.6.4　SS 型施工升降机零部件的维护保养

1. 断绳保护和安全停靠装置制动块的更换

对 SS 型施工升降机楔块式保护装置来讲，当长时间使用施工升降机后，断绳保护和安全停靠装置的制动块会磨损，当制动块磨损不很严重时，可不更换制动块，直接调节弹簧的预紧力，使制动状态时制动块制动灵敏，非制动状态时两制动块离开导轨。如图 7-30 所示为防断绳保护装置示意图。

当制动块磨损严重时，应当将断绳保护和安全停靠装置从吊笼上拆下，更换制动块，更换方法和步骤如下：

（1）将钢丝绳楔形接头的销轴拔出，卸下防坠连接架 8 的连接螺栓，将断绳保护和安全停靠装置从吊笼托架上取下。

（2）将内六角螺丝 7 松开取下，卸下旧制动块更换上新的制动块，然后将更换好制动块的保护器再安装在吊笼托架上。

（3）调整制动滑块弹簧 6 的预紧力通过旋动调节螺丝 5，使

263

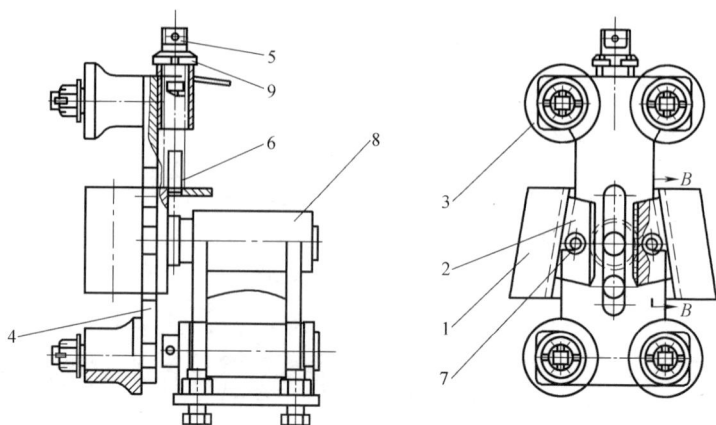

图 7-30 防断绳保护装置示意图

1—托架；2—制动滑块；3—导轮；4—导轮架；5—调节螺栓；

6—压缩弹簧；7—内六角螺栓；8—防坠器连接架；9—圆螺母

制动滑块既不与导轨碰擦卡阻，又要使停层制动和断绳制动灵敏正常。

（4）在制动块的滑槽内加入适量的油脂，起到润滑和防锈作用。

（5）清洁制动滑块的齿槽摩擦面。

2. 闸瓦制动器的维护保养

闸瓦（块式）电磁制动器是 SS 型施工升降机中最常用制动器，如图 7-31 所示。当制动闸瓦磨损过甚而使铆钉露头，或闸瓦磨损量超过原厚度 1/3 时，应及时更换；制动器心轴磨损量超过标准直径 5％和椭圆度超过 0.5mm 时，应更换芯轴；杆系弯曲时应校直，有裂纹时应更换，弹簧弹力不足或有裂纹时应更换；各铰链处有卡滞及磨损现象应及时调整和更换，各处紧固螺钉松动时应及时紧固；制动臂与制动块的连接松紧度不符合要求时，应及时调整。

闸瓦制动器的维修与保养主要是调整电磁铁冲程、调节主弹

图 7-31　电磁推杆瓦块式制动器

(a) 制动器示意图；(b) 制动器与衔铁图片

簧长度、调整瓦块与制动轮间隙等，一般可按如下步骤进行：

(1) 调整电磁铁冲程，如图 7-32 所示。先用扳手旋松锁紧的小螺母，然后用扳手夹紧螺母，用另一扳手转动推杆的方头，使推杆前进或后退。前进时顶起衔铁，冲程增大；后退时衔铁下落，冲程减小。

(2) 调节主弹簧长度，如图 7-33 所示。先用扳手夹紧推杆的外端方头和旋松螺母的锁紧螺母，然后旋松或夹住调整螺母，

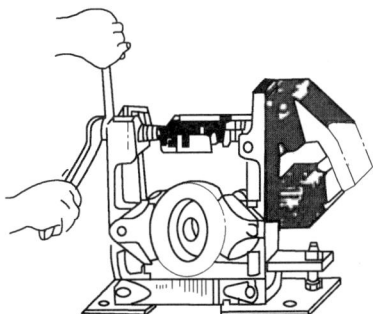

图 7-32　电磁制动器的冲程调节

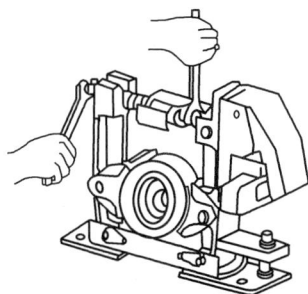

图 7-33　电磁制动器的制动力矩调节

转动推杆的方头，因螺母的轴向移动改变了主弹簧的工作长度，随着弹簧的伸长或缩短，制动力矩随之减小或增大，调整完毕后，把右面锁紧螺母旋回锁紧，以防松动。

（3）调整瓦块与制动轮间隙，如图7-34所示。把衔铁推压在铁芯上，使制动器松开，然后调整背帽螺母，使左右瓦块制动轮间隙相等。

图7-34　电磁制动器瓦块与制动轮间隙调节

3. 曳引机曳引轮的维护保养

（1）应保证曳引轮绳槽的清洁，不允许在绳槽中加油润滑。

（2）当发现绳槽间的磨损深度差距最大达到曳引绳直径 d 的1/10以上时，要修理车削至深度一致，或更换轮缘，如图7-35所示。

（3）对于带切口半圆槽，当绳槽磨损至切口深度小于2mm时，应重新车削绳槽，但经修理车削后切口下面的轮缘厚度应大于曳引绳直径 d，如图7-36所示，否则应当进行更换。

图7-35　绳槽磨损差

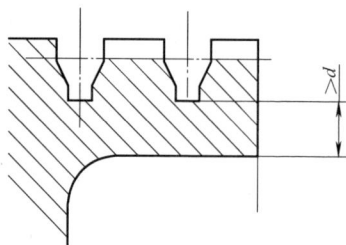

图7-36　最小轮缘厚度

7.6.5　减速器的维护保养

（1）箱体内的油量应保持在油针或油镜的标定范围，油的规格应符合要求。（注：涡轮蜗杆减速机和伞齿轮减速机润滑油规格不同）

（2）润滑部位，应按产品说明书规定进行润滑。

（3）应保证箱体内润滑油的清洁，当发现杂质明显时，应换新油。对新使用的减速机，在使用一周后，应清洗减速机并更换新油液；以后应每年清洗和更换新油。

（4）轴承的温升不应高于60℃；箱体内的油液温升不超过60℃，否则应停机检查原因。

（5）当轴承在工作中出现撞击、摩擦等异常噪声，并通过调整也无法排除时，应考虑更换轴承。

7.6.6　电动机的维护保养

（1）应保证电动机各部分的清洁，不应让水或油浸入电动机内部。

（2）对使用滑动轴承的电动机，应注意油槽内的油量是否达到油线，同时应保持油的清洁。

（3）当电动机转子轴承磨损过大，出现电动机运转不平稳，噪声增大时，应更换轴承。

（4）电动机轴承的加油保养，首先把电动机转子抽出定子，然后用汽油好好清洗，并且等全部风干后，再加油而且加油数量为轴承室空隙的1/3～1/2即可，不能加油太多否则轴承容易发热损坏。

7.6.7　钢丝绳的维护和保养

钢丝绳是施工升降机的重要部件之一，工作时弯曲频繁，又由于升降机经常启动、制动及偶然急停等情况，钢丝绳不但要承受静载荷，同时还要承受动载荷。在日常使用中，要加强维护和保养，以确保钢丝绳的功能正常，保证使用安全。

钢丝绳的维护保养，应根据钢丝绳的用途、工作环境和种类而定。在可能的情况下，应对钢丝绳进行适时清洗并涂以润滑油或润滑脂，以降低钢丝之间的摩擦损耗，同时保持表面不锈蚀。钢丝绳的润滑应根据生产厂家的要求进行，润滑油或润滑脂应根据生产厂家的说明书选用。

钢丝绳内原有油浸麻芯或其他油浸绳芯，使用时油逐渐外渗，一般不需在表面涂油，如果使用日久和使用场合条件较差有腐蚀气体，温湿度高，则容易引起钢丝绳锈蚀腐烂，必须定时上油。但油质宜薄，用量不可太多，使润滑油在钢丝绳表面能有渗透进绳芯的能力即可。如果润滑过度，将会造成摩擦因数显著下降而产生在滑轮中打滑现象。

润滑前，应将钢丝绳表面上积存的污垢和铁锈清除干净，最好是用镀锌钢丝刷清理。钢丝绳表面越干净，润滑油脂就越容易渗透到钢丝绳内部去，润滑效果就越好。

钢丝绳润滑的方法有刷涂法和浸涂法：刷涂法就是人工使用专用的刷子，把加热的润滑脂涂刷在钢丝绳的表面上；浸涂法就是将润滑脂加热到 60℃，然后使钢丝绳通过一组导辊装置被张紧，同时使之缓慢地从容器里熔融的润滑脂中通过。

7.7　施工升降机的润滑

润滑保养是施工升降机维护保养的重要组成部分，润滑在机械传动中和设备保养中均起着重要作用，润滑能影响到设备性能、精度和寿命。正确选用润滑材料，并按规定的润滑时间、部位、数量进行润滑，以降低摩擦、减少磨损，从而保证设备的正常运行、延长设备寿命、降低能耗、防止污染。加强润滑工作，对保持施工升降机设备完好并充分发挥设备效能、减少设备故障和事故有着极其重要的意义。

施工升降机在安装后，应当按照产品说明书要求进行润滑，说明书没有明确规定的，可参照以下说明进行。

1）标准节的润滑保养

将升降机吊笼开到顶部从上往下，维保人员站在吊笼顶部，用刷子涂抹2号锂基润滑脂，主要部位是管壁和齿条。

2）减速箱的换油保养

施工升降机每使用半年更换一次蜗轮减速箱的润滑油，润滑油的标号及加注量应按照铭牌上的标注进行。

① 如图7-37所示，用扳手拧开减速箱放油孔螺栓进行放油，废油用容器装好，避免渗漏在外污染环境。

减速箱放油孔

图7-37　减速箱放油

② 打开减速箱注油孔，如图7-38（a）所示，加入N320蜗轮润滑油。

③ 用扳手拧开减速箱油标孔螺栓，看有无油渗漏出来，如图7-38（b）所示，如有油渗出，则油已加满。

④ 拧紧油标孔连接螺栓，关闭减速箱注油孔。

SC型施工升降机主要零部件的润滑周期、部位和润滑方法，见表7-5，润滑示意如图7-39所示。

SS型施工升降机主要零部件的润滑周期、部位和润滑方法，见表7-6，润滑示意如图7-39所示。

(a)

(b)

图 7-38 减速箱

SC 型施工升降机润滑表   表 7-5

周期	润滑部位	润滑剂	润滑方法
每月	减速箱	N320 蜗轮润滑油	检查油位,不足时加注
	齿条	2 号钙基润滑脂	上润滑脂时升降机降下并停止使用 2～3h,使润滑脂凝结
	安全器	2 号钙基润滑脂	油嘴加注
	对重绳轮	钙基脂	加注
	导轨架导轨	钙基脂	刷涂
	门滑道、门对重滑道	钙基脂	刷涂
	对重导向轮、滑道	钙基脂	刷涂
	滚轮	2 号钙基润滑脂	油嘴加注
	背轮	2 号钙基润滑脂	油嘴加注
	门导轮	20 号齿轮油	滴注
每季度	电机制动器锥套	20 号齿轮油	滴注,切勿滴到摩擦盘上
	钢丝绳	沥青润滑脂	刷涂
	天轮	钙基脂	油嘴加注
每年	减速箱	N320 蜗轮润滑油	清洗、换油

周期	润滑部位	润滑剂	润滑方法
每周	滚轮	润滑脂	涂抹
	导轨架导轨	润滑脂	涂抹
每月	减速箱	30 号机油(夏季) 20 号机油(冬季)	检查油位,不足时加注
	轴承	ZC-4 润滑脂	加注
	钢丝绳	润滑脂	涂抹
每年	减速箱	30 号机油(夏季) 20 号机油(冬季)	清洗,更换
	轴承	ZC-4 润滑脂	清洗,更换

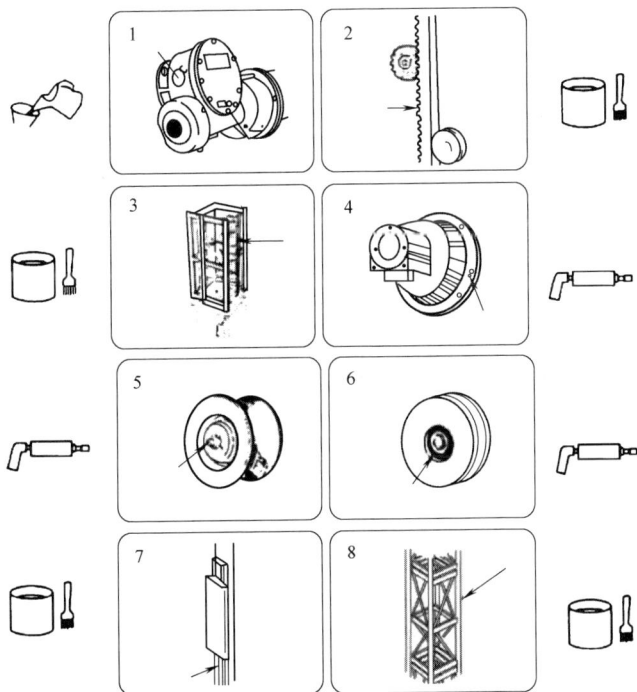

图 7-39　主要润滑部位示意图（一）

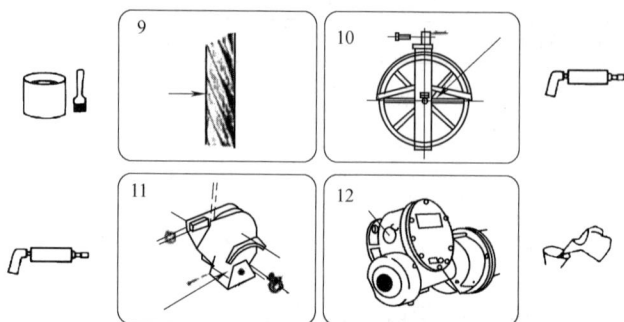

图 7-39　主要润滑部位示意图（二）

8 施工升降机常见故障和排除方法

8.1 施工升降机故障成因

施工升降机在使用中发生故障的频率较多，其主要原因是工作环境恶劣，锈蚀比较严重，停车变速制动频繁，各部件之间相互作用，产生自然磨损、塑性变形及疲劳破坏，加之维护保养不及时、操作人员违章作业等。施工升降机发生异常时，操作人员应立即停止作业，及时向有关部门报告，以便及时处理，消除隐患，恢复正常工作，保障安全生产。

8.2 施工升降机故障的一般规律

一般而言，工程机械（包括施工升降机）发生故障的规律可分为 3 个阶段，即早期故障期、偶然故障期、耗损故障期。早期故障期是指新的或大修后的工程机械的磨合期。在这个阶段的特征是初始投入使用，故障率较高，而后随着使用时间延长以及磨合期内不断维护，其故障率会下降。偶然故障期是指工程机械磨合期结束后，转入正常使用的有效寿命期。此阶段在正确维护和使用的条件下，没有特定的故障起主导作用，即使发生故障也是偶然的。工程机械在使用期，其零件的磨损速度从理论上来讲，应处于平稳状态，加之按规定进行定期维护，并保证维护质量，一般不应发生故障，即使发生故障，也多是维护检查时难以发现的故障隐患，在作业时出现了意想不到的故障，这个阶段的故障发生率较低。耗损故障期是指机械的零件达到使用极限期，这个阶段零件达到使用极限，故障率会增高。

8.3 施工升降机故障的一般分析方法

分析故障是根据故障现象，再结合理论推导、分析产生故障的原因。分析故障时，首先应掌握诊断现象的构造、工作原理以及有关的理论知识等，然后再通过现象看本质，从宏观到微观，一层一层地进行分析。有时分析故障原因时，也可采用边分析边查找，以逐渐缩小怀疑范围，直至最后确诊故障产生的原因和部位。

8.3.1 施工升降机常见电气故障及排除方法

由于电气线路、元器件、电气设备以及电源系统等发生故障，造成用电系统不能正常运行的情况，统称为电气故障。

（1）电气故障查找的要点

电气故障相对来说比较多，有的故障比较直观，容易判断，有的故障比较隐蔽，难以判断。维修人员在对施工升降机进行检查维修时，一般应当遵循以下基本程序，以便于尽快查找故障，确保检修人员安全。

1）在诊断电气系统故障前，维修人员应当认真熟悉电气原理图，了解电气元器件的结构与功能。

2）熟悉电气原理图后，应当对以下事项进行确认：

① 确认吊笼处于停机状态，但控制电路未被断开；

② 确认防坠安全器微动开关、吊笼门开关、围栏门开关等安全装置的触头处于闭合状态；

③ 确认紧急停机按钮及停机开关和加节转换开关未被按下；

④ 确认上、下限位开关完好，动作无误。

3）确认地面电源箱内主开关闭合，箱内主接触已经接通。

4）检查输出电缆并确认已通电，确认从配电箱至施工升降机电气控制箱的电缆完好。

5）确认吊笼内电气控制箱电源被接通。

6）将电压表连接在零位端子和电气原理图上所标明的端子之间，检查须通电的部位，应确认已有电，分端子逐步测试，以排除法找到故障位置。

7）检查操纵按钮和控制装置发出的"上"、"下"指令（电压），确认已被正确地送到电气控制箱。

8）试运行吊笼，确保上、下运行主接触器的电磁线圈通电启动，确认制动接触器被启动后，制动器动作。

在上述过程中查找存在的问题和故障。针对照明等其他辅助电路时，也可按上述程序进行故障检查。

8.3.2　施工升降机常见机械故障及排除方法

由于机械零部件磨损、变形、断裂、卡塞，润滑不良及相对位置不正确等造成机械系统不能正常运行，统称为机械故障。机械故障一般比较明显、直观，容易判断。

8.4　施工升降机常见故障的原因分析与排查措施

1. 吊笼按下"启动"按钮后无效

（1）原因分析：

1）升降机电源是否接通。

2）护栏门是否关好，吊笼内是否有电。

3）电源相序是否正确。

4）安全器微动开关是否动作。

5）启动继电器 KMC 是否损坏。

（2）排查措施：

1）闭合下电箱断路器，观察电源指示灯是否点亮。

2）关闭护栏门限位，观察下电箱内接触 KMI（普通型）是否吸合。

3）打开上电箱，观察相序指示灯颜色，绿色正确，红色错误，错误则实施换相操作。

4）坠落试验完成后防坠安全器复位不到位，其内部微动开关触头还被螺杆压住，应继续对安全器复位，直至微动开关触头被完全松开。

5）观察继电器 KMC 是否有烧蚀、异味、触点粘连等情况，如有则检查相关情况后更换。

2. 吊笼启动后，笼内上、下行操作无效

（1）原因分析：

1）笼顶操作盒"急停"按钮被按下。

2）是否还处在笼顶操作模式。

3）超载保护器超载或故障导致其输出继电器触点断开。

4）电机过流导致热继电器动作。

5）天窗门、单开门、双开门未关好。

6）松绳、上限位开关动作。

（2）排查措施：

1）解除笼顶操作"急停"开关急停状态（顺时针旋转）。

2）扳动转换开关，切换至正常操作模式。

3）查看超载保护器显示，测量其输出继电器是否接通。

4）测量热继电器触点是否接通，用手背碰触电机外壳感受温度变化，若温度较高则应等待降温后在运行。

5）检查天窗、单开门、双开门的状态，观察限位碰杆的触发情况（最常见故障）。

6）观察松绳、上限位开关的工作情况，查看钢丝绳有无松动，吊笼是否冲项。

注意：3）至6）项发生时，KM2 接触器均不吸合！

3. 吊笼启动时电机闷响，起动困难

（1）原因分析：

1）工地变压器供电容量不足。

2）工地供电电缆过长或截面不足，导致起动时线缆压降过大。

3）电机供电线缆被砸或挤压后断芯，电机缺相运行。

4）电机制动器未完全打开，阻碍起动。

（2）排查措施：

1）查看工地变压器容量和大型用电设备的数量，若变压器容量确实不足，建议工地更换变压器或避免多台大型用电设备同时使用。

2）更换或增加电缆，保证起动时线缆压降符合要求。

3）检查电机线缆的完好情况，确保电机能够正常运转。

4）重新调整制动器刹车片间隙。

4. 变压器、接触器、端子等电气元件易烧毁

（1）原因分析：

1）起动压降较大，导致起动电流过大。

2）电气元件接点松动，导致接点位置发热后烧蚀。

3）制动器未完全打开，导致起动电流过大。

（2）排查措施：

1）采取措施，保证起动时线缆压降符合要求，改善起动电流过大的情况。

2）定期检查全部接点的紧固情况，确保接触良好。

5. 漏电保护器频繁跳闸

（1）原因分析：

1）漏电保护器是否接线错误。

2）漏电保护器保护动作电流（额定漏电动作电流）设定过小。

3）漏电保护器损坏。

4）主回路、照明回路、制动回路存在漏电故障。

5）漏电保护器对变频器高频漏电敏感。

（2）排查措施：

1）检查零线（N）和地线（PE）是否接反。

2）重新设定，或者更换较大保护动作电流的漏电保护器。

3）检查是否有烧蚀、异味，确定故障后更换。

4）将吊笼停止在底层，通过开关照明灯、风扇检查照明回路；拆除电机线和制动线，扳动手柄，检查制动回路；最后检查主回路。

5）更换参数相同的其他厂家产品。

6. 安装调试时发现上、下行动作相反

（1）原因分析：

1）上、下行操作手柄接线错误。

2）电机接线相序错误。

（2）排查措施：

1）检查上、下行接触器的动作情况，若上、下行接触器动作错误，则检查并纠正操作手柄接线错误。

2）若上、下行接触器动作正确，则更换电机线缆相序，注意所有电机必须全部更换，确保电机旋转方向一致。

7. 升降机使用一段时间后，超载保护器显示的重量值发生偏差或漂移

（1）原因分析：

1）升降机吊笼运行阻力发生变化。

2）重量传感器销轴位置发生偏转或窜动。

3）重量传感器销轴航空插座与超载保护器插座接触不良。

4）重量传感器损坏。

（2）排查措施：

1）重新执行超载保护器调零操作，校正偏差。

2）检测重量传感器销轴安装情况，可靠固定，固定完毕后重新执行调零操作，校正偏差。

3）将重量传感器销轴航插旋紧，确保接触良好。

4）测量并更换损坏重量传感器销轴。

8. 吊笼下滑

（1）原因分析：

1）起动电压过低导致电机输出力矩不足。

2）制动器刹车片间隙过大或者故障，导致制动力矩不足。

3）变频器输出力矩不足。

4）超载导致制动力矩不足。

（2）排查措施：

1）改善供电条件，避免电压下降过大。

2）重新调整制动器刹车片间隙，或者更换制动器。

3）调查原因，改善或提升变频器输出转矩。

4）减小吊笼载荷，重新校准超载检测装置。

8.5 施工升降机常见故障一览表

施工升降机常见的故障一般分为电气故障和机械故障两大类。

8.5.1 施工升降机常见电气故障

（1）SC 型施工升降机常见电气故障现象、故障原因及排除方法见表 8-1。

SC 型施工升降机常见电气系统故障及排除方法　　表 8-1

序号	故障现象	故障原因	故障诊断与排除
1	总电源开关合闸即跳	电路内部损伤、短路或相线对地短接	找出电路短路或接地的位置,修复或更换
2	安全断路器跳闸	(1)电缆、限位开关损坏; (2)电路短路或对地短接; (3)断路器参数不符合要求或损坏	(1)更换损坏电缆、限位开关; (2)更换断路器
3	施工升降机突然停机或不能启动	(1)停机电路及限位开关被启动; (2)断路器启动	(1)释放"紧急按钮"; (2)恢复热继电器功能; (3)恢复其他安全装置
4	启动后吊笼不运行	联锁电路开路(参见电气原理图)	(1)关闭门或释放"紧急按钮"; (2)检查 200V 联锁控制电路

序号	故障现象	故障原因	故障诊断与排除
5	电源正常，主接触器不吸合	(1)有个别限位开关没复位； (2)相序接错； (3)元件损坏或线路开路断路	(1)复位限位开关； (2)相序重新连接； (3)更换元件或修复线路
6	电机启动困难，电机闷响	(1)设备离电源距离太远，电缆截面过小，造成电压损失过大； (2)电压过低或缺相； (3)超载； (4)制动器未完全打开，阻碍启动	(1)缩短电源距离或增加电缆截面面积； (2)改善电源质量，防止缺相运行； (3)减轻载荷； (4)重新调整制动器刹车片间隙
7	电机启动困难，并有异常响声	(1)电机制动器未打开或无直流电压(整流元件损坏)； (2)严重超载； (3)供电电压低于380V； (4)缓冲块老化损坏	(1)恢复制动器功能(调整工作间隙)或恢复直流电压(更换整流元件)； (2)减少吊笼载荷； (3)待供电电压恢复至380V再工作； (4)更换缓冲块
8	吊笼下滑	(1)超载； (2)制动器制动力矩过小； (3)电压过低	(1)减轻载荷； (2)重新调整制动器间隙或更换制动片； (3)改善电源质量
9	吊笼冲顶或蹲底	(1)上、下限位失灵； (2)极限开关失灵	(1)重新调整上、下限位碰杆或更换限位开关； (2)重新调整极限开关碰杆或更换限位开关
10	吊笼不能运行，变频器操作面板有异常显示	(1)变频器故障； (2)外部故障造成变频器保护	(1)联系厂家维修； (2)按下变频器面板上的RESET键进行复位
11	供电电源及控制电路正常，电机不工作	(1)电缆断股； (2)电机内一组线圈烧坏	(1)检修或更换电缆，可靠连接； (2)检修电机

序号	故障现象	故障原因	故障诊断与排除
12	运行时,上、下限位开关失灵	(1)上、下限位开关损坏; (2)上、下限位碰块移位	(1)更换上、下限位开关; (2)恢复上、下限位碰块位置
13	操作时,动作不稳定	(1)线路接触不好或端子接线松动; (2)接触器粘连或复位受阻	(1)恢复线路接触性能,紧固端子接线; (2)恢复或更换接触器
14	吊笼停机后,可重新启动,但随后再次停机	(1)控制装置(按钮、手柄)接触不良、松弛; (2)相序继电器松动; (3)门限位开关与挡板错位	(1)修复或更换控制装置(按钮、手柄); (2)紧固相序继电器; (3)复门限位开关挡板位置
15	吊笼上、下运行时有自停现象	(1)上、下限位开关接触不良或损坏; (2)严重超载; (3)控制装置(按钮、手柄)接触不良或损坏	(1)修复或更换上、下限位开关; (2)减少吊笼载荷; (3)修复或更换控制装置(按钮、手柄)
16	接触器易烧毁	供电电源压降太大,启动电流过大	(1)缩短供电电源与施工升降机的距离; (2)加大供电电缆截面
17	电机过热	(1)制动器工作不同步; (2)长时间超载运行; (3)启、制动过于频繁; (4)供电电压过低	(1)调整或更换制动器; (2)减少吊笼载荷; (3)对运行适当调整; (4)调整供电电压
18	运行没高速(变频调速施工升降机)	(1)检查减速限位开关是否回位; (2)检查主令手柄接线	(1)调整或更换减速限位开关; (2)确认主令手柄接线
19	漏电保护开关动作频繁,单级开关跳闸	(1)电器绝缘性不良; (2)电路短路或漏电; (3)动作电流过低	(1)检查各电器接地电阻,修理或更换; (2)检修电路; (3)调整动作电流或更换

(2) SS 型施工升降机常见电气系统故障现象、故障原因及排除方法见表 8-2。

SS 型施工升降机常见电气系统故障及排除方法　　表 8-2

序号	故障现象	故障原因	故障诊断与排除
1	总电源合闸即跳	电路内部损伤,短路或相线接地	查明原因,修复线路
2	电压正常,但主交流接触器不吸合	(1)限位开关未复位; (2)相序接错; (3)电气元件损坏或线路开路断路	(1)限位开关复位; (2)正确接线; (3)更换电气元件或修复线路
3	操作按钮置于上、下运行位置,但交流接触器不动作	(1)限位开关未复位; (2)操作按钮线路断路	(1)限位开关复位; (2)修复操作按钮线路
4	电机启动困难,并有异常响声	(1)电机制动器未打开或无直流电压(整流元件损坏); (2)严重超载; (3)供电电压远低于 360V	(1)恢复制动器功能(调整工作间隙)或恢复直流电压(更换整流元件); (2)减少吊笼载荷; (3)待供电电压恢复至 380V 再工作
5	上下限位开关不起作用	(1)上、下限位损坏; (2)限位架和限位碰块移位; (3)交流接触器触点粘连	(1)更换限位; (2)恢复限位架和限位位置; (3)恢复或更换接触器
6	电路正常,但操作时有时动作正常,有时动作不正确	(1)线路接触不好或虚接; (2)制动器未彻底分离	(1)恢复线路; (2)调整制动器间隙
7	吊笼不能正常起升	(1)供电电压低于 380V 或供电阻抗过大; (2)超载或超高	(1)暂停作业,恢复供电电压至 380V; (2)减少吊笼荷载,下降吊笼

序号	故障现象	故障原因	故障诊断与排除
8	制动器失效	电气线路损坏	恢复电气线路
9	制动器制动臂不能张开	(1)电源电压低或电气线路出现故障; (2)衔铁之间连接定位件损坏或位置变化,造成衔铁运动受阻,推不开制动弹簧; (3)电磁衔铁铁芯之间间隙过大,造成吸力不足; (4)电磁衔铁铁芯之间间隙过小,造成衔铁与铁芯的撞击、损坏部件	(1)恢复供电电压至380V,恢复电气线路; (2)调整电磁衔铁铁芯之间间隙
10	制动器电磁铁合闸时间迟缓	(1)继电器常开触点有粘连现象; (2)卷扬机制动器没有调好	(1)更换触点; (2)调整制动器

（3）变频器常见故障及排除方法

当发生故障时，变频器故障保护继电器动作，变频器检测出故障事项，并在数字操作器上显示该故障内容，以某型号变频调速升降机变频器故障分析为例，实际请根据产品使用说明对照相应内容和处置方法进行检查维修。

1）变频器具有完善保护功能，自身不易出现故障。变频调速升降机电气故障 90% 是外围系统引起，故检修变频调速升降机电气故障时，首先检查外围电路，检查方法与普通升降机相同。

2）若变频调速升降机能向上正常运行，但向下运行 $1\sim2\mathrm{s}$ 即故障（故障指示灯点亮）、变频器的数字式操作器显示"OV"（过电压）故障字样，则应：

① 切断总电源；

② 检查制动电阻器是否断路、短路，连接线是否与金属外

壳短路；

③ 排除上述②情况后，若故障仍然存在，则是变频器制动单元（Y4、Y5）损坏。请更换或维修该变频器制动单元。更换时，注意勿将变频器制动单元的输入线（由变频器接入的两根线）极性接反，极性接反将引起变频器损坏。

3）若变频器的操作器显示"OC"（过电流）故障字样，则请检查电动机有否短路情况（包括连接线）、载荷是否过大（故障排除后进行断电复位）。

4）若变频器的操作器显示"UV1"（主回路低电压）字样，则请检查电源输入端有否缺相、升降机使用中有否发生瞬间停电、输入电源的接线端是否松动、输入电源电压波动是或否太大（故障排除后进行断电复位）。

5）若变频器的操作器显示"GF"（接地）故障字样，则请检查电动机（包括连接线）有否与金属外壳发生短路（故障排除后应进行断电复位）。

6）若变频器的操作显示"OH"（过热）故障字样，则请检查变频器箱体上的冷却风扇及变频器自带的冷却风扇是否正常。

7）若变频器的操作器显示"LF"（输出缺相）故障字样，则请检查变频器输出至电动机的连接线是否有断路情况，并检查电动机是否缺相（电动机断相）故障。

8）若变频器的操作器显示"OL1"（电机过负载）故障字样，则请检查并修正负载大小、加/减速时间、周期时间、V/f特性，并确认电机的额定电流。

8.5.2　施工升降机常见机械故障

（1）SC 型施工升降机常见机械故障现象、故障原因及排除方法见表 8-3。

SC 型施工升降机常见机械故障及排除方法   表 8-3

序号	故障现象	故障原因	故障诊断与解决
1	吊笼运行时振动过大	(1)导向滚轮联结螺栓松动； (2)齿轮、齿条啮合间隙过大或缺少润滑； (3)导向滚轮与背轮间隙过大； (4)导向滚轮与标准节间缺少润滑	(1)紧固导向滚轮螺栓； (2)调整齿轮、齿条啮合间隙或添注润滑油(脂)； (3)调整导向滚轮与背轮的间隙； (4)润滑导轨架(标准节与滚轮接触面)
2	吊笼启动或停止运行时有跳动	(1)电机制动力矩过大； (2)电机与减速箱联轴节内橡胶块损坏； (3)制动器间隙调整不当或动作时间调整不当	(1)重新调整电机制动力矩； (2)更换联轴节内橡胶块； (3)调整制动器间隙和动作时间
3	吊笼运行时有电机跳动现象	(1)电机固定装置松动； (2)电机橡胶垫损坏或失落； (3)减速箱与传动板连接螺栓松动	(1)紧固电机固定装置； (2)更换电机橡胶垫； (3)紧固减速器与传动板连接螺栓
4	吊笼运行时有跳动现象	(1)导轨架对接阶差过大； (2)齿条螺栓松动,对接阶差过大； (3)齿轮严重磨损； (4)标准节非原厂生产或标准节混装	(1)调整导轨架对接； (2)紧固齿条螺栓,调整对接阶差； (3)更换齿轮； (4)更换标准节
5	吊笼运行时有摆动现象	(1)导向滚轮连接螺栓松动； (2)支撑板螺栓松动； (3)滚轮调节过紧； (4)两边滚轮调节不一致； (5)齿轮间隙过小或过大	(1)紧固导向滚轮连接螺栓； (2)紧固支撑板螺栓； (3)调整滚轮间隙； (4)调整齿轮与齿条间隙
6	吊笼启、制动时振动过大	(1)电机制动力矩过大； (2)齿轮、齿条啮合间隙不当； (3)驱动板联接部位松动； (4)电机制动器动作不同步	(1)调整电机制动力矩； (2)调整齿轮、齿条啮合间隙； (3)拧紧联接螺栓,更换缓冲垫片； (4)调整制动器达到同步或清理制动器

序号	故障现象	故障原因	故障诊断与解决
7	吊笼制动时下滑距离过长	(1)电机制动力矩太小; (2)制动块(制动盘)严重磨损; (3)制动盘面被油污染; (4)瞬时超载	(1)调整电机制动力矩,适当拧紧电机尾部调节套; (2)更换制动块(制动盘); (3)清除制动盘表面油污
8	减速机有异常的不稳定的运转噪声	(1)润滑油污染; (2)油量不足	(1)更换润滑油; (2)添加润滑油
9	减速机有异常的稳定的运转噪声	(1)轴承损坏; (2)传动零件损坏	(1)更换轴承; (2)更换传动零件
10	减速机输出轴不转,但电机转动	减速机轴键连接被破坏	更换轴或键
11	制动块磨损过快	(1)制动器止退轴承内润滑不良,不能同步工作; (2)供电电源压降太大,制动电压不够,制动器打不开	(1)润滑或更换轴承; (2)缩短供电电源与施工升降机的距离或加大供电电缆截面,提高工作(制动)电压
12	制动器噪声过大	(1)制动器止退轴承损坏; (2)制动器转动盘摆动; (3)制动器动、静钢板变形	(1)更换制动器止退轴承; (2)调整或更换制动器转动盘; (3)更换动、静钢板
13	减速箱蜗轮磨损过快	(1)润滑油品型号不正确或未按时更换; (2)蜗轮、蜗杆中心距偏移	(1)更换润滑油品; (2)调整蜗轮、蜗杆中心距
14	减速器漏油	减速器密封件损坏	漏油严重,更换密封件
15	运行时异响	(1)滚轮、靠背轮轴承损坏; (2)防坠器异响	(1)更换轴承; (2)加注润滑油或送检测机构维修
16	滚轮卡阻,异响	(1)轴承损坏; (2)滚轮磨损超标	(1)更换轴承并保证润滑; (2)更换滚轮

（2）SS 型施工升降机常见机械故障现象、故障原因及排除方法见表 8-4。

SS 型施工升降机常见电气系统故障及排除方法　　表 8-4

序号	故障现象	故障原因	故障诊断与排除
1	上下限位开关不起作用	(1)上、下限位开关损坏； (2)限位架和限位碰块移位	(1)更换限位开关； (2)恢复限位架和限位位置
2	吊笼不能正常起升	(1)冬季减速箱润滑油太稠太浓； (2)制动器未彻底分离； (3)停靠装置插销伸出挂在架体上	(1)更换润滑油； (2)调整制动器间隙； (3)减少吊笼载荷,下降吊笼； (4)恢复插销位置
3	吊笼不能正常下降	(1)断绳保护装置误动作； (2)摩擦副损坏	(1)修复断绳保护装置； (2)更换摩擦副
4	制动器失效	(1)制动器各运动部件调整不到位； (2)机构损坏,使运动受阻； (3)制动片或制动轮磨损严重,制动片或制动块连接铆钉露头	(1)修复或更换制动器； (2)更换制动片或制动轮
5	制动器制动力矩不足	(1)制动片和制动轮之间有油垢； (2)制动弹簧过松； (3)活动铰链处有卡滞或有磨损过度的零件； (4)锁紧螺母松动,引起调整用的横杆松脱； (5)制动片与制动轮之间的间隙过大	(1)清理油垢； (2)更换弹簧； (3)更换失效零件； (4)紧固锁紧螺母； (5)调整制动片与制动轮之间的间隙
6	制动器制动轮温度过高,制动块冒烟	(1)制动轮径向跳动严重超差； (2)制动弹簧过紧,电磁松闸器存在故障而不能松闸或松闸不到位； (3)制动器机件磨损,造成制动片与制动轮之间位置错误； (4)铰链卡死	(1)修复制动轮与轴的配合； (2)调整松闸螺母； (3)更换制动器机件； (4)修复

序号	故障现象	故障原因	故障诊断与排除
7	制动器制动臂不能张开	(1)制动弹簧过紧,造成制动力矩过大; (2)制动块和制动轮之间有污垢而形成粘边现象	(1)调整松紧螺母; (2)清理污垢
8	吊笼停靠时有下滑现象	(1)卷扬机制动器摩擦片磨损过度; (2)卷扬机制动器摩擦片、制动轮沾油,摩擦力下降	(1)更换摩擦片; (2)清理油垢
9	正常动作时断绳保护装置动作	制动块(钳)压得太紧	调整制动块滑动间隙
10	吊笼运行时有抖动现象	(1)导轨上有杂物; (2)导向滚轮(导靴)和导轮间隙过大	(1)清除杂物; (2)调整间隙

9　施工升降机事故及案例分析

近年，虽然国家和地方管理部门针对特种设备的管理颁布了一系列的管理办法，但因特种设备造成的群死群伤恶性事故还在各地不断上演，为使警钟长鸣，警醒设备管理人员和操作人员，特辑案例以为警示。

9.1　施工升降机常见事故

9.1.1　施工升降机常见的事故类型

施工升降机作为施工现场垂直运输的大型施工设备，也是危险性较大的机械设备，每年都有因管理不善或操作不当造成事故发生，虽然造成的伤害不尽相同，但仔细加以归纳总结，可将施工升降机事故大致分为以下几种类型。

（1）机械伤害事故。在施工升降机安装、使用、维修和拆卸过程中，安装、拆卸、维修人员及乘员遭受机械性伤害。

（2）高处坠落事故。安装、拆卸及维修人员从吊笼顶部、导轨架等高处坠落的事故。

（3）冒顶事故。指吊笼、对重从导轨上方冲出导轨造成的事故。

（4）吊笼失控下坠事故。指吊笼下滑在接触缓冲器以后继续下行撞击地面的事故。

（5）导轨架倒塌事故。

（6）断绳事故。指起升或对重钢丝绳断裂造成的事故。

（7）其他事故。如吊笼装载物品散落发生物体打击的事故，吊笼、对重运行过程中发生挤压的事故等。

9.1.2 施工升降机事故发生的主要原因

（1）违章作业：

1）安装、指挥、操作人员未经培训、无证上岗。

2）不遵守施工现场的安全管理制度，高处作业不系安全带和不正确使用个人防护用品。

3）安装拆卸前未进行安全技术交底，作业人员未按照安装、拆卸工艺流程装拆。

4）临时组织装拆队伍，工种不配套，多人作业配合不默契、不协调。

5）违章指挥。

6）安装现场无专人监护。

7）擅自拆、改、挪动机电设备或安全设施等。

（2）超载使用：

超载作业，在超载限制器失效的情况下，极易引发事故。超载限制器是施工升降机关键的安全装置，超载限制器的损坏、恶意调整、调整不当或失灵等均能造成限制失效，因现场工况复杂，应定期保养、校核超载限制器，不能擅自调整，严禁拆除。

（3）基础不符合要求：

1）未按说明书要求进行地耐力测试，因地基承载力不够造成施工升降机倾翻。

2）未按说明书要求施工，地基不能满足施工升降机的稳定性要求。

3）基础尺寸、混凝土强度不符合设计要求。

4）基础表面平整度不符合要求，预埋件布置不正确，影响了架体的垂直度和联结强度。

（4）附着达不到要求：

1）超过独立高度没有安装附着。

2）附着点以上施工升降机最大自由高度超出说明书要求。

3）附着杆、附着间距不符合说明书要求。

4）擅自使用非原厂生产制造的不合格附墙装置。

5）附着装置的联结、固定不牢。

（5）施工升降机位置不当：

1）与外电线路安全距离不足。

2）与边坡外沿距离不足，造成基础不稳固。

（6）钢结构磨损、疲劳，施工升降机使用多年，导轨立柱磨损，锈蚀严重，焊缝易产生疲劳裂纹，引发事故。

（7）钢丝绳断裂：

1）钢丝绳断丝、断股超过规定标准。

2）未设置滑轮防脱绳装置或装置损坏，钢丝绳脱槽被挤断。

3）防断（松）绳安全装置失效。

（8）高强度螺栓达不到要求：

1）连接螺栓松动。

2）未按照规定使用高强度螺栓。

3）连接螺栓缺少垫圈。

4）螺栓、螺母损伤、变形。

（9）安全装置失效：

如各种安全器、制动器、超载限制器、机械联锁装置、行程限位开关、防松绳装置、急停开关等损坏、拆除或失灵。

9.1.3 事故预防的几个方面

（1）施工升降机购置和租赁

在购买或租赁施工升降机时，用户要从长远利益出发，兼顾产品质量与成本，不走入低价购置、租赁的误区，要选择具有制造许可证、产品合格证和制造监督检验证明，技术资料齐全的正规厂家生产的合格产品，材料、元器件符合设计要求，各种限位、保险等安全装置齐全有效，设备完好，性能优良，不得购置、租赁国家淘汰、存在严重事故隐患、技术资料不齐全以及不符合国家技术标准或检验不合格的产品。

（2）施工升降机安拆队伍

施工升降机的安装拆卸必须由具备起重设备安装工程承包资质，取得安全许可证的专业队伍施工，作业人员应相对固定，工种应匹配，作业中应遵守纪律，服从指挥，配合默契，严格遵守操作规程，辅助起重设备、机具应配备齐全，性能可靠，在拆装现场应服从施工总承包单位、建设单位和监理单位的管理。

（3）作业人员培训考核

严格特种作业人员资格管理，施工升降机的安装拆卸工、施工升降机司机、起重司索信号工及电工等特种作业人员必须接受专门的安全操作知识培训，经建设主管部门考核合格，取得"建筑施工特种作业操作资格证书"，每年还应参加安全生产教育。

首次取得证书的人员实习操作不得少于3个月，实习操作期间，用人单位应当指定专人指导和监督作业。指导人员应当从取得相应特种作业资格证书并从事相关工作3年以上，无不良记录的熟练工中选择，实习操作期满，经用人单位考核合格，方可独立作业。

（4）技术管理

1）施工升降机在安装拆卸前，必须制定安全专项施工方案，并按照规定程序进行审核审批，确保方案的可行性。

2）安装队伍技术人员要对拆装作业人员进行详细的安全技术交底，作业时工程监理单位应当旁站监理，确保安全专项施工方案得到有效执行。

3）技术人员应根据工程实际情况和设备性能状况对施工升降机司机进行安全技术交底。

4）施工升降机司机应遵守劳动纪律，听从指挥，严格按照操作规程操作，认真履行交接班制度，做好日常检查和维护保养工作。

（5）检查验收

1）施工升降机在安装后，安装单位应当按规定的内容对升降机进行严格的自检，并出具自检报告。

2）自检合格后，使用单位应当委托具有相应资质的检测检验单位对施工升降机进行检验。

3）施工升降机使用前，使用单位应当组织出租、安装、监理等有关单位进行共同联合验收，合格后方可投入使用。

4）使用期间，有关单位应当按规定的时间项目和要求做好施工升降机的检查和维护保养，尤其要注重对各种安全器、机械联锁装置、行程限位开关、螺栓紧固、钢丝绳、安全钩、随行电缆等部位的检查和维修保养，确保使用安全。

9.2 施工升降机事故案例

9.2.1 施工升降机检修未停机造成人员伤亡事故

2004年2月14日，江苏省某市新都大厦工地上，施工升降机司机发现施工升降机有颗螺母松动，请机修工王某维修紧固松动的螺母，由于检修时未停机，王某被上下传动的杆件挂住了下颌，因颈部动脉血管破裂，经抢救无效死亡。

（1）事故经过

2月14日，江苏省某市新都大厦工地上，建筑主体已完成，一台施工升降机正在运行输送用于装修的砂浆。施工升降机司机发现机器有一颗螺母松动，就报告了项目经理，项目经理通知了机修工王某。王某说："小毛病，好修。"于是，手持扳手在一楼爬上导轨架，紧固松动的螺母。由于检修时未停机，王某被上下传动的杆件挂住了下颌，升降机司机见王某10分钟还未下来，抬头一看王某居然已经升到二楼，便赶快停机，并大喊："出事了！"现场人员急忙将王某抬到地面，只见王某脸色苍白并休克，急忙叫来120救护车，将王某送到医院抢救。下午5时，王某因颈部动脉血管破裂，经抢救无效死亡。

（2）原因分析

1）造成事故的直接原因，是王某麻痹大意，安全意识淡薄，违章操作，在未停机的情况下进行检修作业。施工升降机使用说明书上明确规定："检修时应停机"。王某担任施工升降机维修工多年，具有丰富的作业经验，完全应该知道违章作业的危险性，以前在施工升降机螺母松动时违章操作没有发生事故，其中存在着许多偶然的因素。据施工升降机司机讲，机器螺母松动时，他都是这样操作，从未发生事故，因此产生侥幸心理。

2）造成事故的间接原因，是2月13日晚上王某打麻将至午夜12点，导致睡眠时间不足，第二天精神恍惚，以致冒险作业发生事故。

（3）预防措施

《建筑机械使用安全技术规程》（JGJ 33—2012）规定，电梯运行中发现机械有异常情况应立即停机检查，排除故障后，方可继续运行。王某因违章作业导致身亡，教训惨痛。这起事故的发生，用事实证明了只要是违章作业，就存在着危险性，这种危险性就有可能导致事故。所以，施工人员在作业中，应做到遵章守纪，增强安全意识，时刻保持警惕，不要因为自己的违章行为伤害自己或者别人。

9.2.2 施工升降机司机违章涂油保养作业造成坠落事故

2002年1月30日，广西梧州市某建筑安装工程总公司在建筑施工中，一名施工升降机司机在对导轨架导轨进行涂抹润滑油的保养作业时，因违章操作，造成人随同吊笼从10层坠落地面，经抢救无效死亡。

（1）事故经过

1月30日9时35分，广西梧州市某建筑安装工程总公司升降机司机蒙某，在对钢丝绳式施工升降机导轨架进行涂抹润滑油的保养作业时，为图方便，叫同班电工李某开机，并吩咐当看到卷扬机的钢丝绳有黄色标记时，表示吊笼已到10层，立即停机。蒙某随后走进吊笼，在升降机运行中为右边的导轨加油。吊笼上升后，当李某听到卷扬机钢丝绳发出异常声音时，立即停机，此时吊笼和蒙某已经从 10 层坠落地面。现场人员急忙将蒙某送往医院，但是经抢救无效死亡。

（2）原因分析

事故之后经勘察，发现坠落后吊笼已严重变形，有一立柱在 1m 高处断开，8 层的安全停靠防坠装置有 2 个被撞断，钢丝绳被拉断，断口一端在 7 层。此施工升降机导轨架总高 43.5m，吊笼采用双绳提升，提升高度 34m，载重量 1000kg，2001 年 12 月 20 投入使用。施工升降机司机蒙某有操作证，李某无操作证。

1）造成这起事故的直接原因，是司机蒙某违章操作，冒险作业，搭乘施工升降机在运行中加油；电工李某无证操作施工升降机，由于操作不当，未能及时停机。

2）造成这起事故的间接原因是升降机没有设置防断绳安全装置，上限位开关失效，致使升降机冲顶拉断钢丝绳后，吊笼从 10 层坠落。

3）事故单位安全管理不到位，对职工安全教育不够，人员违章操作，是造成人员高处坠落事故管理上的原因。

（3）预防措施

施工升降机属于特种设备，司机属于特种作业人员，按照有关规定，建筑工地起重机械作业人员（包括安装拆卸工、起重机司机和起重信号工等）必须经过主管部门培训考核合格，获得特种设备作业人员证，方可上岗作业。作业人员在作业中应当严格执行建筑工地起重机械的安全操作规程和相关的安全作业规章制度，应当对建筑工地起重机械使用状况进行经常性检查，在检查或作业过程中发现事故隐患或者其他不安全因素时应当立即处理；情况紧急时，可以决定停止使用设备，并及时向现场安全管理人员和有关负责人报告。

在这起事故中，从事故发生经过来看，升降机没有设置防断绳安全装置，限位开关失效。在事故发生之前，蒙某作为升降机司机，在每天进行的检查中或者在作业中，应该能够发现所存在的这些问题，并且应向现场安全管理人员和有关负责人报告，予以解决。没有发现、没有解决，属于失职，进而由于自己的违章作业造成坠落事故。

为避免类似事故的发生，应采取以下预防措施：

1）要严格执行各项规章制度，杜绝作业人员的违章行为。

2）加强对作业人员的安全教育，提高作业人员的责任心和操作技能。

3）严格执行施工升降机的检查制度，要按规定装设防断绳安全装置和强制断电的上极限保护开关。

9.2.3 吊笼冒顶坠落事故

2008 年×月×日，某施工项目部在未安装调试到位的情况下启用施工升降机，发生一起施工升降机吊笼坠落事故，造成 3 人死亡。

（1）事故经过

该工程地下 1 层、地上 20 层，为现浇框筒结构，事故发生时已完成 9 层结构施工。因施工需要，该工程项目部向某建筑机械租赁公司租赁了一台 SCD200/200A 型新购的双笼施工升降机，由具有安装资质的租赁公司进行安装。因时间紧迫，租赁公司在尚未制定安装方案，也未向工人进行安全技术交底情况下，就派出无证的安装工人到场安装，并约请生产厂派出技术人员到场指导安装工作。某月 16 日，该施工升降机导轨架安装到 28.8m 高度，并在建筑结构设置了附着装置，但吊笼安全钩未固定，上行程限位和上极限限位撞块、天轮架、天轮、对重均未安装，安装单位未对施工升降机进行全面检查，亦未办理验收手续，即于当日向工程项目部出具了工作联系单，告知"安装验收"完毕，交付项目使用，并于即日起开始收取租赁费。20 日 6：00 时，由无证女司机开动该施工升降机的一个吊笼，载 2 名工人驶向 9 楼，吊笼运行超出导轨架顶后从高空倾翻坠落，吊笼内 3 人当场死亡。

（2）事故原因

1）使用时，施工升降机上行程限位和上极限限位撞块均未安装，使上行程限位和上极限限位功能失效。

2）安装单位未制定施工升降机安装方案和安全技术措施、未进行技术交底、未落实严格的安装验收手续，在尚未安装结束情况下就交付使用。

3）安装单位安排无证人员安装设备。

4）设备使用单位未履行施工升降机安装后交接验收手续就启用施工升降机。

5）设备使用单位安排无证人员担任施工升降机司机。

6）监理单位对尚未安装结束的施工升降机投入使用的行为未进行制止。

7）施工升降机司机无证上岗违章操作；安装人员无证从事施工升降机安装。

（3）教训与警示

1）设备安装、使用单位内部管理混乱，企业领导安全意识淡薄，不遵守有关安全的法律法规，导致事故发生。

① 安装单位未制定详细的施工升降机安装方案、安全技术措施和验收方案，也未进行安全技术交底，安排无证人员安装起重机械，导致上行程限位撞块、上极限限位撞块、天轮架、天轮、对重均未安装，安全钩又未固定；设备安装后，也未进行必要的检查、试验和验收，就将设备交付给使用单位，并出具书面通知自称已安装验收完毕。安装单位的行为违反了《建设工程安全生产管理条例》第十七条"施工起重机械……安装完毕后，安装单位应当自检，出具自检合格证明，并向施工单位进行安全使用说明，办理验收手续并签字"的规定。

② 设备使用单位（工程施工总承包单位）未组织出租单位、安装单位、工程监理等单位共同进行验收即启用设备，违反了《建设工程安全生产管理条例》第三十五条"施工单位在使用施工起重机械……前，应当组织有关单位进行验收"的规定。

③ 设备使用单位安排无证人员操作施工升降机，违反了

《建筑起重机械安全监督管理规定》（建设部令第166号）第二十五条"建筑起重机械安装拆卸工、起重信号工、起重司机、司索工等特种作业人员应当经建设主管部门考核合格，并取得特种作业操作资格证书后，方可上岗作业。"的规定。

2）设备生产厂家未能全面履行合同

施工升降机是使用单位租赁的新设备，按合同规定，该设备第一次安装时厂家技术人员有义务到现场进行技术指导，直至全面检查、调试、验收合格后方可离开现场。但该厂技术人员在设备尚未安装结束，设备未进行试运转、验收合格后就匆匆离开现场，生产厂家存在失职行为。

9.2.4 制动失灵吊笼坠落事故

2007年×月×日，某居民住宅小区工地发生一起施工升降机吊笼坠落事故，一台SCD200/200型施工升降机西侧吊笼突然从11层楼坠落，吊笼内17名作业人员随吊笼坠落至地面，造成11人死、6人受伤。

（1）事故经过

该工程为一幢34层高层住宅楼，11月某日施工升降机西侧吊笼从地面送料上行至第33层卸料后，下行逐层搭乘了若干名下班工人与1辆手推车，到第26层时又进入4人，此时吊笼内共载17人（含司机），关门后在未启动电动机的情况下，吊笼即开始下滑并失速下降，司机当即按下紧急按钮，但未能制动住吊笼，吊笼加速坠落至地，造成当场死亡4人，后经抢救无效陆续死亡7人，共造成11人死亡，6人受伤。

（2）事故调查情况

1）经现场勘察和事故调查，该施工升降机由某建筑机械厂生产，出厂合格证签发时间为1996年，吊笼内传动板标牌标注时间为1999年8月。升降机传动板上安装两套驱动装置、一台防坠安全器及上、下两个背轮，其中防坠安全器出厂时间为2005年8月，已通过检测。

2）施工升降机司机持有效操作证上岗，设备无台班日检记录、无设备维修记录。

3）事故发生时该吊笼内乘载 17 人、1 辆手推车，其重量为一个吊笼额定载重量 2000kg 的 66.75%，未超载使用。

4）对重块钢丝绳未断裂，对重块坠落在施工升降机护栏外；天轮被对重块撞出顶部支座并坠于 34 层平台上，轮缘明显有被平衡块冲顶撞击痕迹。

5）吊笼操作室内主令开关位于"0"位，紧急制动按钮位于"按下"状态。

6）坠地吊笼传动板的下背轮轴断裂，下背轮脱落，驱动装置齿轮径向脱离齿条，防坠安全器齿轮失去水平约束，动力板上未设置齿轮防脱轨挡块，如图 9-1 所示。

7）经相关机构对该吊笼的防坠安全器、电磁制动器、驱动齿轮进行检测，防坠安全器的安全开关动作可靠，均符合《施工升降机齿轮锥鼓形渐进式防坠安全器》（JG 121—2000）的规定；两个电磁制动器摩擦片严重磨损，制动力矩小于《SC 系列施工升降机使用说明书》（下称《使用说明书》）标明的 120N·m 额定力矩。当两制动器同时有效制动时，该吊笼所能承受的最大载重量仅为 1058kg（静

图 9-1 下背轮已脱落、无挡块

载）；下背轮轴所采用的内六角螺栓为 4.8 级，低于《施工升降机》（GB/T 10054—2005）规定的 8.8 级。

（3）事故原因

1）电磁制动器的制动力矩不足。吊笼电磁制动器的制动片磨损后，制动片与制动盘的间隙增大，压紧弹簧对制动盘的推力减小，所产生的实际制动力矩远远低于额定制动力矩，并小于吊笼内载荷在制动器上产生的自重力矩，导致吊笼失速下坠。

2）更换了规格不当的螺栓，按使用说明书规定，下背轮轴

原为 M20-8.8 级高强度内六角螺栓，实际选用的为 4.8 级的内六角螺栓。

3）产品设计制造不符合规范标准要求，传动板上未设置齿轮防脱轨挡块。吊笼的传动板上未设置防脱轨挡块，在吊笼坠落时，背轮轴被安全器齿轮传来的水平冲击力剪断，背轮作用失效，防坠落输出端齿轮失去水平约束而脱轨。

4）维护保养不到位。两个电磁制动器摩擦片严重磨损，未及时更换。

9.2.5 头部伸入吊笼通道观察施工升降机运行情况造成人员伤亡事故

2002 年 10 月 16 日，在上海某建筑企业总包、广东某建安总公司分包的高层建设施工工地上，一名作业人员在完成填充墙上嵌缝工作后，擅自拆除过道竖管的邻边防护措施，将头部与上身伸入正在运行的施工升降机吊笼通道中，被吊笼撞击头部，经抢救无效死亡。

（1）事故经过

10 月 16 日下午 5 时 30 分，在上海某建筑企业总包、广东某建安总公司分包的高层工地上，瓦工班普工某某在完成填充墙上嵌缝工作后，站在建筑物 15 层施工升降机通道板中间两根过道竖管边准备下班。当时施工升降机东笼装着混凝土小车向上运行，施工升降机司机听到上面有人呼叫，就将吊笼开到 16 层楼面，发现 16 层没有人，就再启动吊笼往下运行，在下行将至 15 层处，正好压在将头部与上身伸出过道竖管探望施工升降机运行情况的瓦工班普工杨某头部左侧顶部，以致其当场昏迷。这时，吊笼内人员发现有人趴在 15 层连接运料平台板的施工升降机稳固撑上，便前去查看，及时采取措施将杨某运至地面，送往医院抢救，终因杨某颅脑外伤严重，抢救无效死亡。

（2）原因分析

1）造成事故的直接原因，是杨某在完成填充墙上嵌缝工后，擅自拆除过道竖管的邻边防护措施，将头部与上身伸入正在运行的吊笼通道中，从而引发事故。

2）造成事故的间接原因。一是分包项目部施工升降机管理制度不健全，安全教育培训不够，安全检查不到位；二是作业班长安排工作时，未按规定做好安全监护工作；三是总包单位对施工现场的安全管理力度不够，未严格实施总包单位对现场管理的具体要求，对安全隐患整改监督不力。

3）造成事故的主要原因，是施工企业安全管理松懈，安全措施不到位，对施工人员的安全教育培训工作不够深入。

（3）预防措施

这起事故属于意外，在这类意外事故中的，施工人员的个人因素占有较大的成分。一般来讲，人的反应速度比吊笼运行速度要快，但是这需要一定的距离作保障，如果距离较远，人能够反应过来从而回避危险，如果距离太近，人就难以反应从而造成事故。因此，在对施工人员的安全教育中，应该讲明白什么是危险，如何克服麻痹大意回避危险。

针对此类情况应采取如下预防措施：

1）总包单位必须加强对施工现场各分包单位的安全生产管理的监管力度，强化安全生产责任制。

2）分包单位必须加强对职工的安全教育与培训，提高职工自我的保护意识，加强施工作业前有针对性的安全技术交底工作，杜绝各类违章现象。

3）施工总包单位与分包单位实施现场全面安全检查，制定有效的安全防护措施，严格按体系要求对安全防护设施进行检查与检验工作，杜绝隐患。

9.2.6 施工升降机钢丝绳断裂造成人员坠落事件

2002年10月24日，某航空城C座高层住宅楼在建筑施工中，正在运行的一台施工升降机钢丝绳突然发生断裂，致使载货吊笼和乘坐吊笼的4人一起从高处坠落，造成3人死亡、1人受伤。

（1）事故经过

10月24日14时50分，某航空城C座高层住宅楼在建筑施工中，已经结构封顶，开始进行装修阶段。沈阳某玻璃经销部按照合同约定，运送玻璃到19层，玻璃装上吊笼后，2名经销部人员进入吊笼扶玻璃，另2人也一同进入，当运行到12层时，钢丝绳突然发生断裂，致使载货吊笼和乘坐吊笼的4人一起从高处坠落，造成3人死亡、1人受伤。

（2）原因分析

1）升降机在27层处施工升降机吊梁上的滑车已经非正常过度磨损，钢丝绳将滑轮槽底一侧磨出约10mm的沟槽后，又将侧板磨出3mm左右的槽，使钢丝绳进入滑轮侧面与侧板缝隙之间，10月24日14时50分，当升降机在运行时，钢丝绳在这个位置上被卡死，不能移动，而卷扬机还在继续转动，将钢丝绳拉断，载货吊笼坠落。

2）沈阳某起重机技术服务有限责任公司负责升降机的制造、安装，但是在制造、安装时没有设计方案和图样，使升降机存在如下严重缺陷：

① 滑车和钢丝绳选配不合理。当时现行国家标准《施工升降机安全规程》（GB 10055—1996）中明确规定，货用升降机滑轮名义直径与钢丝绳直径之比不得小于30，而事故现场选用的滑轮和钢丝绳的直径比不到8，不符合国家标准的规定。因此，在使用中加快滑轮和钢丝绳的磨损。

② 导向滑轮的安装定位不合理。选择位置较偏，钢丝绳入角偏大，形成了歪拉斜拽，使27层处施工升降机吊梁上的滑车受到较大侧向力，当吊笼升降时，造成钢丝绳与滑轮轮缘和侧板的磨损，并使钢丝绳滑入滑轮侧面与侧板缝隙之间，造成钢丝绳被卡死。

③ 吊笼断绳保护装置不合格，保护用伸出杆较细，强度不够，当钢丝绳断裂后，吊笼坠产生的冲击力将伸出杆压弯，没有

起到保护作用。

3）沈阳某起重技术服务有限责任公司不具备制造、安装升降机的资格。在没有获得制造许可证和安装资质的情况下，违反国家规定，制造和安装升降机，并在升降机安装调试后，没有进行验收的情况下擅自使用，使升降机在使用中没有安全保障，是这起事故发生的一个间接原因。

4）沈阳某起重技术服务有限责任公司对升降机运行状况的检查存在严重漏洞。每天两次检查竟然没有发现问题，说明工作人员在检查中极不认真，工作严重失职，这是事故发生的又一重要原因。

（3）预防措施

1）加强对施工起重机械的监管力度，坚决打击和制止非法制造、安装、使用起重机械的行为。

2）加强对施工升降机的检验，尤其对磨损严重的部位和主要受力部分应仔细检查。

3）加强对施工升降机安全装置的性能确认和检查，尤其是建设项目发包方，不能随意将工程项目交给不具备相应资质的单位，应该选择具有相应资质的单位，保证人员和设备的安全，同时也保证工程项目的顺利进行。

附录1 建筑起重机械司机（施工升降机）安全技术考核大纲（试行）

1 安全技术理论

1.1 安全生产基本知识

    1 了解建筑安全生产法律法规和规章制度；

    2 熟悉有关特种作业人员的管理制度；

    3 掌握从业人员的权利义务和法律责任；

    4 熟悉高处作业安全知识；

    5 掌握安全防护用品的使用；

    6 熟悉安全标志、安全色的基本知识；

    7 了解施工现场消防知识；

    8 了解现场急救知识；

    9 熟悉施工现场安全用电基本知识。

1.2 专业基础知识

    1 了解力学基本知识；

    2 了解电工基本知识；

    3 熟悉机械基本知识；

    4 了解液压传动知识。

1.3 专业技术理论

    1 了解施工升降机的分类、性能；

    2 熟悉施工升降机的基本技术参数；

    3 熟悉施工升降机的基本构造和基本工作原理；

    4 掌握施工升降机主要零部件的技术要求及报废标准；

    5 熟悉施工升降机安全保护装置的结构、工作原理和使用要求；

  6 熟悉施工升降机安全保护装置的维护保养和调整（试）方法；

  7 掌握施工升降机的安全使用和安全操作；

  8 掌握施工升降机驾驶员的安全职责；

  9 熟悉施工升降机的检查和维护保养常识；

  10 熟悉施工升降机常见故障的判断和处置方法；

  11 了解施工升降机常见事故原因及处置方法。

2 安全操作技能

2.1 掌握施工升降机操作技能；

2.2 掌握主要零部件的性能及可靠性的判定；

2.3 掌握安全器动作后检查与复位处理方法；

2.4 掌握常见故障的识别、判断；

2.5 掌握紧急情况处置方法。

附录2 建筑起重机械司机（施工升降机）安全操作技能考核标准（试行）

1. 施工升降机驾驶

1.1 考核设备和器具

1.1.1 施工升降机1台或模拟机1台，行程高度20m；

1.1.2 其他器具：计时器1个。

1.2 考核方法

在考评人员指挥下，考生驾驶施工升降机上升、下降各一个过程；在上升和下降过程中各停层一次。

1.3 考核时间

20min。

1.4 考核评分标准

满分60分。考核评分标准见表1-1。

考核评分标准 表1-1

序号	扣 分 项 目	扣分值
1	启动前，未确认控制开关在零位的	5分
2	作业前，未发出音响信号示意的	5分/次
3	运行到最上层或最下层时，触动上、下限位开关的	5分/次
4	停层超过规定距离±20mm的	5分/次
5	未关闭层门启动升降机的	10分
6	作业后，未将梯笼降到底层、未将各控制开关拨到零位的、未切断电源的、为闭锁梯笼门的	5分/项

2. 故障识别判断

2.1 考核设备和器具

2.1.1 设置简单故障的施工升降机或图示、影像资料；

2.1.2 其他器具：计时器 1 个。

2.2 考核方法

由考生识别判断施工升降机或图示、影像资料设置的二个简单故障。

2.3 考核时间

10min。

2.4 考核评分标准

满分 15 分。在规定时间内正确识别判断的，每项得 6.5 分。

3. 零部件判废

3.1 考核器具

3.1.1 施工升降机零部件实物或图示、影像资料（包括达到报废标准和有缺陷的）；

3.1.2 其他器具：计时器 1 个。

3.2 考核方法

从施工升降机零部件实物或图示、影像资料中随机抽取 2 件（张、个），由考生判断其是否达到报废标准并说明原因。

3.3 考核时间

10min。

3.4 考核评分标准

满分 15 分。在规定时间内正确判断并说明原因，每项得 6.5 分；判断正确但不能准确说明原因的，每项得 4 分。

4. 紧急情况处置

4.1 考核设备和器具

4.1.1 设置施工升降机电动机制动失灵、突然断电、对重出轨

等紧急情况或图示、影像资料;

4.1.2 其他器具:计时器1个。

4.2 考核方法

由考生对施工升降机电动机制动失灵、突然断电、对重出轨等紧急情况或图示、影像资料中所示的紧急情况进行描述,并口述处置方法。对每个考生设置一种。

4.3 考核时间

10min。

4.4 考核评分标准

满分10分。在规定时间内对存在的问题描述正确并正确叙述处置方法的,得10分;对存在的问题描述正确,但未能正确叙述处置方法的,得5分。

附录3 《起重机　钢丝绳　保养、维护、检验和报废》(GB/T 5972—2016)（摘录）

根据《起重机　钢丝绳　保养、维护、检验和报废》(GB/T 5972—2016)国家标准的有关规定，钢丝绳报废标准如下：

1. 可见断丝

不同种类可见断丝的报废基准应符合表1的规定。

可见断丝报废基准　　　　　　　　　表1

序号	可见断丝的种类	报废基准
1	断丝随机地分布在单层缠绕的钢丝绳绕过一个或多个钢制滑轮的区段和进出卷筒的区段，或者多层缠绕的钢丝绳位于交叉重叠区域的区段ª	单层和平行捻密实钢丝绳见表3，阻旋转钢丝绳见表4
2	在不进出卷筒的钢丝绳区段出现的呈局部聚集状态的断丝	如果局部聚集集中在一个或两个相邻的绳股，即使6d长度范围内的断丝数低于表3和表4的规定值，可能也要报废钢丝绳
3	股沟断丝ᵇ	在一个钢丝绳捻距（大约为6d的长度）内出现两个或更多断丝
4	绳端固定装置处的断丝	两个或更多断丝

对于单层股钢丝绳和平行捻密实钢丝绳中达到报废程度的最少可见断丝数见表2。

单层股钢丝绳和平行捻密实钢丝绳中达到报废程度的最少可见断丝数

表 2

钢丝绳类别编号 RCN	外层股中承载钢丝的总数[a] n	可见外部断丝的数量[b]					
		在钢制滑轮上工作和/或单层缠绕在卷筒上的钢丝绳区段（钢丝断裂随机分布）				多层缠绕在卷筒上的钢丝绳区段[c]	
		工作级别 M1~M4 或未知级别[d]				所有工作级别	
		交互捻		同向捻		交互捻和同向捻	
		$6d$[e] 长度范围内	$30d$[e] 长度范围内	$6d$[e] 长度范围内	$30d$[e] 长度范围内	$6d$[e] 长度范围内	$30d$[e] 长度范围内
01	$n \leqslant 50$	2	4	1	2	4	8
02	$51 \leqslant n \leqslant 75$	3	6	2	3	6	12
03	$76 \leqslant n \leqslant 100$	4	8	2	4	8	16
04	$101 \leqslant n \leqslant 120$	5	10	2	5	10	20
05	$121 \leqslant n \leqslant 140$	6	11	3	6	12	22
06	$141 \leqslant n \leqslant 160$	6	13	3	6	12	26
07	$161 \leqslant n \leqslant 180$	7	14	4	7	14	28
08	$181 \leqslant n \leqslant 200$	8	16	4	8	16	32
09	$201 \leqslant n \leqslant 220$	9	18	4	9	18	36
10	$221 \leqslant n \leqslant 240$	10	19	5	10	20	38
11	$241 \leqslant n \leqslant 260$	10	21	5	10	20	42
12	$261 \leqslant n \leqslant 280$	11	22	6	11	22	44
13	$281 \leqslant n \leqslant 300$	12	24	6	12	24	48
	$n > 300$	$0.04n$	$0.08n$	$0.02n$	$0.04n$	$0.08n$	$0.16n$

注：对于外股为西鲁式结构且每股的钢丝数≤19 的钢丝绳（例如 6×19Seale），在表中的取值位置为其"外层股中承载钢丝总数"所在行之上的第二行。

a 在本标准中，填充钢丝不作为承载钢丝，因而不包括在 n 值之中。

b 一根断丝有两个断头（按一根断丝计数）。

c 这些数值适用于交叉重叠区域和由于钢丝绳偏角影响的缠绕绳圈之间干涉引起的劣化（不适用于只在滑轮上工作而不在卷筒上缠绕的区段）。

d 机构的工作级别为 M5~M8 时，断丝数可取表中数值的两倍。

e d——钢丝绳公称直径。

对于阻旋转钢丝绳达到报废程度的最少可见断丝数见表3。

阻旋转钢丝绳中达到报废程度的最少可见断丝数　　　　表3

钢丝绳类别编号RCN	钢丝绳外层股数和外层股中承载钢丝总数[a] n	可见断丝数量[b]			
		在钢制滑轮上工作和/或单层缠绕在卷筒上的钢丝绳区段		多层缠绕在卷筒上的钢丝绳区段[c]	
		$6d^d$ 长度范围内	$30d^d$ 长度范围内	$6d^d$ 长度范围内	$30d^d$ 长度范围内
21	4 股 $n \leqslant 100$	2	4	2	4
22	3 股或 4 股 $n \geqslant 100$	2	4	4	8
	至少 11 个外层股				
23-1	$71 \leqslant n \leqslant 100$	2	4	4	8
23-2	$101 \leqslant n \leqslant 120$	3	5	5	10
23-3	$121 \leqslant n \leqslant 140$	3	5	6	11
24	$141 \leqslant n \leqslant 160$	3	6	6	13
25	$161 \leqslant n \leqslant 180$	4	7	7	14
26	$181 \leqslant n \leqslant 200$	4	8	8	16
27	$201 \leqslant n \leqslant 220$	4	9	9	18
28	$221 \leqslant n \leqslant 240$	5	10	10	19
29	$241 \leqslant n \leqslant 260$	5	10	10	21
30	$261 \leqslant n \leqslant 280$	6	11	11	22
31	$281 \leqslant n \leqslant 300$	6	12	12	24
	$n > 300$	6	12	12	24

注：对于外股为西鲁式结构且每股的钢丝数≤19 的钢丝绳（例如 18×19 Seale-WSC），在表中的取值位置为其"外层股中承载钢丝总数"所在行之上的第二行。

[a] 在本标准中，填充钢丝不作为承载钢丝，因而不包括在 n 值之中。

[b] 一根断丝有两个断头（按一根断丝计数）。

[c] 这些数值适用于交叉重叠区域和由于钢丝绳偏角影响的缠绕绳圈之间干涉引起的劣化（不适用于只在滑轮上工作而不在卷筒上缠绕的区段）。

[d] d——钢丝绳公称直径。

2. 钢丝绳直径的减小

在卷筒上单层缠绕和经过钢制滑轮的钢丝绳区段，直径等值减小的报废基准见表 4 中的粗体字。这些数值不适用于交叉重叠区域或其他由于多层缠绕导致类似变形的区段。

计算减小量的参考直径是钢丝绳的非工作区段在钢丝绳开始使用后立即测量的直径。

如果发现直径有明显的局部减小，如由绳芯或钢丝绳中心区损伤导致的直径局部减小，应报废该钢丝绳。

直径等值减小的报废基准—单层缠绕卷筒和钢制滑轮上的钢丝绳

表 4

钢丝绳类型	直径的等值减小量 Q（用公称直径的百分比表示）	严重程度分级	
		程度	％
纤维芯单层股钢丝绳	$Q<6\%$	—	0
	$6\%\leqslant Q<7\%$	轻度	20
	$7\%\leqslant Q<8\%$	中度	40
	$8\%\leqslant Q<9\%$	重度	60
	$9\%\leqslant Q<10\%$	严重	80
	$Q\geqslant10\%$	**报废**	**100**
钢芯单层股钢丝绳或平行捻密实钢丝绳	$Q<3.5\%$	—	0
	$3.5\%\leqslant Q<4.5\%$	轻度	20
	$4.5\%\leqslant Q<5.5\%$	中度	40
	$5.5\%\leqslant Q<6.5\%$	重度	60
	$6.5\%\leqslant Q<7.5\%$	严重	80
	$Q\geqslant7.5\%$	**报废**	**100**
阻旋转钢丝绳	$Q<1\%$	—	0
	$1\%\leqslant Q<2\%$	轻度	20
	$2\%\leqslant Q<3\%$	中度	40
	$3\%\leqslant Q<4\%$	重度	60
	$4\%\leqslant Q<5\%$	严重	80
	$Q\geqslant5\%$	**报废**	**100**

3. 断股

如果钢丝绳发生整股断裂,则应立即报废。

4. 腐蚀

报废基准和腐蚀严重程度分级见表5。

评估腐蚀范围时,重要的是区分钢丝腐蚀和由于外来颗粒氧化而产生的钢丝绳表面腐蚀之间的差异。

在评估前,应将钢丝绳的拟检测区段擦净或刷净,但不宜使用溶剂清洗。

腐蚀报废基准和严重程度分级　　　　　表5

腐蚀类型	状　　态	严重程度分级
外部腐蚀[a]	表面存在氧化迹象,但能够擦净	浅表——0%
	钢丝表面手感粗糙	重度——60%[c]
	钢丝表面重度凹痕以及钢丝松弛[b]	报废——100%
内部腐蚀[d]	内部腐蚀的明显可见迹象——腐蚀碎屑从外绳股之间的股沟溢出[e]	报废——100% 或
摩擦腐蚀	摩擦腐蚀过程为:干燥钢丝和绳股之间的持续摩擦产生钢质微粒的移动,然后是氧化,并产生形态为干粉(类似红铁粉)状的内部腐蚀碎屑	对此类迹象特征宜作进一步探查,若仍对其严重性存在怀疑,宜将钢丝绳报废(100%)

a　实例参见图3-11和图3-12。
b　对其他中间状态,宜对其严重程度分级做出评估（即在综合影响中所起的作用）。
c　镀锌钢丝的氧化也会导致钢丝表面手感粗糙,但是总体状况可能不如非镀锌钢丝严重。在这种情况下,检验人员可以考虑将表中所给严重程度分级降低一级作为其在综合影响中所起的作用。
d　实例参见图3-19。
e　虽然对内部腐蚀的评估是主观的,但如果对内部腐蚀的严重程度有怀疑,就宜将钢丝绳报废。
注:内部腐蚀或摩擦腐蚀能够导致直径增大。

5. 畸形和损伤

钢丝绳失去正常形状而产生的可见形状畸变都属于畸形。畸形通常发生在局部,会导致畸形区域的钢丝绳内部应力分布不均匀。

畸形和损伤会以多种方式表现出来,主要表现方式有波浪形、笼状畸形、绳芯或绳股突出或扭曲、钢丝的环状突出、绳径局部增大、局部扁平、扭结、折弯、热和电弧引起的损伤等方式。

只要钢丝绳的自身状态被认为是危险的，就应立即报废。

下列附图展示了各种缺陷的典型实例。当钢丝绳出现下列附图的缺陷，应立即报废。

图 3-1　钢丝突出

图 3-2　绳芯突出—单层股钢丝绳

图 3-3　钢丝绳直径局部减小（绳股凹陷）

图 3-4　绳股突出或扭曲

图 3-5　局部扁平

图 3-6　扭结（正向）

图 3-7　扭结（反向）

图 3-8　波浪形

图 3-9　笼状畸形

图 3-10 外部磨损

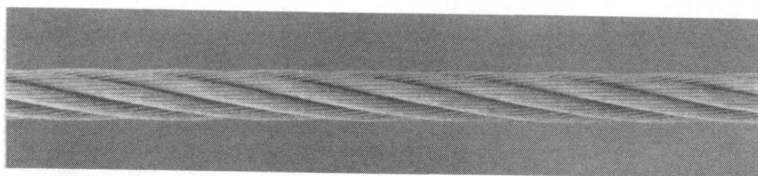

图 3-11 外部腐蚀

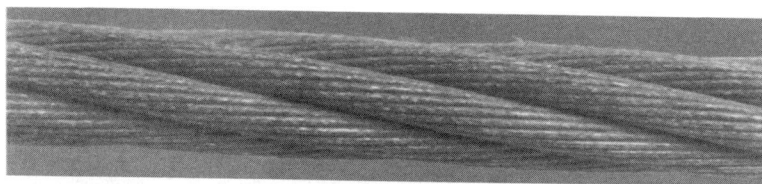

图 3-12 外部腐蚀放大图

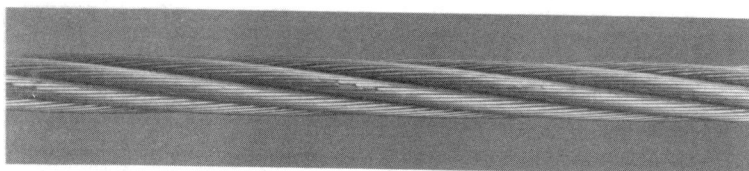

图 3-13 股顶断丝

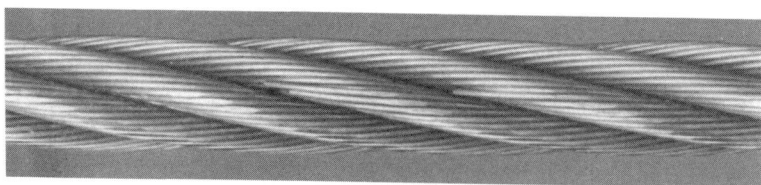

图 3-14 股沟断丝

图 3-15　阻旋转钢丝绳内绳突出

图 3-16　绳芯扭曲引起的钢丝绳直径局部增大

图 3-17　扭结

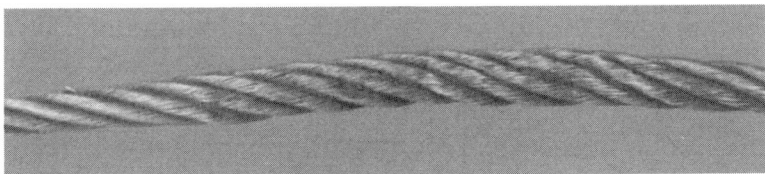

图 3-18　局部扁平

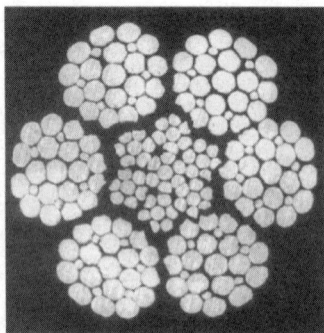

图 3-19　内部腐蚀

附录4 《建筑施工升降机安装、使用、拆卸安全技术规程》(JGJ 215—2010)

1 总 则

1.0.1 在建筑施工升降机安装、使用、拆卸中,为贯彻"安全第一、预防为主、综合治理"的方针,确保施工中人员与财产的安全制定本规程。

1.0.2 本规程适用于房屋建筑工程、市政工程所用的齿轮齿条式、钢丝绳式人货两用施工升降机,不适用于电梯、矿井提升机、升降平台。

1.0.3 施工升降机的安装、使用和拆卸,除应符合本规程规定外,尚应符合国家现行有关标准的规定。

2 术 语

2.0.1 安装吊杆 jib attachment
施工升降机上用来装拆导轨架标准节等部件的提升装置。

2.0.2 额定安装载重量 rated erection load
安装工况下吊笼允许的最大载荷。

2.0.3 额定载重量 rated load
使用工况下吊笼允许的最大载荷。

2.0.4 防坠安全器 safety device
非电气、气动和手动控制的防止吊笼或对重坠落的机械式安全保护装置。

2.0.5 限位开关 terminal stopping switch
吊笼到达行程终点时自动切断控制电路的安全装置。

2.0.6 极限开关 ultimate limit switch

吊笼超越行程终点时自动切断总电源的非自动复位安全装置。

2.0.7 对重 counterweight

对吊笼起平衡作用的重物。

2.0.8 层站 landing

建筑物或其他固定结构上供吊笼停靠和人货出入的地点。

2.0.9 地面防护围栏 base level enclosure

地面上包围吊笼的防护围栏。

2.0.10 缓冲器 buffer。

安装在底架上,用以吸收下降吊笼或对重的动能,起缓冲作用的装置。

2.0.11 施工升降机运行通道 hoistway

施工升降机吊笼运行轨迹占用的全部空间。

2.0.12 坠落试验 drop test

通过施工升降机吊笼沿导轨架作自由落体运动,以检验防坠安全器作用的试验。

3 基 本 规 定

3.0.1 施工升降机安装单位应具备建设行政主管部门颁发的起重设备安装工程专业承包资质和建筑施工企业安全生产许可证。

3.0.2 施工升降机安装、拆卸项目应配备与承担项目相适应的专业安装作业人员以及专业安装技术人员。施工升降机的安装拆卸工、电工、司机等应具有建筑施工特种作业操作资格证书。

3.0.3 施工升降机使用单位应与安装单位签订施工升降机安装、拆卸合同,明确双方的安全生产责任。实行施工总承包的,施工总承包单位应与安装单位签订施工升降机安装、拆卸工程安全协议书。

3.0.4 施工升降机应具有特种设备制造许可证、产品合格证、使用说明书、起重机械制造监督检验证书,并已在产权单位工商注册所在地县级以上建设行政主管部门备案登记。

3.0.5 施工升降机安装作业前，安装单位应编制施工升降机安装、拆卸工程专项施工方案，由安装单位技术负责人批准后，报送施工总承包单位或使用单位、监理单位审核，并告知工程所在地县级以上建设行政主管部门。

3.0.6 施工升降机的类型、型号和数量应能满足施工现场货物尺寸、运载重量、运载频率和使用高度等方面的要求。

3.0.7 当利用辅助起重设备安装、拆卸施工升降机时，应对辅助设备设置位置、锚固方法和基础承载能力等进行设计和验算。

3.0.8 施工升降机安装、拆卸工程专项施工方案应根据使用说明书的要求、作业场地及周边环境的实际情况、施工升降机使用要求等编制。当安装、拆卸过程中专项施工方案发生变更时。应按程序重新对方案进行审批，未经审批不得继续进行安装、拆卸作业。

3.0.9 施工升降机安装、拆卸工程专项施工方案应包括下列主要内容：

    1 工程概况；

    2 编制依据；

    3 作业人员组织和职责；

    4 施工升降机安装位置平面、立面图和安装作业范围平面图；

    5 施工升降机技术参数、主要零部件外形尺寸和重量；

    6 辅助起重设备的种类、型号、性能及位置安排；

    7 吊索具的配置、安装与拆卸工具及仪器；

    8 安装、拆卸步骤与方法；

    9 安全技术措施；

    10 安全应急预案。

3.0.10 施工总承包单位进行的工作应包括下列内容：

    1 向安装单位提供拟安装设备位置的基础施工资料，确保施工升降机进场安装所需的施工条件；

    2 审核施工升降机的特种设备制造许可证、产品合格证、起重机械制造监督检验证书、备案证明等文件；

    3 审核施工升降机安装单位、使用单位的资质证书、安全生产许可证和特种作业人员的特种作业操作资格证书；

    4 审核安装单位制定的施工升降机安装、拆卸工程专项施工方案；

    5 审核使用单位制定的施工升降机安全应急预案；

    6 指定专职安全生产管理人员监督检查施工升降机安装、使用、拆卸情况。

3.0.11 监理单位进行的工作应包括下列内容：

    1 审核施工升降机特种设备制造许可证、产品合格证、起重机械制造监督检验证书、备案证明等文件；

    2 审核施工升降机安装单位、使用单位的资质证书、安全生产许可证和特种作业人员的特种作业操作资格证书；

    3 审核施工升降机安装、拆卸工程专项施工方案；

    4 监督安装单位对施工升降机安装、拆卸工程专项施工方案的执行情况；

    5 监督检查施工升降机的使用情况；

    6 发现存在生产安全事故隐患的，应要求安装单位、使用单位限期整改；对安装单位、使用单位拒不整改的，应及时向建设单位报告。

4 施工升降机的安装

4.1 安 装 条 件

4.1.1 施工升降机地基、基础应满足使用说明书的要求。对基础设置在地下室顶板、楼面或其他下部悬空结构上的施工升降机，应对基础支撑结构进行承载力验算。施工升降机安装前应按本规程附录 A 对基础进行验收，合格后方能安装。

4.1.2 安装作业前，安装单位应根据施工升降机基础验收表、隐蔽工程验收单和混凝土强度报告等相关资料，确认所安装的施工升降机和辅助起重设备的基础、地基承载力、预埋件、基础排水措施等符合施工升降机安装、拆卸工程专项施工方案的要求。

4.1.3 施工升降机安装前应对各部件进行检查。对有可见裂纹的构件应进行修复或更换，对有严重锈蚀、严重磨损、整体或局部变形的构件必须进行更换，符合产品标准的有关规定后方能进行安装。

4.1.4 安装作业前，应对辅助起重设备和其他安装辅助用具的机械性能和安全性能进行检查，合格后方能投入作业。

4.1.5 安装作业前，安装技术人员应根据施工升降机安装、拆卸工程专项施工方案和使用说明书的要求，对安装作业人员进行安全技术交底，并由安装作业人员在交底书上签字。在施工期间内，交底书应留存备查。

4.1.6 有下列情况之一的施工升降机 1 不得安装使用：

    1 属国家明令淘汰或禁止使用的；

    2 超过由安全技术标准或制造厂家规定使用年限的；

    3 经检验达不到安全技术标准规定的；

    4 无完整安全技术档案的；

    5 无齐全有效的安全保护装置的。

4.1.7 施工升降机必须安装防坠安全器。防坠安全器应在一年有效标定期内使用。

4.1.8 施工升降机应安装超载保护装置。超载保护装置在载荷达到额定载重量的 110% 前应能中止吊笼启动，在齿轮齿条式载人施工升降机载荷达到额定载重量的 90% 时应能给出报警信号。

4.1.9 附墙架附着点处的建筑结构承载力应满足施工升降机使用说明书的要求。

4.1.10 施工升降机的附墙架形式、附着高度、垂直间距、附着点水平距离、附墙架与水平面之间的夹角、导轨架自由端高度和导轨架与主体结构间水平距离等均应符合使用说明书的要求。

4.1.11 当附墙架不能满足施工现场要求时，应对附墙架另行设计。附墙架的设计应满足构件刚度、强度、稳定性等要求，制作应满足设计要求。

4.1.12 在施工升降机使用期限内，非标准构件的设计计算书、图纸、施工升降机安装工程专项施工方案及相关资料应在工地存档。

4.1.13 基础预埋件、连接构件的设计、制作应符合使用说明书的要求。

4.1.14 安装前应做好施工升降机的保养工作。

4.2 安 装 作 业

4.2.1 安装作业人员应按施工安全技术交底内容进行作业。

4.2.2 安装单位的专业技术人员、专职安全生产管理人员应进行现场监督。

4.2.3 施工升降机的安装作业范围应设置警戒线及明显的警示标志。非作业人员不得进入警戒范围。任何人不得在悬吊物下方行走或停留。

4.2.4 进入现场的安装作业人员应佩戴安全防护用品，高处作业人员应系安全带，穿防滑鞋。作业人员严禁酒后作业。

4.2.5 安装作业中应统一指挥，明确分工。危险部位安装时应采取可靠的防护措施。当指挥信号传递困难时，应使用对讲机等通信工具进行指挥。

4.2.6 当遇大雨、大雪、大雾或风速大于 13m/s 等恶劣天气时，应停止安装作业。

4.2.7 电气设备安装应按施工升降机使用说明书的规定进行，安装用电应符合现行行业标准《施工现场临时用电安全技术规范》JGJ 46 的规定。

4.2.8 施工升降机金属结构和电气设备金属外壳均应接地，接地电阻不应大于 4Ω。

4.2.9 安装时应确保施工升降机运行通道内无障碍物。

4.2.10 安装作业时必须将按钮盒或操作盒移至吊笼顶部操作。当导轨架或附墙架上有人员作业时，严禁开动施工升降机。

4.2.11 传递工具或器材不得采用投掷的方式。

4.2.12 在吊笼顶部作业前应确保吊笼顶部护栏齐全完好。

4.2.13 吊笼顶上所有的零件和工具应放置平稳，不得超出安全护栏。

4.2.14 安装作业过程中安装作业人员和工具等总载荷不得超过施工升降机的额定安装载重量。

4.2.15 当安装吊杆上有悬挂物时，严禁开动施工升降机。严禁超载使用安装吊杆。

4.2.16 层站应为独立受力体系，不得搭设在施工升降机附墙架的立杆上。

4.2.17 当需安装导轨架加厚标准节时，应确保普通标准节和加厚标准节的安装部位正确，不得用普通标准节替代加厚标准节。

4.2.18 导轨架安装时，应对施工升降机导轨架的垂直度进行测量校准。施工升降机导轨架安装垂直度偏差应符合使用说明书和表 4.2.18 的规定。

安装垂直度偏差 　　　　　　　　　　表 4.2.18

导轨架架设高度 h(m)	$h\leqslant70$	$70<h\leqslant100$	$100<h\leqslant150$	$150<h\leqslant200$	$h>200$
垂直度偏差 (mm)	不大于 $(1/1000)h$	$\leqslant70$	$\leqslant90$	$\leqslant110$	$\leqslant130$
	对钢丝绳式施工升降机，垂直度偏差不大于 $(1.5/1000)h$				

4.2.19 接高导轨架标准节时，应按使用说明书的规定进行附墙连接。

4.2.20 每次加节完毕后，应对施工升降机导轨架的垂直度进行校正，且应按规定及时重新设置行程限位和极限限位，经验收合格后方能运行。

4.2.21 连接件和连接件之间的防松防脱件应符合使用说明书的规定，不得用其他物件代替。对有预紧力要求的连接螺栓，应使用扭力扳手或专用工具，按规定的拧紧次序将螺栓准确地紧固到规定的扭矩值。安装标准节连接螺栓时，宜螺杆在下，螺母在上。

4.2.22 施工升降机最外侧边缘与外面架空输电线路的边线之间，应保持安全操作距离。最小安全操作距离应符合表 4.2.22 的规定。

最小安全操作距离 表 4.2.22

外电线电路电压 （kV）	<1	1~10	35~110	220	330~500
最小安全操作距离 （m）	4	6	8	10	15

4.2.23 当发现故障或危及安全的情况时，应立刻停止安装作业，采取必要的安全防护措施，应设置警示标志并报告技术负责人。在故障或危险情况未排除之前，不得继续安装作业。

4.2.24 当遇意外情况不能继续安装作业时，应使已安装的部件达到稳定状态并固定牢靠，经确认合格后方能停止作业。作业人员下班离岗时，应采取必要的防护措施，并应设置明显的警示标志。

4.2.25 安装完毕后应拆除为施工升降机安装作业而设置的所有临时设施，清理施工场地上作业时所用的索具、工具、辅助用具、各种零配件和杂物等。

4.2.26 钢丝绳式施工升降机的安装还应符合下列规定：

　　1 卷扬机应安装在平整、坚实的地点，且应符合使用说明书的要求；

　　2 卷扬机、曳引机应按使用说明书的要求固定牢靠；

　　3 应按规定配备防坠安全装置；

　　4 卷扬机卷筒、滑轮、曳引轮等应有防脱绳装置；

　　5 每天使用前应检查卷扬机制动器，动作应正常；

　　6 卷扬机卷筒与导向滑轮中心线应垂直对正，钢丝绳出绳偏角大于 2°时应设置排绳器；

　　7 卷扬机的传动部位应安装牢固的防护罩；卷扬机卷筒旋

转方向应与操纵开关上指示方向一致。卷扬机钢丝绳在地面上运行区域内应有相应的安全保护措施。

4.3 安装自检和验收

4.3.1 施工升降机安装完毕且经调试后，安装单位应按本规程附录B及使用说明书的有关要求对安装质量进行自检，并应向使用单位进行安全使用说明。

4.3.2 安装单位自检合格后，应经有相应资质的检验检测机构监督检验。

4.3.3 检验合格后，使用单位应组织租赁单位、安装单位和监理单位等进行验收。实行施工总承包的，应由施工总承包单位组织验收。施工升降机安装验收应按本规程附录C进行。

4.3.4 严禁使用未经验收或验收不合格的施工升降机。

4.3.5 使用单位应自施工升降机安装验收合格之日起30日内，将施工升降机安装验收资料、施工升降机安全管理制度、特种作业人员名单等，向工程所在地县级以上建设行政主管部门办理使用登记备案。

4.3.6 安装自检表、检测报告和验收记录等应纳入设备档案。

5 施工升降机的使用

5.1 使用前准备工作

5.1.1 施工升降机司机应持有建筑施工特种作业操作资格证书，不得无证操作。

5.1.2 使用单位应对施工升降机司机进行书面安全技术交底，交底资料应留存备查。

5.1.3 使用单位应按使用说明书的要求对需润滑部件进行全面润滑。

5.2 操作使用

5.2.1 不得使用有故障的施工升降机。

5.2.2 严禁施工升降机使用超过有效标定期的防坠安全器。

5.2.3 施工升降机额定载重量、额定乘员数标牌应置于吊笼醒目位置。严禁在超过额定载重量或额定乘员数的情况下使用施工升降机。

5.2.4　当电源电压值与施工升降机额定电压值的偏差超过±5％，或供电总功率小于施工升降机的规定值时，不得使用施工升降机。

5.2.5　应在施工升降机作业范围内设置明显的安全警示标志，应在集中作业区做好安全防护。

5.2.6　当建筑物超过2层时，施工升降机地面通道上方应搭设防护棚。当建筑物高度超过24m时，应设置双层防护棚。

5.2.7　使用单位应根据不同的施工阶段、周围环境、季节和气候，对施工升降机采取相应的安全防护措施。

5.2.8　使用单位应在现场设置相应的设备管理机构或配备专职的设备管理人员，并指定专职设备管理人员、专职安全生产管理人员进行监督检查。

5.2.9　当遇大雨、大雪、大雾、施工升降机顶部风速大于20m/s或导轨架、电缆表面结有冰层时，不得使用施工升降机。

5.2.10　严禁用行程限位开关作为停止运行的控制开关。

5.2.11　使用期间，使用单位应按使用说明书的要求对施工升降机定期进行保养。

5.2.12　在施工升降机基础周边水平距离5m以内，不得开挖井沟，不得堆放易燃易爆物品及其他杂物。

5.2.13　施工升降机运行通道内不得有障碍物。不得利用施工升降机的导轨架、横竖支撑、层站等牵拉或悬挂脚手架、施工管道、绳缆标语、旗帜等。

5.2.14　施工升降机安装在建筑物内部井道中时，应在运行通道四周搭设封闭屏障。

5.2.15　安装在阴暗处或夜班作业的施工升降机，应在全行程装设明亮的楼层编号标志灯。夜间施工时作业区应有足够的照明，照明应满足现行行业标准《施工现场临时用电安全技术规范》JGJ 46的要求。

5.2.16 施工升降机不得使用脱皮、裸露的电线、电缆。

5.2.17 施工升降机吊笼底板应保持干燥整洁。各层站通道区域不得有物品长期堆放。

5.2.18 施工升降机司机严禁酒后作业。工作时间内司机不应与其他人员闲谈，不应有妨碍施工升降机运行的行为。

5.2.19 施工升降机司机应遵守安全操作规程和安全管理制度。

5.2.20 实行多班作业的施工升降机，应执行交接班制度，交班司机应按本规程附录D填写交接班记录表。接班司机应进行班前检查，确认无误后，方能开机作业。

5.2.21 施工升降机每天第一次使用前，司机应将吊笼升离地面1m～2m，停车试验制动器的可靠性。当发现问题，应经修复合格后方能运行。

5.2.22 施工升降机每3个月应进行1次1.25倍额定载重量的超载试验，确保制动器性能安全可靠。

5.2.23 工作时间内司机不得擅自离开施工升降机。当有特殊情况需离开时，应将施工升降机停到最底层，关闭电源并锁好吊笼门。

5.2.24 操作手动开关的施工升降机时，不得利用机电联锁开动或停止施工升降机。

5.2.25 层门门栓宜设置在靠施工升降机一侧，且层门应处于常闭状态。未经施工升降机司机许可，不得启闭层门。

5.2.26 施工升降机专用开关箱应设置在导轨架附近便于操作的位置，配电容量应满足施工升降机直接启动的要求。

5.2.27 施工升降机使用过程中，运载物料的尺寸不应超过吊笼的界限。

5.2.28 散状物料运载时应装入容器、进行捆绑或使用织物袋包装，堆放时应使载荷分布均匀。

5.2.29 运载溶化沥青、强酸、强碱、溶液、易燃物品或其他特殊物料时，应由相关技术部门做好风险评估和采取安全措施，且应向施工升降机司机、相关作业人员书面交底后方能载运。

5.2.30 当使用搬运机械向施工升降机吊笼内搬运物料时，搬运机械不得碰撞施工升降机。卸料时，物料放置速度应缓慢。

5.2.31 当运料小车进入吊笼时，车轮处的集中载荷不应大于吊笼底板和层站底板的允许承载力。

5.2.32 吊笼上的各类安全装置应保持完好有效。经过大雨、大雪、台风等恶劣天气后应对各安全装置进行全面检查，确认安全有效后方能使用。

5.2.33 当在施工升降机运行中发现异常情况时，应立即停机，直到排除故障后方能继续运行。

5.2.34 当在施工升降机运行中由于断电或其他原因中途停止时，可进行手动下降。吊笼手动下降速度不得超过额定运行速度。

5.2.35 作业结束后应将施工升降机返回最底层停放，将各控制开关拨到零位，切断电源，锁好开关箱、吊笼门和地面防护围栏门。

5.2.36 钢丝绳式施工升降机的使用还应符合下列规定：

  1 钢丝绳应符合现行国家标准《起重机钢丝绳保养、维护、安装、检验和报废》GB/T 5972 的规定；

  2 施工升降机吊笼运行时钢丝绳不得与遮掩物或其他物件发生碰触或摩擦；

  3 当吊笼位于地面时，最后缠绕在卷扬机卷筒上的钢丝绳不应少于 3 圈，且卷扬机卷筒上钢丝绳应无乱绳现象；

  4 卷扬机工作时，卷扬机上部不得放置任何物件；

  5 不得在卷扬机、曳引机运转时进行清理或加油。

5.3 检查、保养和维修

5.3.1 在每天开工前和每次换班前，施工升降机司机应按使用说明书及本规程附录 E 的要求对施工升降机进行检查。对检查结果应进行记录，发现问题应向使用单位报告。

5.3.2 在使用期间，使用单位应每月组织专业技术人员按本规程附录 F 对施工升降机进行检查，并对检查结果进行记录。

5.3.3 当遇到可能影响施工升降机安全技术性能的自然灾害、发生设备事故或停工6个月以上时，应对施工升降机重新组织检查验收。

5.3.4 应按使用说明书的规定对施工升降机进行保养、维修。保养、维修的时间间隔应根据使用频率、操作环境和施工升降机状况等因素确定。使用单位应在施工升降机使用期间安排足够的设备保养、维修时间。

5.3.5 对保养和维修后的施工升降机，经检测确认各部件状态良好后，宜对施工升降机进行额定载重量试验。双吊笼施工升降机应对左右吊笼分别进行额定载重量试验。试验范围应包括施工升降机正常运行的所有方面。

5.3.6 施工升降机使用期间，每3个月应进行不少于一次的额定载重量坠落试验。坠落试验的方法、时间间隔及评定标准应符合使用说明书和现行国家标准《施工升降机》GB/T 10054的有关要求。

5.3.7 对施工升降机进行检修时应切断电源，并应设置醒目的警示标志。当需通电检修时，应做好防护措施。

5.3.8 不得使用未排除安全隐患的施工升降机。

5.3.9 严禁在施工升降机运行中进行保养、维修作业。

5.3.10 施工升降机保养过程中，对磨损、破坏程度超过规定的部件，应及时进行维修或更换，并由专业技术人员检查验收。

5.3.11 应将各种与施工升降机检查、保养和维修相关的记录纳入安全技术档案，并在施工升降机使用期间内在工地存档。

6 施工升降机的拆卸

6.0.1 拆卸前应对施工升降机的关键部件进行检查，当发现问题时，应在问题解决后方能进行拆卸作业。

6.0.2 施工升降机拆卸作业应符合拆卸工程专项施工方案的要求。

6.0.3 应有足够的工作面作为拆卸场地，应在拆卸场地周围设置警戒线和醒目的安全警示标志，并应派专人监护。拆卸施工升降机时，不得在拆卸作业区域内进行与拆卸无关的其他作业。

6.0.4 夜间不得进行施工升降机的拆卸作业。

6.0.5 拆卸附墙架时施工升降机导轨架的自由端高度应始终满足使用说明书的要求。

6.0.6 应确保与基础相连的导轨架在最后一个附墙架拆除后，仍能保持各方向的稳定性。

6.0.7 施工升降机拆卸应连续作业。当拆卸作业不能连续完成时，应根据拆卸状态采取相应的安全措施。

6.0.8 吊笼未拆除之前，非拆卸作业人员不得在地面防护围栏内、施工升降机运行通道内、导轨架内以及附墙架上等区域活动。

6.0.9 拆卸作业还应符合本规程第4.2节的有关规定。

附录5 《建筑施工安全检查标准》 (JGJ 59—2011) (摘录)

3.16.1 施工升降机检查评定应符合国家现行标准《施工升降机安全规程》GB 10055 和《建筑施工升降机安装、使用、拆卸安全技术规程》JGJ 215 的规定。

3.16.2 施工升降机检查评定保证项目应包括：安全装置、限位装置、防护设施、附墙架、钢丝绳、滑轮与对重、安拆、验收与使用。一般项目应包括：导轨架、基础、电气安全、通信装置。

3.16.3 施工升降机保证项目的检查评定应符合下列规定：

1 安全装置

1) 应安装起重量限制器，并应灵敏可靠；

2) 应安装渐进式防坠安全器并应灵敏可靠，应在有效的标定期内使用；

3) 对重钢丝绳应安装防松绳装置，并应灵敏可靠；

4) 吊笼的控制装置应安装非自动复位型的急停开关，任何时候均可切断控制电路停止吊笼运行；

5) 底架应安装吊笼和对重缓冲器，缓冲器应符合规范要求；

6) SC 型施工升降机应安装一对以上安全钩。

2 限位装置

1) 应安装非自动复位型极限开关并应灵敏可靠；

2) 应安装自动复位型上、下限位开关并应灵敏可靠，上、下限位开关安装位置应符合规范要求；

3) 上极限开关与上限位开关之间的安全越程不应小于 0.15m；

4) 极限开关、限位开关应设置独立的触发元件；

5) 吊笼门应安装机电联锁装置并应灵敏可靠；

6) 吊笼顶窗应安装电气安全开关并应灵敏可靠。

3 防护设施

1) 吊笼和对重升降通道周围应安装地面防护围栏，防护围栏的安装高度、强度应符合规范要求，围栏门应安装机电联锁装置并应灵敏可靠；

2) 地面出入通道防护棚的搭设应符合规范要求；

3) 停层平台两侧应设置防护栏杆、挡脚板，平台脚手板应铺满、铺平；

4) 层门安装高度、强度应符合规范要求，并应定型化。

4 附墙架

1) 附墙架应采用配套标准产品，当附墙架不能满足施工现场要求时，应对附墙架另行设计，附墙架的设计应满足构件刚度、强度、稳定性等要求，制作应满足设计要求；

2) 附墙架与建筑结构连接方式、角度应符合产品说明书要求；

3) 附墙架间距、最高附着点以上导轨架的自由高度应符合产品说明书要求。

5 钢丝绳、滑轮与对重

1) 对重钢丝绳绳数不得少于 2 根且应相互独立；

2) 钢丝绳磨损、变形、锈蚀应在规范允许范围内；

3) 钢丝绳的规格、固定应符合产品说明书及规范要求；

4) 滑轮应安装钢丝绳防脱装置并应符合规范要求；

5) 对重重量、固定应符合产品说明书要求；

6) 对重除导向轮、滑靴外应设有防脱轨保护装置。

6 安拆、验收与使用

1) 安装、拆卸单位应具有起重设备安装工程专业承包资质和安全生产许可证；

2) 安装、拆卸应制定专项施工方案，并经过审核、审批；

3）安装完毕应履行验收程序，验收表格应由责任人签字确认；

4）安装、拆卸作业人员及司机应持证上岗；

5）施工升降机作业前应按规定进行例行检查，并应填写检查记录；

6）实行多班作业，应按规定填写交接班记录。

3.16.4 施工升降机一般项目的检查评定应符合下列规定：

1 导轨架

1）导轨架垂直度应符合规范要求；

2）标准节的质量应符合产品说明书及规范要求；

3）对重导轨应符合规范要求；

4）标准节连接螺栓使用应符合产品说明书及规范要求。

2 基础

1）基础制作、验收应符合说明书及规范要求；

2）基础设置在地下室顶板或楼面结构上，应对其支承结构进行承载力验算；

3）基础应设有排水设施。

3 电气安全

1）施工升降机与架空线路的安全距离和防护措施应符合规范要求；

2）电缆导向架设置应符合说明书及规范要求；

3）施工升降机在其他避雷装置保护范围外应设置避雷装置，并应符合规范要求。

4 通信装置

通信装置应安装楼层信号联络装置，并应清晰有效。

附录6 《建筑起重机械安全技术规程》 (JGJ 33—2012)(摘录)

4.9 施工升降机

4.9.1 施工升降机基础应符合使用说明书要求,当使用说明书无要求时,应经专项设计计算,地基上表面平整度允许偏差为10mm,场地应排水通畅。

4.9.2 施工升降机导轨架的纵向中心线至建筑物外墙面的距离宜选用说明书提供的较小的安装尺寸。

4.9.3 安装导轨架时,应采用经纬仪在两个方向进行测量校准。其垂直度允许偏差应符合表4.9.3的规定。

施工升降机导轨架垂直度　　　　表 4.9.3

架设高度(m)	$H \leqslant 70$	$70 < H \leqslant 100$	$100 < H \leqslant 150$	$150 < H \leqslant 200$	$H > 200$
垂直度偏差(mm)	$\leqslant 1/1000H$	$\leqslant 70$	$\leqslant 90$	$\leqslant 110$	$\leqslant 130$

4.9.4 导轨架自由高度、导轨架的附墙距离、导轨架的两附墙连接点间距离和最低附墙点高度不得超过使用说明书的规定。

4.9.5 施工升降机应设置专用开关箱,馈电容量应满足升降机直接启动的要求,生产厂家配置的电器箱内应装设短路、过载、错相、断相及零位保护装置。

4.9.6 施工升降机周围应设置稳固的防护围栏。楼层平台通道应平整牢固,出入口应设防护门。全行程不得有危害安全运行的障碍物。

4.9.7 施工升降机安装在建筑物内部井道中时,各楼层门应封闭并应有电气连锁装置。装设在阴暗处或夜班作业的施工升降机，在全行程上应有足够的照明并装设明亮的楼层编号标志灯。

4.9.8 施工升降机的防坠安全器应在标定期限内使用，标定期限不应超过一年。使用中不得任意拆检调整防坠安全器。

4.9.9 施工升降机使用前，应进行坠落试验。施工升降机在使用中每隔 3 个月，应进行一次额定载重量的坠落试验，试验程序应按使用说明书规定进行，吊笼坠落试验制动距离应符合现行行业标准《施工升降机齿轮锥鼓形渐进式防坠安全器》JG 121 的规定。防坠安全器试验后以及正常操作中，每发生一次防坠动作，应由专业人员进行复位。

4.9.10 作业前应重点检查下列项目，并符合相应要求：

    1 结构不得有变形，连接螺栓不得松动；

    2 齿条与齿轮、导向轮与导轨应接合正常；

    3 钢丝绳应固定良好，不得有异常磨损；

    4 运行范围内不得有障碍；

    5 安全保护装置应灵敏可靠。

4.9.11 启动前，应检查并确认供电系统、接地装置安全有效，控制开关应在零位。电源接通后，应检查并确认电压正常。应试验并确认各限位装置、吊笼、围护门等处的电器联锁装置良好可靠，电气仪表应灵敏有效。作业前应进行试运行，测定各机构制动器的效能。

4.9.12 施工升降机应按使用说明书要求，进行维护保养，并定期检验制动器的可靠性，制动力矩应达到使用说明书要求。

4.9.13 吊笼内乘人或载物时，应使载荷均匀分布，不得偏重。不得超载运行。

4.9.14 操作人员应按指挥信号操作。作业前应鸣笛示警。在施工升降机未切断总电源开关前，操作人员不得离开操作岗位。

4.9.15 施工升降机运行中发现有异常情况时，应立即停机并采取有效措施将吊笼就近停靠楼层，排除故障后再继续运行。在运行中发现电气失控时，应立即按下急停按钮，在未排除故障前，不得打开急停按钮。

4.9.16 在风速达到 20m/s 及以上大风、大雨、大雾天气以及导轨架、电缆等结冰时，施工升降机应停止运行，并将吊笼降到底层，切断电源。暴风雨等恶劣天气后，应对施工升降机各有关安全装置等进行一次检查，确认正常后运行。

4.9.17 施工升降机运行到最上层或最下层时，不得用行程限位开关作为停止运行的控制开关。

4.9.18 当施工升降机在运行中由于断电或其他原因而中途停止时，可进行手动下降，将电动机尾端制动电磁铁手动释放拉手缓缓向外拉出，使吊笼缓慢地向下滑行。吊笼下滑时，不得超过额定运行速度，手动下降应由专业维修人员进行操纵。

4.9.19 当需要到吊笼的外面进行检修时，另外一个吊笼应停机配合，检修时应切断电源，并应有专人监护。

4.9.20 作业后，应将吊笼降到底层，各控制开关拨到零位，切断电源，锁好开关箱，闭锁吊笼门和围护门。

参 考 文 献

[1] 住房和城乡建设部工程质量安全监管司. 施工升降机司机 [M]. 北京：中国建筑工业出版社，2010.

[2] 广东省建筑安全协会. 施工升降机司机 [M]. 武汉：华中科技大学出版社，2017.

[3] 中华人民共和国国家标准. 吊笼有垂直导向的人货两用施工升降机 GB 26557—2011 [S]. 北京：中国建筑工业出版社. 2011.

[4] 中华人民共和国国家标准. 施工升降机安全规程 GB 10055—2007 [S]. 北京：中国建筑工业出版社. 2007.

[5] 中华人民共和国国家标准. 施工升降机安全使用规程 GB 34023—2017 [S]. 北京：中国建筑工业出版社. 2017.

[6] 中华人民共和国国家标准. 施工升降机 GB 10054—2005 [S]. 北京：中国建筑工业出版社. 2005.

[7] 中华人民共和国国家标准. 施工升降机用齿轮渐进式防坠安全器 GB 34025—2017 [S]. 北京：中国建筑工业出版社. 2017.

[8] 中华人民共和国行业标准. 建筑施工升降设备设施检验标准 JGJ 305—2013 [S]. 北京：中国建筑工业出版社. 2013.

[9] 中华人民共和国行业标准. 建筑施工升降机安装、使用、拆卸安全技术规程 JGJ 215—2010 [S]. 北京：中国建筑工业出版社. 2010.

[10] 中华人民共和国行业标准. 建筑机械使用安全技术规程 JGJ 33—2012 [S]. 北京：中国建筑工业出版社. 2012.

[11] 中华人民共和国行业标准. 建筑施工安全检查标准 JGJ 59—2011 [S]. 北京：中国建筑工业出版社. 2011.

[12] 中华人民共和国行业标准. 施工现场机械设备检查技术规程 JGJ 160—2016 [S]. 北京：中国建筑工业出版社. 2016.